Farming

GAOZHI GAOZHUAN
XUMU SHOUYI LEI ZHUANYE
XILIE

高职高专
畜牧兽医类专业
系列教材

动物病理

DONGWU BINGLI（第2版）

主　编　杨　文

副主编　严玉霖　黄　立　李文辉

参　编　王　利　张　娟　曾传伟　粟元文

主　审　汪开毓

重庆大学出版社

● 内容提要 ●

本书内容包括动物病理总论和各论。总论(前14章)重点叙述疾病概论和各种基本病理变化的发生原因、发病机理和形态学变化。各论重点叙述心血管系统、消化系统、呼吸系统、血液和造血免疫系统、泌尿生殖系统、神经系统、肌肉、骨关节病理的发病机理及病理变化特征。

本书理论和实训合并为一册,每章正文后编写了复习思考题,便于学习过程中使用及课后复习。书末编写了实验实训指导及技能考核项目,可供教师及读者参考使用。

本书可供高职高专畜牧兽医、动物防疫检疫及相关专业师生使用,还可作为相关专业从业人员的参考书。

图书在版编目(CIP)数据

动物病理/杨文主编. —2 版. —重庆:重庆大学出版社,2013.8(2024.9 重印)
(高职高专畜牧兽医类专业系列教材)
ISBN 978-7-5624-7498-2

Ⅰ.①动… Ⅱ.①杨… Ⅲ.①兽医学—病理学—高等职业教育—教材 Ⅳ.①S852.3

中国版本图书馆 CIP 数据核字(2013)第 130896 号

高职高专畜牧兽医类专业系列教材
动物病理
(第 2 版)

主 编 杨 文
副主编 严玉霖 黄 立 李文辉
主 审 汪开毓
责任编辑:袁文华 版式设计:袁文华
责任校对:谢 芳 责任印制:赵 晟

*

重庆大学出版社出版发行
出版人:陈晓阳
社址:重庆市沙坪坝区大学城西路 21 号
邮编:401331
电话:(023)88617190 88617185(中小学)
传真:(023)88617186 88617166
网址:http://www.cqup.com.cn
邮箱:fxk@cqup.com.cn(营销中心)
全国新华书店经销
POD:重庆新生代彩印技术有限公司

*

开本:787mm×1092mm 1/16 印张:14.5 字数:335 千
2013 年 8 月第 2 版 2024 年 9 月第 9 次印刷
ISBN 978-7-5624-7498-2 定价:36.00 元

GAOZHI GAOZHUAN
XUMU SHOUYI LEI ZHUANYE XILIE JIAO CAI
高职高专畜牧兽医类专业系列教材

Farming 编委会

GAOZHI GAOZHUAN
XUMU SHOUYI LEI ZHUANYE XILIE JIAO CAI
高职高专畜牧兽医类专业系列教材

Preface
序

    高等职业教育是我国近年高等教育发展的重点。随着我国经济建设的快速发展,对技能型人才的需求日益增大。社会主义新农村建设为农村高等职业教育开辟了新的发展阶段。培养新型的高质量的应用型技能人才,也是高等教育的重要任务。

    畜牧兽医不仅在农村经济发展中具有重要地位,而且畜禽疾病与人类安全也有密切关系。因此,对新型畜牧兽医人才的培养已迫在眉睫。高等职业教育的目标是培养应用型技能人才。本套教材是根据这一特定目标,坚持理论与实践结合,突出实用性的原则,组织了一批有实践经验的中青年学者编写。我相信,这套教材对推动畜牧兽医高等职业教育的发展,推动我国现代化养殖业的发展将起到很好的作用,特为之序。

中国工程院院士

2007 年 1 月于重庆

随着我国畜牧兽医职业教育的迅速发展,有关院校对具有畜牧兽医职业教育特色教材的需求也日益迫切,根据国发〔2005〕35号《国务院关于大力发展职业教育的决定》和教育部《普通高等学校高职高专教育指导性专业目录专业简介》,重庆大学出版社针对畜牧兽医类专业的发展与相关教材的现状,在2006年3月召集了全国开设畜牧兽医类专业精品专业的高职院校教师以及行业专家,组成这套"高职高专畜牧兽医类专业系列教材"编委会,经各方努力,这套"以人才市场需求为导向,以技能培养为核心,以职业教育人才培养必需知识体系为要素,统一规范并符合我国畜牧兽医行业发展需要"的高职高专畜牧兽医类专业系列教材得以顺利出版。

几年的使用已充分证实了它的必要性和社会效益。2010年4月重庆大学出版社再次组织教材编委会,增加了参编单位及人员,使教材编委会的组成更加全面和具有新气息,参编院校的教师以及行业专家针对这套"高职高专畜牧兽医类专业系列教材"在使用中存在的问题以及近几年我国畜牧兽医业快速发展的需要进行了充分的研讨,并对教材编写的架构设计进行统一,明确了统稿、总纂及审阅。通过这次研讨与交流,教材编写的教师将这几年的一些好的经验以及最新的技术融入到了这套再版教材中。可以说,本套教材内容新颖,思路创新,实用性强,是目前国内畜牧兽医领域不可多得的实用性实训教材。本套教材既可作为高职高专院校畜牧兽医类专业的综合实训教材,也可作为相关企事业单位人员的实务操作培训教材和参考书、工具书。本套再版教材的主要特点有:

第一,结构清晰,内容充实。本教材在内容体系上较以往同类教材有所调整,在学习内容的设置、选择上力求内容丰富、技术新颖。同时,能够充分激发学生的学习兴趣,加深他们的理解力,强调对学生动手能力的培养。

第二,案例选择与实训引导并用。本书尽可能地采用最新的案例,同时针对目前我国畜牧兽医业存在的实际问题,使学生对畜牧兽医业生产中的实际问题有明确和深刻的理解和认识。

第三,实训内容规范,注重其实践操作性。本套教材主要在模板和样例的选择中,注意集系统性、工具性于一体,具有"拿来即用""改了能用""易于套用"等特点,大大提高了实训的可操作性,使读者耳目一新,同时也能给业界人士一些启迪。

值这套教材的再版之际,感谢本套教材全体编写老师的辛勤劳作,同时,也感谢重庆大学出版社的专家、编辑及工作人员为本书的顺利出版所付出的努力!

高职高专畜牧兽医类专业系列教材编委会
2010年10月

Preface
第1版编者序

我国作为一个农业大国,农业、农村和农民问题是关系到改革开放和现代化建设全局的重大问题,因此,党中央提出了建设社会主义新农村的世纪目标。如何增加经济收入,对于农村稳定乃至全国稳定至关重要,而发展畜牧业是最佳的途径之一。目前,我国畜牧业发展迅速,畜牧业产值占农业总产值的32%,从事畜牧业生产的劳动力就达1亿多人,已逐步发展成为最具活力的国家支柱产业之一。然而,在我国广大地区,从事畜牧业生产的专业技术人员严重缺乏,这与我国畜牧兽医职业技术教育的滞后有关。

随着职业教育的发展,特别是在周济部长于2004年四川泸州发表"倡导发展职业教育"的讲话以后,各院校畜牧兽医专业的招生规模不断扩大,截至2006年底,已有100多所院校开设了该专业,年招生规模近两万人。然而,在兼顾各地院校办学特色的基础上,明显地反映出了职业技术教育在规范课程设置和专业教材建设中一系列亟待解决的问题。

虽然自2000年以来,国内几家出版社已经相继出版了一些畜牧兽医专业的单本或系列教材,但由于教学大纲不统一,编者视角各异,许多高职院校在畜牧兽医类教材选用中颇感困惑,有些职业院校的老师仍然找不到适合的教材,有的只能选用本科教材,由于理论深奥,艰涩难懂,导致教学效果不甚令人满意,这严重制约了畜牧兽医类高职高专的专业教学发展。

2004年底教育部出台了《普通高等学校高职高专教育指导性专业目录专业简介》,其中明确提出了高职高专层次的教材宜坚持"理论够用为度,突出实用性"的原则,鼓励各大出版社多出有特色的、专业性的、实用性较强的教材,以繁荣高职高专层次的教材市场,促进我国职业教育的发展。

2004年以来,重庆大学出版社的编辑同志们,针对畜牧兽医类专业的发展与相关教材市场的现状,咨询专家,进行了多次调研论证,于2006年3月召集了全国以开设畜牧兽医专业为精品专业的高职院校,邀请众多长期在教学第一线的资深教师和行业专家组成编委会,召开了"高职高专畜牧兽医类专业系列教材"建设研讨会,多方讨论,群策群力,推出了本套高职高专畜牧兽医类专业系列教材。

本系列教材的指导思想是适应我国市场经济、农村经济及产业结构的变化、现代化养殖业的出现以及畜禽饲养方式等引起疾病发生的改变的实践需要,为培养适应我国现代化养殖业发展的新型畜牧兽医专业技术人才。

本系列教材的编写原则是力求新颖、简练,结合相关科研成果和生产实践,注重对学生的启发性教育和培养解决问题的能力,使之能具备相应的理论基础和较强的实践动手能力。在本系列教材的编写过程中,我们特别强调了以下几个方面:

第一,考虑高职高专培养应用型人才的目标,坚持以"理论够用为度,突出实用性"的原则。

第二,遵循市场的认知规律,在广泛征询和了解学生和生产单位的共同需要,吸收众多学者和院校意见的基础之上,组织专家对教学大纲进行了充分的研讨,使系列教材具有较强的系统性和针对性。

第三,考虑高等职业教学计划和课时安排,结合各地高等院校该专业的开设情况和差异性,将基本理论讲解与实例分析相结合,突出实用性,并在每章中安排了导读、学习要点、复习思考题、实训和案例等,编写的难度适宜、结构合理、实用性强。

第四,按主编负责制进行编写、审核,再经过专家审稿、修改,经过一系列较为严格的过程,保证了整套书的严谨和规范。

本套系列教材的出版希望能给开办畜牧兽医类专业的广大高职院校提供尽可能适宜的教学用书,但需要不断地进行修改和逐步完善,使其为我国社会主义建设培养更多更好的有用人才服务。

高职高专畜牧兽医类专业系列教材编委会

2006 年 12 月

Preface
第2版前言

《动物病理学》是根据重庆大学出版社 2006 年组织召开的"高职高专畜牧兽医类专业系列教材会议"精神,由相关各高职高专院校联合编写完成的。《动物病理学》第 1 版自 2007 年出版以来,在全国许多高职高专院校使用,得到了广泛好评。2010 年,重庆大学出版社根据本书的知识更新、使用情况和意见反馈,组织了本书的专项修订会议。

根据修订会议精神,本书的第 2 版更名为《动物病理》。第 2 版的修订,是根据我国当前高职高专畜牧兽医及相关专业的整个课程设置来安排的,并广泛征求各个使用院校的意见和建议,结合本学科近年来的教学教改要求,以及日益更新的专业知识,对书中部分内容进行了修订和知识更新。修订力求做到突出重点,兼顾一般,实用,好用,方便各院校师生使用,同时避免过多过深的理论与原理阐述,注重方法与技能的传授,使其更好地为高职高专教学需要和教材建设服务。

《动物病理》第 2 版的编写分工如下:云南农业大学严玉霖编写第 2、3、5、9 章;商丘职业技术学院王利编写第 4、8 章;廊坊职业技术学院李文辉编写第 1、6、15、16 章;信阳农林学院黄立编写第 12、14、18 章;南充职业技术学院粟元文编写第 7、11 章;四川盐源县畜牧局曾传伟编写第 17、22 章;内江职业技术学院张娟编写第 19、21 章;内江职业技术学院杨文编写绪论,第 10、13、20 章,实训,技能考核及全书统稿;最后由四川农业大学汪开毓教授审阅定稿。

这次修订工作是一次新的尝试,全书内容的覆盖面、重点与深度是否完全适应高职教学需要,尚需通过教学实践的检验。

由于编者水平有限,时间仓促,书中难免存在不足之处,恳切希望广大师生和读者批评指正,以便今后进一步完善提高。

编 者
2013 年 5 月

Preface
第1版前言

　　高职高专教育是我国高等教育的重要组成部分。近年来,随着教育体制改革的进一步深入,我国高职高专教育得到了很大发展,为各行业培养了大量的专业技术人才。为适应高职高专教育迅猛发展的需要,重庆大学出版社组织有关院校从事动物病理教学、科研和生产实践的教师、专家编写了这本教材。

　　此教材的编写,紧紧围绕高职高专培养目标进行,编写内容主要根据高等职业教育的培养目标来精选,力求做到理论精当,以够用为度,兼顾知识的完整性和科学性,既严格遵循教育规律,考虑相关知识和技能的科学体系,又结合目前高职学生的知识层次,对教材进行准确定位,力戒过多、过深的理论与原理的阐述,注意应用方法和技能的传授。同时,在编写过程中尽量反映本学科最新发展状况。

　　本教材编写分工如下:商丘职业技术学院王利编写第4,8,10章;廊坊职业技术学院李文辉编写第1,6,15,16,17章;新疆农业职业技术学院杨勇编写第2,3,5,9,19,22章;信阳农业高等专科学校黄立编写第12,14,18,20,21章;西南大学唐建华编写绪论,第7,11,13章;内江职业技术学院杨文负责全书统稿及实验实训、技能考核的编写、电子课件制作、图片提供,最后由四川农业大学汪开毓教授审阅定稿。在本教材编写过程中,还得到了内江职业技术学院陈锦副教授的大力支持,在此一并表示感谢。

　　由于编者水平有限,经验不足,加之时间仓促,教材难免存在不足之处,恳切希望广大师生和读者批评指正,以便今后进一步修订、完善。

编　者
2007 年 1 月

GAOZHI GAOZHUAN
XUMU SHOUYI LEI ZHUANYE XILIE JIAO CAI
高职高专畜牧兽医类专业系列教材

Directory
目录

0 绪 论

本章导读:本章主要介绍动物病理的概念、内容、学习方法、在畜牧兽医专业学习中的地位、病理学发展史,通过学习要求掌握动物病理基本概念,理解动物病理学习方法,以及在专业学习中的地位和临床工作中的应用。

0.1 动物病理的任务

动物病理是研究动物疾病发生的原因、规律及其转归过程中的代谢、机能和形态结构变化的一门科学。它的根本任务是探讨和阐明疾病发生的条件、机理和本质,为疾病的防治提供科学的理论基础。动物病理又分为病理解剖和病理生理。病理解剖是以解剖学和组织学为基础,探讨和阐明动物疾病过程中组织器官形态学的变化。病理生理是以生理学和生物化学为基础,探讨和阐明动物疾病过程中代谢和机能的变化。任何一个疾病,组织器官形态结构的变化,必定带来机能和代谢的改变,而机能和代谢的变化也会导致形态结构的改变。因此,病理解剖和病理生理是研究同一个疾病过程中的两个方面,相互依存,密不可分。

0.2 动物病理的基本内容

动物病理包括总论和各论两大部分,总论主要阐述疾病发生发展的基本病理过程,即疾病发生的共性,又称为普通病理。总论包括疾病概论,局部血液循环障碍,水肿,脱水和酸中毒,细胞和组织的损伤,代偿、修复与适应,病理性物质与色素沉着,缺氧,休克,黄疸,发热,炎症,肿瘤和应激反应。各论主要阐述器官系统的病理变化及其发生发展的规律,又称为系统病理。个论包括心血管系统病理,呼吸系统病理,消化系统病理,泌尿生殖系统病理,血液和造血免疫系统病理,神经系统病理,肌肉、骨关节病理。本书还包括绪论和尸体剖检技术,但因篇幅和教学课时有限,未编写疾病病理。总论是动物病理的基础,是教学过程中必须完成的基本教学内容;各论是在总论的基础上对各器官系统疾病的进一步探讨和阐述,各校可根据所制订的教学大纲进行选择性教学。

0.3　动物病理在兽医科学中的地位

动物病理是兽医科学中的桥梁学科,它是生理学、生物化学、解剖学、组织学、微生物学等基础学科与传染病学、寄生虫学、产科学、内科学、外科学等临床学科联系的纽带,既可作为基础理论学科为临床学科的学习奠定基础,又可作为临床学科直接参与疾病的诊断和防治。因此,动物病理不仅属于专业基础课的范畴,而且在临床疾病的诊断与防治过程中也起着十分重要的作用。如病理组织学检验或尸体剖检,对许多疾病具有直接诊断意义。此外,动物病理在法医学和其他生物医学研究过程中也起着融合、交叉和推动作用。

0.4　动物病理的研究方法

动物病理研究的对象是患病的动物。病理生理是以生理学、生物化学、免疫学等学科的研究方法为主要手段,研究疾病过程中机能和代谢的变化,借以阐明疾病的发生发展规律。病理解剖是以解剖学、组织学、分子生物学等学科的研究方法为主要手段,探讨疾病过程中形态学的变化。

动物病理常见的研究方法有尸体剖检、动物实验、临床病理学研究、活体组织学检查、组织培养和细胞培养。

1)尸体剖检

对已死亡的动物,运用病理知识观察其机体、组织器官及细胞的病理变化,来诊断和研究疾病的方法称为尸体剖检。其主要目的在于查明病因、分析病变的主次和发病及其死亡的原因;收集病理标本和病理材料,为教学科研提供素材;利于对突发病、新病的快速诊断。包括从宏观到微观的多层次观察方法,如眼观、镜检和组化分析。

(1)眼观

眼观主要是利用肉眼或借助放大镜、尺、秤等工具对被检尸体或组织器官病变的大小、形状、质地、重量、色泽、表面和切面进行观察分析。

(2)镜检

镜检是对病变组织进行组织学观察,包括在细胞水平上的光学显微检查和运用电子显微镜对细胞超微结构的观察,从亚细胞甚至大分子水平上了解组织细胞形态和机能的变化。

(3)组化分析

包括组织(细胞)化学观察和免疫组织化学观察。前者是应用某些能与细胞化学成分特异性结合的显色剂,显示病变组织细胞的某些化学成分(如脂肪、核酸、酶)的改变,其中对组织切片的观察称为组织化学,对涂片细胞或培养细胞的观察称为细胞化学;免疫组织化学观察是应用抗原—抗体特异性结合的原理建立的一种组织化学技术,如免疫酶组化技术。

2)动物实验

包括急性动物实验和慢性动物实验,它是病理生理研究的主要手段。主要是通过人为地控制各种条件,在正常适宜的动物身上复制疾病模型,全面研究疾病发生发展的动态过程。

3)临床实验研究

用实验的方法,对兽医临床上自然发病动物的血液、尿液、粪便、胸腹水等进行化验分析,对临床症状和病变特征进行收集和整理,采取综合性分析研究、了解疾病发生发展的过程。

4)活体组织学检查

运用切除、穿刺或刮取等手术方法,从活体内采取病变组织进行眼观、镜检等病理观察称为活体组织学检查,简称"活检"。

5)组织培养和细胞培养

将某种组织或细胞在适宜的培养基上进行体外培养,观察在致病因素作用下组织细胞的变化。

0.5　学习动物病理的指导思想和方法

病理又称为"医学哲学",辩证唯物主义哲学思想是对其学习的根本指导思想,在学习过程中,主要应注意以下几个方面的关系:

1)局部与整体

有机体是由各个局部构成的完整统一体。正常时,在神经—体液的调节下,各器官组织协调一致,共同维持机体的健康;在疾病时,局部病变引起全身性反应,全身性反应通过局部来表现。如肺炎,一方面是肺脏受致病因素侵袭,出现变质、渗出和增生等炎症性变化;另一方面又出现发热、白细胞增多、血沉加快、抵抗力下降等全身性反应。

2)形态和机能

形态和机能相互联系、相互依存、相互制约、互为因果。形态结构的正常与否是其机能活动正常与否的基础,长期机能活动的变化必然导致形态结构的改变。如肺瘀血或其他因素致外周血液阻力增大时,心脏为克服血液运行阻力而功能加强,随着心功能长期负荷过大,心壁增厚,出现心脏肥大。

3)静态与动态

世界上一切事物都是运动发展的,疾病也不例外,都是由发生到发展,最后康复或死亡。虽然尸体标本是处于"静止"状态,但它实际上是疾病发生发展过程中某一时刻留下的状态,是疾病某一阶段的瞬间变化,并不代表疾病的全部。因此,在观察"静止"的病变特征时,要通过分析与对比,研究它的过去,分析预测它的发展,才能全面掌握疾病。

4)内因和外因

任何疾病的发生都是有原因的,没有无病因的疾病。疾病的病因分为内因和外因,内因是指机体的遗传性因素、免疫状态改变等内在性致病因素,常对疾病的发生发展起决定性作用;外因是指来自体外的各种致病因素,如细菌、病毒、电离辐射等,对疾病的发生起重要作用,没有这些外因,相应的疾病就不会发生。一般情况下,外因是变化的条

件,内因是变化的根据,外因通过内因而起作用。

5)理论与实践

动物病理是一门实践性极强的学科,内容多,涉及面广而复杂,只有在学习基础理论的同时,不断参与实践,深入生产场所、实验室,观察疾病发生发展过程,对死亡畜禽进行尸体剖检,收集、制作、观察、研究大体标本和切片标本,丰富理论知识,建立认识、实践、再认识、再实践的学习过程,才能真正学好动物病理,为疾病防治和临床学科的学习奠定扎实的基础。

0.6 动物病理的发展及展望

动物病理的发展与自然科学,尤其是基础学科的发展密切相关,与人们认识疾病的过程相一致,具有悠久的历史。

古希腊名医希波克拉底(Hippocrate,公元前460—前377年)认为疾病是血液、黏液、黄胆汁和黑胆汁4种液体混合不当所致,提出体液病理学说。18世纪意大利医学家莫尔干尼(Morgagni,1682—1771年)提出疾病的局部定位观点,创始了器官病理学。19世纪德国病理学家魏尔啸(Virchow,1821—1902年)运用显微镜对尸体材料进行显微镜观察,认为疾病是由细胞结构改变和功能障碍引起,创立了细胞病理学。随着自然科学的日新月异,今天已经建立了免疫病理学、分子病理学、遗传病理学等,使人们对疾病的认识走向综合辩证时期。

我国医学家对病理学的发展也作出过重大贡献。《黄帝内经》曾有"夫八尺之士,肉皮在此,外可度量切循而得之,其死可解剖而视之"。西汉时期王莽篡政,大量屠杀对手,结果发现胃、胆囊、肠、肝有虫,胃上有一些颜色不同的斑块。南宋时期,宋慈著有《洗冤录》,它是一部举世闻名的法医病理解剖学,详细叙述了男女老幼四时的尸体变化,曾被译为多国文字。清朝时期,解剖学家王清任通过解剖上百的尸体,改变了动脉运气、静脉运血的错误观点,纠正了脑主神明,提出了心主神明,著有《医林改错》。

动物病理受历史的影响,著述较少,著名的著作有《元亨疗马集》,它对多种动物的内脏结构和位置均有记载。随着畜牧业的发展和自然科学的进步,动物病理已是一门对认识动物疾病、保障食品安全及人类健康具有重要意义的独立学科。虽然与发达国家比较还有一定差距,但一大批动物病理学家经过几十年的探索与奋斗,已为我国动物病理的发展奠定了坚实的基础,为动物疫病诊断与防治制定了目标和方向。在新时期,随着改革开放的不断深入、国力的逐步增强、科学技术的迅猛发展,动物病理一定能赶上世界先进水平,为我国动物疫病的消除及人类健康作出更大贡献。

第1章
疾病概论

本章导读:本章主要介绍疾病的概念,引起疾病的原因,疾病的发生机理、规律,疾病的过程、结局。正确掌握疾病的发生原因、机理、规律,对我们正确分析病理解剖变化和病理生理过程具有重要的意义。兽医临床工作必须针对具体疾病进行准确分析,为进一步采取正确、有效的预防和治疗措施奠定良好的基础。

1.1　疾病概念

人类对疾病的认识,随着科学的发展和技术的进步而不断加深。现代医学认为,疾病是机体在一定条件下与来自内、外环境的各种致病因素相互作用产生的一种损伤和抗损伤的复杂斗争过程。在这个过程中,机体表现出内部各系统的协调活动出现紊乱,机体对外界环境的适应能力下降,甚至危及生命;同时机体各组织器官的机能、代谢、形态结构发生一定的改变,这种在本质上不同于健康的过程,称为疾病。

1.2　疾病发生的原因

任何一种疾病都是由一定的病因引起的,没有原因的疾病是不存在的,引起疾病发生的原因主要分为内因、外因两个方面,还有自然条件和社会条件等。

1.2.1　疾病发生的外因

1)生物性致病因素

生物性致病因素是动物最常见的致病因素,包括各种病原微生物和寄生虫。其致病的共同特点是:

(1)一定的选择性

主要表现在感染动物的种属、侵入门户、感染途径和作用部位等。如牛瘟病毒只感染牛,狂犬病病毒只能从伤口侵入,鸡的传染性法氏囊病毒主要侵害法氏囊。

(2)一定的潜伏期

病原微生物从侵入机体到出现临床症状都需一定的潜伏期,如鸡的新城疫为 5 ~ 6 d,猪的乙脑为 3 ~ 4 d,人的狂犬病平均为 30 ~ 60 d 或更长。

(3)动物机体抵抗力的改变影响疾病的发生

当机体防御机能、抵抗力都强时,虽然有病原体的侵入也不一定发病。相反,当机体抵抗力低时,即使平时没有致病作用或仅有毒力不强的微生物侵入也可引起发病。

(4)一定的特异性

生物性致病因素引起的疾病有特异性病理变化和特异性免疫反应。如猪丹毒,皮肤出现干性坏疽,心脏发生疣性心内膜炎,都是特异性病理变化。同时还引起机体特异性免疫反应。

2)化学性致病因素

危害动物的化学性致病因素,常见的有农药、化肥、除草剂、杀菌剂、重金属盐、酸碱溶液、药物中毒、肾功能障碍所致的尿毒症、肠道内饲料腐败发酵产生的毒素吸收、CO 中毒、六六六中毒、氢氰酸中毒、肝功能障碍所引起的黄疸、饲料调制不当的亚硝酸盐中毒等。化学性致病因素有如下特点:

(1)常蓄积一定量后才引起发病

化学毒物进入机体后,常蓄积一定量后才引起发病,除慢性中毒外,一般都有短暂的潜伏期。

(2)有些化学因素对组织器官毒性作用有一定选择性

如煤气中毒 CO 与血红蛋白结合,有机磷农药进入机体主要与胆碱酯酶结合,氢氰酸主要抑制细胞呼吸酶类。

3)物理性致病因素

物理性致病因素主要包括温度、电流、电离辐射、大气压、光能、噪声等。

(1)温度

高温可引起烧伤或烫伤,还可引起中暑;低温可造成局部组织的冻伤,还可引起机体抵抗力下降,造成感冒等。

(2)电流

对动物造成危害主要是雷电产生的强电流和日常用的交流电,可造成动物局部组织的损伤或直接导致死亡。

(3)电离辐射

常见的有 α、β、γ 射线中子、质子等,其致病作用决定于照射剂量、面积、照射时间和组织器官的性质,可引起放射性损伤、放射病、肿瘤等。

(4)大气压的变化

低气压或高气压对机体都有致病作用,但低气压影响较大。如高山、高原地区,空气稀薄,易发生缺氧。

(5)光能

可见光可引起光敏性皮炎,紫外线可引起光敏性眼炎、皮肤癌。

(6)噪声

短时间突如其来的噪声可造成动物应激反应,如可引起产蛋鸡产蛋下降、泌乳牛产奶量下降。长时间噪声刺激引起动物生长发育不良,降低动物生产性能。

4)机械性致病因素

常见的有锐器、钝物的撞击、高空跌下,可引起创伤、骨折、脱臼,甚至死亡。体内如有肿瘤、异物、寄生虫对组织产生压迫或阻塞管腔,造成损伤。

5)营养性因素

动物的营养缺乏如蛋白质、脂肪、糖、维生素、矿物质等,都会引起相应的营养缺乏症。饲喂不足,动物处于慢性饥饿状态时,可引起营养不良性水肿、贫血、消瘦等。但摄食过多也可造成疾病,如鸡的日粮中蛋白过量,可引起鸡患痛风病。

1.2.2 疾病发生的内因

1)机体的防御机能降低

(1)屏障功能

健康动物的皮肤、黏膜、肌肉、骨骼都有机械性阻止病原微生物侵入的作用;皮肤角质层不断脱落更新,有助于清除皮肤表面的微生物;皮脂腺、汗腺分泌的酸性物质有抑菌和杀菌作用;由脑软膜、脉络膜、室管膜及血管内皮所组成的血脑屏障可阻止某些病原有害物质侵入脑组织内;孕畜的胎盘屏障可阻止母体内某些细菌、有害物质进入胎儿血液循环,对胎儿起保护作用。当上述屏障遭受破坏时就易发病。

(2)吞噬和杀菌作用

广泛存在于机体各组织的单核巨噬细胞,它们可以吞噬一些病原体、异物颗粒、衰老的细胞,并靠胞浆内溶酶体中的酶将吞噬物消化、溶解。此外,嗜中性粒细胞能吞噬抗原抗体复合物,并通过本身酶的消化、分解作用,减弱有害物质的危害。另外,胃液、泪液、唾液以及血清中都有抑菌或杀菌的物质。当机体的这些吞噬和杀菌机能减弱时,易发生某些感染性疾病。

(3)解毒机能障碍

肝功能不全或肝脏组织结构发生破坏时,其解毒功能降低,易发生中毒性疾病。

(4)排出机能减退

呼吸道黏膜上皮的纤毛运动、咳嗽、喷嚏,消化道的呕吐、腹泻,肾脏的泌尿,都可将有害物质排出。若机体的这些排出过程受阻,易发生相应的疾病。

(5)特异性免疫反应

包括细胞免疫和体液免疫两种,是机体抵抗病原的重要机能。当特异性免疫机能降低时,易发生各种病原微生物感染,如病毒、细菌、真菌、寄生虫的感染,而且恶性肿瘤发生率也大大升高。

2)种属因素

不同种属的动物,对同一致病因素的感受性是不一样的,如犬不会感染口蹄疫病毒,猪不感染牛瘟病毒而发病。这是动物在进化过程获得的一种先天性非特异性免疫能力。

3)年龄与性别

幼龄动物由于神经系统和防御机能发育不完全,易发生消化道和呼吸道疾病;老龄

动物由于代谢机能降低,神经调节及防御机能减退,易发生各种疾病。

由于机体性别不同,激素水平不同,对致病因素的感受性也不同。如鸡和牛白血病的发病率,雌性要高于雄性。

4)遗传因素

遗传因素主要是基因突变或染色畸变引起动物后代的某些结构或代谢产生缺陷的疾病,如初生仔猪阴囊疝、动物血友病等。

1.2.3　影响疾病的条件(诱因)

包括气候、温度、湿度等客观条件(如气候寒冷易发生呼吸道疾病;气温高微生物繁殖较快易发生消化道疾病;南方潮湿多雨易发生寄生虫危害和风湿性关节炎),还包括废水、废气、废渣排放的人为因素造成的环境污染,这也是不可忽视的致病因素和条件。

1.2.4　社会制度对疾病的影响

社会制度不同,疾病发生也不同。解放前,由于对畜牧业不重视,动物疾病,尤其是传染病流行严重。解放后,政府加强了对动物疾病的预防控制,消灭了牛瘟,一些严重危害动物及人的重大疾病也得到有效控制,如血吸虫、炭疽、鼻疽等。我国目前对动物疾病预防控制工作虽然取得了不少成绩,但与发达国家相比还有很大差距,同时还面临许多新问题。

1.3　发病学

1.3.1　疾病发生发展的一般机理

1)致病因素对组织的直接作用

致病因素直接作用于机体组织器官,或侵入机体后有目的地选择性作用于某些组织和器官,引起组织器官损伤。如高温造成的烧伤,低温造成的冻伤,法氏囊病毒侵入鸡体引起法氏囊损伤等。

2)致病因素对体液的作用

在致病因素的作用之下,体液可发生量变和质变,如脱水、失血、水肿、酸碱平衡紊乱、电解质含量及比例变化、酶活性的改变、激素和神经介质分泌增多或减少等变化,均会引起机体相应的机能、代谢、形态结构的变化。

3)致病因素改变神经调节机能

(1)神经反射作用

破伤风引起的神经感觉敏感;外界供氧不足时,动物的呼吸加深加快;有害气体刺激时呼吸的减弱,甚至暂时停止等都是通过神经反射引起的反射活动。

(2)致病因素直接作用于神经系统

在感染、中毒情况下,致病因素可直接作用于中枢神经引起神经机能障碍。如狂犬病、脑炎、缺氧等。

4）细胞与分子机理

致病因素作用于机体，引起细胞内酶、核酸、蛋白质等分子功能障碍或破坏，造成代谢、功能障碍，引起疾病的发生。如镰状红细胞性贫血、白血病、阴囊疝、血友病等。

上述几种作用在疾病发生过程中不是孤立存在，而是相互关联的，只是在不同疾病发生过程中以某一作用为主。

1.3.2　疾病发生、发展的一般规律

1）损伤和抗损伤的斗争贯穿于疾病发展的始终

致病因素作用于机体，引起机体各种损伤性变化的同时，也激发起机体各种抗损伤性的防御、代偿、适应和修复反应。这种损伤和抗损伤的斗争，贯穿于疾病的始终。如果抗损伤占优势，就向有利于机体康复的方向发展，直至痊愈；相反，如果损伤占优势，则疾病恶化，甚至导致死亡。如机体外伤性出血时，一方面引起组织损伤、血管破裂、失血、血压降低等病理变化；另一方面又激起机体的抗损伤反应，如血管收缩、心跳加快、心收缩加强、血库释放储存的血液参与循环等。如果出血少，病理损伤不严重，机体通过上述抗损伤反应，逐渐好转、痊愈；反之，出血过多、损伤严重，机体的抗损伤反应不足以对抗损伤性变化时，则病情恶化。

2）疾病过程中的因果转化规律

原始病因作用机体后，引起一定的病理变化，而这一结果又成为新的病因，又可引起新的病理变化，即转化为新的病理变化的原因，如此循环。在此过程中，每一环节既是前一种现象的结果，又是后一种现象的原因。

例如，外伤使血管破裂导致大失血，大失血使心输出量减少和动脉压下降，血压下降可反射性使交感神经兴奋，导致皮肤、腹腔内脏的微动脉血压进一步降低，组织缺氧，缺氧进一步引起代谢产物增多，组织器官毛细血管由收缩转为扩张，于是有更多的血液淤积在微循环中，回心血又随之减少，再进一步发展可引起多器官衰竭，导致动物失血性休克，引起动物死亡。这就是失血性休克过程中因果转化导致的恶性循环。兽医临床工作中，可针对上述因果转化采取相应措施，阻断其发展，促进疾病康复。

3）疾病过程中局部与整体的关系

在疾病过程中，机体局部病变影响全身，全身机能状态又影响着局部病变，两者互相联系，不能截然分开。如鸡的法氏囊病毒主要侵害法氏囊这个局部器官，但可引起鸡的精神沉郁、食欲降低、昏睡、羽毛蓬乱、体温升高等全身性反应。因此，在治疗该病时，既要考虑法氏囊，又要针对全身状态增强食欲、增加营养，提高机体抵抗力。

1.4　疾病的经过和转归

1.4.1　疾病的经过

疾病的经过是从病因作用于机体到疾病结束所经历的整个过程，这个过程可分为以

下 4 个阶段:

1）潜伏期

潜伏期是指病因作用于机体,到机体出现一般临床症状前的一段时期,潜伏期的长短与病原的特性有关。一般来讲,病原微生物侵入机体内数量越多、毒力越强,则潜伏期越短,如猪瘟的潜伏期一般为 7 ~ 10 d,猪丹毒为 3 ~ 5 d。在潜伏期中,机体动员一切防御力量战胜致病因素的损伤作用,则疾病不恶化发展;反之,则疾病继续发展进入第二阶段(前驱期)。

2）前驱期

前驱期是指疾病出现最初症状,到疾病的全部症状出现为止。这个时期,机体的机能活动和反应性均有所改变,出现一些临床症状,如精神沉郁、食欲降低、体温升高、生产性能下降等。

3）症状明显期

症状明显期是指疾病的特征性临床症状充分表现的时期。这个阶段,损伤和抗损伤的表现达到一个新的水平,但以病因造成的损伤更具优势,故患畜呈现疾病的特征性症状。研究此期机体的机能、代谢、形态结构的变化,对疾病的正确诊断和合理治疗有重要意义。

4）转归期

转归期是指疾病的最后阶段。在此阶段,如果机体的防御、代偿、适应、修复能力得到充分表现并占优势,则疾病好转,最后痊愈;反之,机体抵抗力减弱,则损伤加剧,疾病恶化,甚至死亡。

1.4.2　疾病的转归

疾病的转归是指疾病的结束阶段,表现为完全康复、不完全康复、死亡 3 种类型。

1）完全康复

完全康复是指病因被消除,所造成的机体的机能、代谢、形态结构的损伤得到修复,机体各器官系统之间以及机体与外界环境之间的协调关系得到完全恢复,动物的生产能力恢复正常。

2）不完全康复

不完全康复是指疾病的主要症状已经消失,致病因素对机体的损害作用已停止,但机体的机能、代谢、形态结构的损伤未完全修复,往往留下持久的病理性损伤或机能障碍。同时,机体必须借助代偿作用来维持正常生命活动。如脑血栓后造成的肢体运动不灵、麻痹。

3）死亡

死亡是指动物生命的活动停止、完整机体的解体。死亡也有一个发展过程,通常分为 3 期:

（1）濒死期

机体脑干以上的中枢神经系统处于高度抑制状态,各系统的功能发生严重障碍和失调,表现为感觉消失、反射迟钝、脉搏微弱、呼吸节律失常、粪尿失禁等。

（2）临床死亡期

此期主要表现为呼吸、心跳停止,反射消失,中枢神经处于高度抑制状态,但各组织细胞仍然有微弱的代谢活动。临床死亡期内,由于重要器官的代谢尚未停止,有些动物如及时抢救、正确用药,有复活的可能。

（3）生物学死亡期

这是死亡的最后阶段,从大脑皮层到整个神经系统以及各重要器官的新陈代谢都已停止,出现不可逆的变化,是动物真正死亡的时期。

复习思考题

1. 简述疾病的概念、发生原因及疾病的特征。
2. 简述疾病发生的一般机理和规律。
3. 简述疾病的经过和转归。

第2章
局部血液循环障碍

> **本章导读**：本章主要就充血、出血、血栓形成、栓塞、梗死的原因、机理、病理变化及对机体影响进行阐述。通过学习，要求掌握充血、出血、血栓形成、栓塞、梗死的概念，能够正确识别其病理变化，了解其发生机理及对机体的影响。

血液循环障碍分全身性血液循环障碍和局部性血液循环障碍。全身性血液循环障碍是由于心血管机能障碍所致。局部性血液循环障碍是由于局部器官组织的血液含量改变，血液性状和血管壁的完整性破坏所致。全身性和局部性血液循环障碍密切相关，如当机体某局部创伤引起大出血时，可导致全身血压下降，而心脏衰弱时出现的全身性血液循环障碍，又会从局部器官，如肝、肺、肾瘀血，或可视黏膜发绀表现出来。

2.1 充血和出血

2.1.1 充血概念

局部组织器官的血管内血液含量比正常增多的现象，称为充血。按其发生机理可分为动脉性充血和静脉性充血两种（图2.1）。

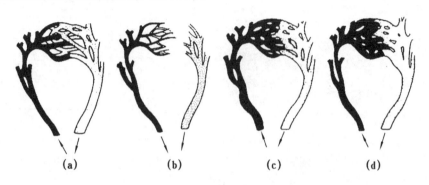

图2.1 血流状态模式图

（a）正常；（b）缺血；（c）动脉性充血；（d）静脉性充血（瘀血）

1）动脉性充血

由于局部组织或器官的小动脉和毛细血管扩张,流入血量增多,而静脉血回流正常,使组织或器官内动脉性血液含量增多,称为动脉性充血,简称充血。

2）静脉性充血

当静脉血回流受阻,血液淤积于小静脉和毛细血管内,引起局部组织或器官内静脉血量增多,称为静脉性充血,简称瘀血。

2.1.2　充血的原因和机理

1）动脉性充血

动脉性充血分为生理性充血和病理性充血。

（1）生理性充血

在生理情况下,当某器官组织功能活动增强时,支配该器官组织的动脉就反射性地扩张,引起充血。如采食后胃肠道的充血,运动时肌肉的充血,妊娠时子宫的充血等,称为生理性充血。

（2）病理性充血

在各种致病因素作用下局部组织引起的充血,称为病理性充血。病理性充血的原因主要有以下几种:

①血管神经性充血　机体内各器官组织小动脉的舒张和收缩受植物性神经支配。正常情况下,交感缩血管神经处于兴奋状态,小动脉经常保持一定的紧张性。各种致病因子如温热、摩擦、化学物质以及体内局部病理产物的刺激等,抑制了缩血管神经的兴奋性,导致小动脉和毛细血管扩张,局部动脉血液增加,此类充血称为血管神经性充血。

②炎性充血　这是最常见的充血原因。在炎症过程中,由于致炎因子的直接刺激以及发炎时组织所释放的血管活性物质(组织胺、5-羟色胺、激肽、白细胞三烯等)的作用,使小动脉及毛细血管扩张而充血,尤其在炎症早期或急性炎症过程中表现最明显。

③侧支性充血　某一动脉由于血栓形成、栓塞或肿瘤压迫等原因,使动脉管腔狭窄或闭塞,在其周围的动脉吻合支(侧支)发生扩张充血,建立侧支循环,补偿缺血组织血液供应,称为侧支性充血,这种充血具有代偿意义。

④减压后充血　动物机体局部组织因血管长期受压发生局部缺血,血管张力降低,当压力突然解除,受压组织内的小动脉和毛细血管反射性地扩张,引起局部充血,称为减压后充血或贫血后充血。如牛、羊瘤胃臌气及腹腔积水等情况下,因为腹腔内压增大,胃肠和其他器官的血管受压,血液被挤压到腹腔以外的血管中,造成腹腔器官贫血。在治疗过程中,如果瘤胃放气或排除腹水的速度过快,引起腹腔内压迅速降低,这样大量血液就急速涌入腹腔器官的血管内,与此同时,造成腹腔以外器官的血量减少,血压下降,严重时引起脑贫血,甚至导致动物死亡。故施行瘤胃放气或排除腹水时,应特别注意防止速度过快。

2）静脉性充血

静脉性充血又称瘀血,依其原因和波及范围的不同可分为局部性瘀血和全身性

瘀血。

（1）局部性瘀血

局部性瘀血主要是由于局部静脉受压和静脉管腔阻塞,此时静脉管腔狭窄或闭塞,引起血液回流受阻,相应部位的器官或组织发生瘀血。例如,肠扭转、肠套叠时肠系膜静脉受压而引起相应的肠系膜和肠管的瘀血;肿瘤压迫静脉或绷带包扎过紧引起相应部位瘀血等。静脉管腔阻塞见于静脉血栓形成和栓塞。

（2）全身性瘀血

全身性瘀血的发生是由于心力衰竭和胸内压增高。心力衰竭时心收缩力减弱,心输出量减少,心腔积血,致使静脉血回流心脏受阻而淤积于静脉系统。左心衰竭时可导致肺瘀血;右心衰竭时可导致体循环瘀血。胸内压增高见于胸腔积液或气胸时,腔静脉受压使静脉血液回流障碍,引起全身性瘀血。

2.1.3　充血的病理变化

1)动脉性充血的病理变化

动脉性充血的器官和组织内,由于血氧含量高,血流量增多,体积可稍增大,呈鲜红色,如发生在体表,则可观察到充血局部温度升高。充血的组织由于小动脉扩张、血流加快,故代谢旺盛,机能加强。镜检,充血组织中微动脉和毛细血管扩张,毛细血管数目增多(闭锁的毛细血管扩张),血管内充满血液。急性炎症引起的充血,在充血组织中还可见渗出的炎症细胞和浆液,以及局部实质细胞的变性或坏死。

2)静脉性充血的病理变化

瘀血的组织和器官由于大量血液淤积在静脉和毛细血管内而肿胀,此时血流缓慢,血氧消耗过多,血液内氧合血红蛋白减少,还原性血红蛋白增多,使局部呈暗红色,甚至蓝紫色。体表瘀血区血流缓慢,毛细血管扩张,使散热增加而致局部温度降低。镜检,小静脉和毛细血管显著扩张,其中充满血液。如瘀血长期得不到解除,静脉血压升高,局部组织代谢产物蓄积,可引起毛细血管通透性升高,血浆大量渗出,引起瘀血性水肿。如瘀血持续发展,组织由于缺氧,实质细胞变性、坏死,间质结缔组织增生,可引起组织硬化,称为瘀血性硬化。

动物临床上常见肺瘀血和肝瘀血。

（1）肺瘀血

主要由于左心功能不全所致。急性肺瘀血时,肺脏呈紫红色,体积膨大,边缘钝圆,质地稍变韧,重量增加,被膜紧张而光滑,切面外翻,从切面上流出大量混有泡沫的血样液体。镜检,肺内小静脉及肺泡壁毛细血管扩张,充满大量红细胞;肺泡腔内出现淡红色的浆液和数量不等的红细胞。慢性肺瘀血肺泡壁毛细血管扩张,充满红细胞。肺泡腔中有粉红色的水肿液。肺瘀血时,常在肺泡腔内见到吞噬有红细胞或含铁血黄素的巨噬细胞,因这种细胞多见于心力衰竭病例,故又有"心力衰竭细胞"之称(图2.2)。长期肺瘀血可引起肺间质结缔组织增生,同时常伴有大量含铁血黄素在肺泡腔和肺间质内沉积,肺呈棕褐色,使肺脏发生褐色硬化。

（2）肝瘀血

主要见于右心功能不全,肝静脉与后腔静脉回流受阻。急性肝瘀血时,肝体积肿大,被膜紧张,边缘钝圆,重量增加,呈紫红色,质地较实。切面流出多量暗红色凝固不良的血液。瘀血较久时,由于瘀血的肝组织伴发脂肪变性,故在肝切面形成暗红色瘀血区与土黄色脂变肝细胞区相间,眼观似槟榔状花纹,故称为"槟榔肝"。镜检,可见肝小叶中央静脉及窦状隙扩张,充满红细胞,尤其是肝小叶中心区窦状隙及中央静脉显著瘀血,此处肝

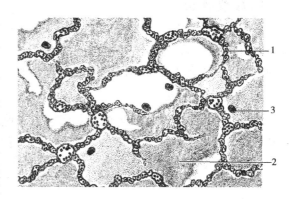

图2.2 慢性肺瘀血
1—肺泡壁毛细血管扩张,充满红细胞;
2—肺泡壁内水肿液;3—心衰细胞

细胞受压迫而发生萎缩,甚至消失,肝小叶周边肝细胞因瘀血、缺氧而发生脂肪变性。慢性肝瘀血,肝实质细胞萎缩,间质结缔组织增生,使肝脏变硬,称为瘀血性肝硬化。

2.1.4 充血的结局和影响

1）动脉性充血的结局和影响

充血多是暂时性反应,病因消除后局部血量即可恢复正常。如病因持续作用且较强时,可使血管壁紧张度下降或丧失,导致血流逐渐减慢,甚至血流停滞。充血是机体的防御适应性反应之一,此时充血组织的机能、代谢和防御能力都得到增强。临床治疗中采用的热敷、涂擦刺激剂等都是一种充血疗法。但是,脑和脑膜充血可因颅内压升高而引起神经症状;血管有病变时可能因充血而发生破裂性出血。

2）静脉性充血的结局和影响

短暂的瘀血在病因消除后可迅速恢复正常的血液循环,短期轻度瘀血当消除病因或形成侧支循环后即可消退。长期瘀血则会引起一系列变化,瘀血时毛细血管内流体静压升高和局部缺氧所致的毛细血管壁通透性增高,可使血液中的液体进入组织增多,并在组织中潴留即发生水肿,加重局部肿胀。长期瘀血的组织由于缺氧和营养物质不足以及代谢产物堆积,可引起实质细胞变性,严重时可导致坏死。有的器官慢性瘀血时,扩张的血管还可压迫实质细胞引起萎缩。

2.1.5 出血的概念

血液流出血管或心脏以外,称为出血。血液流出体外,称为外出血;血液流入组织间隙或体腔内,称为内出血。

2.1.6 出血的原因和类型

出血根据原因可分为两类:

1)破裂性出血

血管破裂性出血一般见于局部,是由于心脏或血管壁破裂而引起,可发生于心脏、动脉、静脉和毛细血管。此外,外伤、炎症和恶性肿瘤的侵蚀,或在血管发生动脉瘤、动脉硬化的基础上血压突然升高,均可引起破裂性出血。

2)漏出性出血

漏出性出血是由于血管壁通透性增高,红细胞通过扩大的内皮细胞间隙和损伤的血管基底膜而漏出到血管外。漏出性出血是许多传染病、寄生虫病常见的病变,缺氧、感染(炭疽、猪瘟等急性传染病)、中毒(磷、砷)等因素对毛细血管壁的直接损伤,维生素 C 缺乏使内皮细胞连接分开、基底膜破坏和毛细血管周围胶原减少等,均可使血管壁通透性增高而导致漏出性出血。此外,血小板减少或凝血因子不足(如弥散性血管内凝血时,凝血因子消耗过多)所致凝血障碍可导致出血倾向。

2.1.7　出血的病理变化

出血的病理变化因出血的原因、损伤血管类型、局部组织的性质、出血的类型、速度和部位的不同而有差异。血液流入体腔者称为积血(如胸腔积血、腹腔积血、心包腔积血、颅腔积血等)。大量出血局限在组织间隙内,形成局限性血液团块,则称为血肿(如脑血肿、皮下血肿等),常见于破裂性出血时。皮肤、黏膜、浆膜和实质器官的点状出血称为瘀点(直径在 1 mm 以内),斑块状出血称为瘀斑(直径在 1～10 mm),主要见于漏出性出血。出血时,由于红细胞弥散性浸润于组织间歇,使组织呈大片暗红色,称为出血性浸润。而机体有全身性出血倾向,各组织出现广泛性出血点,称为出血性素质。少量组织内出血只能在镜检时见红细胞出现于血管外方可确定。出血区的颜色随出血发生的时间而不同,通常新鲜的出血斑点呈鲜红色,陈旧的出血斑点呈暗红色。

2.1.8　出血的结局和影响

一般小血管的破裂性出血,多可自行止血,这是由于受损的血管收缩,局部血栓形成和流出的血液凝固所致。流入组织内的血液量少时,红细胞可被巨噬细胞吞噬,出血灶可完全吸收而不留痕迹。若出血量较多,则红细胞被破坏,血红蛋白分解为含铁血黄素沉着在组织中或被巨噬细胞吞噬。大的血肿因吸收困难,常在血肿周围形成结缔组织包囊,随后血肿通常被新生的肉芽组织取代(机化)或包裹(包囊形成)。

出血对机体的影响取决于出血量、出血部位、出血速度和持续时间。大动、静脉的破裂性出血,短时间内丧失大量血液,其失血量达循环血量的 20%～25% 以上,即可发生出血性休克。心脏破裂出血引起心包积血,可因心包填塞而导致急性心功能不全。脑出血,即使出血量不多,也可引起神经机能障碍;脑干出血常因重要神经中枢受损而导致死亡。长期持续的小出血可引起贫血。

2.2　血栓形成

2.2.1　血栓形成的概念

在活体的心脏或血管内,血液发生凝固或血液中某些有形成分析出、黏集形成固体质块的过程,称为血栓形成,所形成的固体质块称为血栓。

2.2.2　血栓形成的原因和机理

血栓形成的条件有以下几方面:

1)心血管内膜的损伤

完整的心血管内膜在保证血液的流体状态和防止血栓形成方面具有重要作用。心脏和血管内膜受到损伤时,内皮细胞发生变性、坏死脱落,内膜的胶原纤维暴露,从而激活第Ⅻ因子,内源性凝血系统被启动;同时,内膜损伤可以释放组织凝血因子,激活外源性凝血系统。内膜受损后表面变粗糙,则有利于血小板的沉积和黏附,黏附的血小板破裂后,释放多种血小板因子,激发凝血过程,而形成血栓。

心、血管内膜的损伤多见于炎症,如牛肺疫的肺血管炎、慢性猪丹毒的心内膜炎和小动脉炎均伴有血栓形成。机械性刺激(如缝合或结扎)也可造成血管内膜损伤,导致血栓形成。

2)血流状态的改变

血流状态的改变包括血流缓慢、产生旋涡或血流停止。正常血流中血细胞和血小板位于血流的中轴(轴流),外周是一层血浆带(边流)。当血流缓慢或血流产生旋涡时,轴流与边流界线消失,血小板进入边流,开始与血管内膜接触,进而可能粘连于内膜。血流缓慢所致的缺氧,可引起内皮细胞变性、坏死,其合成和释放抗凝因子的功能丧失,并使内皮下胶原暴露于血流,从而触发内源性和外源性凝血系统。血流缓慢和产生旋涡还有助于激活的各种凝血因子在局部达到凝血所需的浓度,为血栓形成创造条件。据统计,静脉发生血栓比动脉发生血栓多4倍,说明血流缓慢是血栓形成的重要条件。静脉容易发生血栓还与静脉瓣部血流产生旋涡和静脉血液的黏性增加有关。心脏和动脉内的血流较快,不易形成血栓,但当发生某些病理过程而使血流状态改变时,也会有血栓形成,如动脉瘤内血流产生旋涡时常并发血栓形成。

3)血液凝固性增高

血液凝固性增高是指血液易于发生凝固的状态,通常由于血液中凝血因子激活、血小板增多或血小板黏性增加所致。例如,弥散性血管内凝血(DIC)时,体内凝血系统被激活,使血液凝固性增高;严重创伤、产后和大手术后,血液中血小板数量增多、黏性增加,同时凝血因子(Ⅻ、Ⅶ)含量亦增加,血液呈高凝状态。血液凝固性增高为血栓形成创造了条件。

上述血栓形成的条件在血栓形成时往往两个或三个同时存在、相互影响,但在不同阶段的作用又不完全相同,应作具体分析。

2.2.3　血栓形成的过程和形态特点

血栓形成是一个逐渐发展的过程。首先是血小板自血流中析出并黏附于受损的血管内膜上;黏附的血小板发生黏性变态,即肿胀,形成伪足样突起和变形,肿胀的血小板相互聚集;与此同时,由于内源性和外源性凝血系统启动而产生的凝血酶,不仅作用于纤维蛋白原使之转变为纤维蛋白,还作用于血小板黏集堆,使血小板发生黏性变态,导致其间连接牢固,不再散开。如此反复进行,血小板黏集堆不断增大,形成小丘状、以血小板为主要成分的血栓。这种由血小板析出、黏集而成的血栓称为析出性血栓,肉眼观察为灰白色,故又称为白色血栓,其表面粗糙,有波纹,质硬,与血管壁紧密粘连。白色血栓通常见于心脏和动脉系统,这是由于心脏和动脉的血流速度快,局部形成的凝血因子被迅速稀释、冲散,血液凝固不易发生。白色血栓还见于静脉血栓的起始部,即构成血栓的头部,在以后血栓继续发展而延续的过程中,可进而形成血栓的体部和尾部。

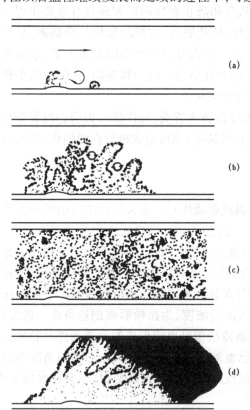

图2.3　血栓形成过程示意图
(a)血管内膜粗糙,血小板沉积,局部形成旋涡;
(b)血小板继续沉积形成小梁,小梁周围有白细胞黏附;
(c)小梁间形成纤维蛋白网,网眼中充满红细胞;
(d)血管腔阻塞,局部血流停滞,停滞之血液凝固

白色血栓构成血栓的起始部后可阻碍血流产生旋涡,血小板继续不断析出和黏集,这不仅使血栓头部增大,而且沿血流方向又形成新的血小板黏集堆,呈分支小梁状,形如珊瑚,其表面黏附许多白细胞。此时,血小板梁之间血流逐渐变慢,局部凝血因子的浓度逐渐增高,于是发生凝血过程。可溶性纤维蛋白原变为不溶性纤维蛋白,呈细网状位于血小板梁之间,其中网罗的主要是红细胞。于是形成肉眼观察为红、白相间的层状结构,其中红色部分是血液凝固所致的血栓,白色部分是血小板析出、黏集形成的血栓。这两种交错形成的血栓称为混合性血栓,构成静脉延续性血栓的体部。

此后,血栓的头、体部可进一步增大并顺血流方向延伸。当血管腔大部分或完全被阻塞后,局部血流极度缓慢或停止,血液发生凝固,形成连接于血栓体的条索状血栓。这种凝固性血栓肉眼观察为暗红色,故称为红色血栓,构成静脉延续性血栓的尾部。刚形成的红色血栓,表面光滑、湿润并富有弹性,与死后血凝块一样,以后随着其水分减少而逐渐变干,表面粗糙,失去弹性。镜检红色血栓,纤维蛋白网眼内充满正常血液含有的红、白细胞(图2.3)。

此外,还有一种透明血栓,主要是由纤维蛋白构成的血栓,发生于微循环小血管(主要是毛细血管和微静脉),只能在显微镜下见到,故又称为微血栓。镜检,毛细血管内充满伊红染成红色、均质、无结构的团块或网状纤维蛋白。透明血栓最常见于弥散性血管内凝血。

2.2.4 血栓与死后血凝块的区别

血栓与死后血凝块的区别见表2.1。

表2.1 血栓与死后血凝块的区别

区别项目	血栓	死后血凝块
表面	干燥、粗糙、无光泽	湿润、平滑、有光泽
质地	较硬、脆	柔软、有弹性
色泽	色泽混杂,灰红相间,尾部暗红	暗红色或在血凝块上层呈鸡脂样
与血管壁的关系	与心血管壁黏附	易与血管壁分离
组织结构	具有特殊结构	无特殊结构

2.2.5 血栓的结局和影响

1)血栓的结局

(1)软化、溶解、吸收

血栓的软化和溶解是由于其中的纤维蛋白溶酶系统被激活,使纤维蛋白变为可溶性多肽,同时血栓内的中性粒细胞崩解释放的蛋白溶解酶也可使血栓中的蛋白性物质溶解。小的血栓可被溶解吸收,较大的血栓在软化过程中可部分脱落而成为血栓性栓子,并随血流运行至其他部位的小血管内发生阻塞(栓塞)。

(2)机化

血栓形成后1~2 d,从血管壁向血栓内生长入内皮细胞和成纤维细胞组成的肉芽组织,逐渐溶解、吸收、取代血栓,称为血栓的机化。机化的血栓与血管壁牢固地粘连,不会脱落。血栓在机化过程中,由于血栓自溶或收缩,在血栓内部或与血管壁之间出现裂隙,裂隙被增殖的内皮细胞覆盖可形成相互连接的管道,使血流得以部分地流通。这种使已阻塞的血管重新恢复血流的现象称为再通。

(3)钙化

没有发生软化或机化的血栓,可因钙盐沉着而变成坚硬的钙化团块。静脉血栓钙化后形成静脉石。

2)对机体的影响

(1)阻止出血

血管破裂时血栓形成有堵塞破裂口、阻止出血的作用。

（2）阻塞血管

血管内血栓形成可阻断血流引起血液循环障碍，其影响取决于被阻塞的血管的种类和大小，阻塞的程度、部位、发生速度以及侧支循环建立的情况。动脉血栓未完全阻塞管腔时，可引起局部缺血而发生变性或萎缩；如完全阻塞又缺乏有效的侧支循环时，可引起局部缺血性坏死（梗死），发生在重要器官的梗死（脑梗死、心肌梗死）则可因相应的机能障碍而导致严重后果。静脉血栓形成后，若有效的侧支循环未能及时建立，则可引起瘀血、水肿、出血及坏死。

（3）栓塞

血栓的整体或部分可以脱落形成栓子，随血流运行引起栓塞。

（4）心瓣膜变形

心瓣膜血栓的机化可引起瓣膜增厚、粘连而造成瓣膜口狭窄，引起瓣膜卷曲、缩短而致瓣膜关闭不全，影响心脏的正常泵血功能。

（5）微血栓形成和器官与组织的功能障碍

微循环小血管中大量微血栓形成，可引起器官、组织的坏死和功能障碍，同时由于凝血因子和血小板大量消耗，又可导致全身广泛出血和休克。

2.3 栓 塞

2.3.1 栓塞的概念

循环血液中出现不溶于血液的异常物质，随血流运行并阻塞血管腔的过程，称为栓塞。阻塞血管的异常物质，称为栓子。

2.3.2 栓子运行的途径

栓子在体内运行的途径一般与血流的方向是一致的（图2.4）。由肺静脉、左心或动脉系统来的栓子，随动脉血流运行，最后多停留在脾、肾、脑等器官的小动脉和毛细血管内形成栓塞。来自右心及静脉系统的栓子，经右心室进入肺动脉，最后在肺小动脉分支或毛细血管内形成栓塞。来自门静脉的栓子，大多随血流进入肝脏，一般在肝脏的门静脉分支处形成栓塞。

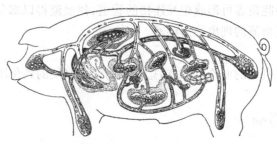

图2.4 栓子运动示意图
空白代表动脉，黑点代表静脉，箭头代表栓子运动方向

2.3.3 栓塞的类型及其对机体的影响

1）血栓性栓塞

血栓性栓塞是由脱落的血栓引起的栓塞，是栓塞中最常见的一种。其影响取决于栓子的大小、栓塞的部位，以及能否迅速建立有效的侧支循环。来自静脉系统和右心的血栓性栓子引起肺动脉栓塞时，如果是较小的栓子阻塞肺动脉小分支，一般不会有严重影响，这是因为肺动脉和支气管动脉之间有丰富的吻合支，支气管动脉的血液可经吻合支供应该区肺组织。如果肺脏已发生严重瘀血，则因侧支循环不能有效代偿，可导致局部肺组织的出血性梗死。如果栓子数量多使肺动脉分支广泛地栓塞，或者栓子大，将肺动脉主干或大分支栓塞，则可导致病畜呼吸困难、黏膜发绀、休克，甚至突然死亡。左心和动脉系统的血栓性栓子可引起全身各器官的动脉栓塞，如果缺乏有效的侧支循环，则可导致局部缺血和坏死（梗死）。心脏和脑的动脉分支发生栓塞而致梗死时，后果是很严重的。

2）脂肪性栓塞

脂肪性栓塞是指脂肪滴进入血流并阻塞血管。多见于长骨骨折、骨手术和脂肪组织挫伤，此时脂肪细胞受损而破裂所释出的脂滴可通过破裂的血管进入血流。此外，血脂过高也可能在血液中形成脂肪滴。进入静脉的脂肪滴随血流运行可引起肺小动脉和毛细血管的栓塞；小的脂肪滴可通过肺泡壁毛细血管，经肺静脉和左心引起全身各器官的栓塞。肺少量脂肪栓塞时，只阻塞一些毛细血管和细动脉，脂肪栓子可被巨噬细胞吞噬而清除，一般对机体无明显影响。大量脂肪滴阻塞肺毛细血管则可引起肺内循环血量减少，如果肺内循环血量减少 3/4 时会导致急性右心衰竭。严重肺脂肪栓塞时，肺呈现水肿和出血，镜检可见肺泡壁毛细血管和小动脉内有脂滴。

3）气体性栓塞

气体性栓塞是指大量空气进入血液或溶解于血液内的气体迅速游离，在循环血液中形成气泡并阻塞血管。当前、后腔静脉损伤时，空气可在吸气时因静脉腔内负压而经破裂口被吸入静脉，形成气体栓子。空气进入右心后，由于心脏搏动将空气和心腔内血液搅拌形成大量泡沫状液体，后者具有压缩性，可随心脏的收缩和舒张而缩小和增大，且占据心腔不易被排出，从而阻碍静脉血回流和向肺动脉输出，严重时可导致急性心力衰竭。尸检可见右心腔内有大量泡沫状血液。空气栓子进入肺动脉分支，可造成肺的气体性栓塞。部分气泡可能通过肺泡壁毛细血管进入体循环，引起动脉系统分支的栓塞。

4）其他栓塞

肿瘤细胞栓塞，多由恶性肿瘤细胞侵入血管随血流运行并阻塞血管，可在该部引起转移瘤。寄生虫性栓塞，是由某些寄生虫或虫卵进入血流所引起，如血吸虫寄生在门静脉系统内，其虫卵常造成肝门静脉分支栓塞，或逆流栓塞肠壁小静脉。细菌性栓塞，通常是由感染灶中的病原菌以菌团形式阻塞毛细血管，或细菌随血栓性栓子进入血流而引起的栓塞。此时除引起一般栓塞的后果外，还可在该部形成新的感染灶，导致病原菌的播散。

2.4 梗　死

2.4.1　梗死的概念

组织或器官的血液供应减少或停止,称为缺血。由于动脉血流断绝,局部缺血而引起的坏死,称为梗死。

2.4.2　梗死的原因

动脉闭塞所致局部缺血是引起梗死的根本原因,而缺乏有效的侧支循环则是梗死发生的重要条件。引起局部缺血而致梗死的原因有以下几个方面:

1) 动脉阻塞

血栓形成和栓塞是引起动脉阻塞而导致梗死的最常见原因。如心冠状动脉血栓形成引起的心肌梗死,肾小叶间动脉栓塞引起的肾梗死等。

2) 动脉受压

动脉受机械性压迫而致管腔闭塞也可引起梗死。例如,肿瘤压迫动脉所致管腔闭塞而引起的局部组织梗死;肠扭转时肠系膜静脉首先受压而引起瘀血,随后肠系膜动脉也受压而致输入血量减少,甚至断绝,从而导致肠梗死。

3) 动脉痉挛

动脉痉挛也可引起或加重局部缺血,通常多在动脉有病变(动脉粥样硬化)的基础上发生持续性痉挛而加重缺血,导致梗死形成。

2.4.3　梗死的病理变化

梗死的基本病理变化是局部组织的坏死,梗死的形状取决于该器官的动脉血管分布。

1) 贫血性梗死(白色梗死)

贫血性梗死多发生于血管吻合支少、组织结构较致密的器官,如肾、心等。当这些器官的动脉分支闭塞时,由于侧支循环不充分,局部组织缺氧而使其毛细血管壁通透性增高,血液可经通透性增高的血管壁漏出血管外。由于组织致密和吻合支少,梗死灶内出血量不多。随着坏死组织膨胀对血液的挤压和漏出的红细胞发生溶解,一般在 24~36 h 后梗死灶即呈灰白色,梗死灶周围出现一条暗红色的充血、出血带。眼观,梗死灶分布于肾皮质,灰黄或灰白色,大小不一,稍隆起、硬实,有红色的充血、出血和炎性反应带环绕,与周围界线清晰。梗死灶切面呈三角形,大小不一(图 2.5)。镜检可见梗死灶内肾小管上皮细胞核崩解、消失,胞浆呈颗粒状,梗死区结构模糊不清,但原组织结构轮廓尚存(图2.6)。

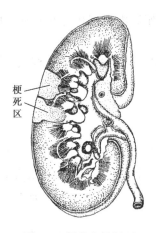

梗死区

图 2.5 肾贫血性梗死

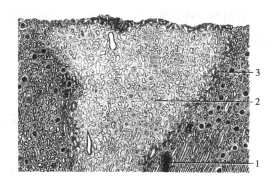

图 2.6 肾贫血性梗死

1—动脉栓塞;2—梗死区呈楔形;
3—梗死与正常组织交界处充血、出血炎症细胞浸润

2)出血性梗死(红色梗死)

出血性梗死多发生于血管吻合支较多、组织结构疏松的器官,如肺、肠等。出血性梗死的特点是组织坏死灶内有明显的出血,其发生除动脉闭塞而致血流中断外,还必须有高度瘀血这个条件。例如,肺梗死的发生除肺动脉分支阻塞外,还必须有肺瘀血存在。这是因为肺有肺动脉和支气管动脉双重血液供应,二者之间有丰富的吻合支。在肺循环正常的情况下,肺动脉分支阻塞时由于支气管动脉可通过吻合支及时建立有效的侧支循环,故不会引起梗死;但在左心功能不全而致肺高度瘀血的条件下,由于肺静脉压增高,靠支气管动脉的压力不足以克服肺静脉阻力,有效侧支循环难以建立,从而使局部肺组织发生梗死(图 2.7)。此时梗死灶血管内淤积的大量血液可通过毛细血管壁漏出,该部肺泡腔、细支气管腔和肺间质内可容多量血液而呈明显的出血,因此肺梗死灶呈暗红色(图 2.8)。肠发生梗死时坏死的肠段也有明显出血而呈暗红色。

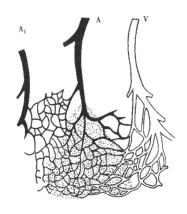

图 2.7 出血性梗死图解

动脉 A 与邻近动脉 A_1 有着较丰富的吻合支。在静脉(V)瘀血基础上,当动脉 A 发生栓塞时,则通过这些吻合支以及静脉逆流使被阻塞动脉 A 所供应的区域充满血液,形成出血性梗死

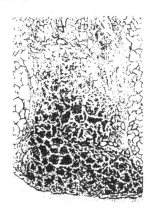

图 2.8 肺出血性梗死

肺小动脉内的血栓栓塞,梗死区的结构模糊,充满大量红细胞

由细菌性栓塞所引起的梗死,称为败血性梗死。梗死灶内组织坏死并有细菌感染,是病原菌血源性播散所致的新感染灶。

眼观,梗死灶呈紫红色,体积稍肿大,质地硬实,其他情况与贫血性梗死相似。镜检,除组织细胞凝固性坏死外,梗死灶内充满大量红细胞。

2.4.4 梗死的结局和对机体的影响

发生梗死的组织,其机能完全丧失。梗死对机体的影响取决于梗死的发生部位和范围大小。心脏或脑的梗死常可引起严重的机能障碍,甚至导致家畜死亡。一般器官的梗死,如果范围较小而且代偿机能充分,通常对机体的影响不大;如果范围较大而且代偿机能又不足,就会出现不同程度的机能障碍。

梗死形成时,小的梗死灶经酶解后,发生自溶,可被完全吸收。不能被完全吸收的梗死灶,其周围出现充血、出血带并有中性粒细胞和单核细胞渗出,随后肉芽组织从梗死周围长入坏死灶内,将坏死组织溶解、吸收,并完全取代(机化),日后局部留下一条灰白色的疤痕。如果梗死灶过大而不能完全机化时,则由肉芽组织形成包囊将其包裹,其中的坏死组织可发生钙盐沉着(钙化)。脑梗死液化形成囊腔,其周围为神经胶质细胞增生形成的包囊。出血性梗死灶由于大量红细胞被巨噬细胞吞噬后形成含铁血黄素,机化后的瘢痕组织带有褐色。

复习思考题

1. 名词解释:充血、出血、血栓、栓塞、梗死。
2. 充血形成的原因和发生机理是什么?
3. 血栓形成的过程和类型是什么?
4. 栓塞的种类有哪些?
5. 血栓与死后血凝块有何区别?

第3章
水　肿

本章导读:本章主要就水肿的原因、机理及病理变化进行阐述。通过学习,要求掌握水肿的概念及各种水肿的病理变化,并熟悉水肿产生的原因和机理。

动物体内各种无机物和有机物以水为溶剂形成的水溶液称为体液,总量占动物体重的60%～70%。体液分为两部分,即细胞内液(约占体液总量的2/3)和细胞外液(约占体液总量的1/3),后者主要包括血浆和细胞间液(即组织液),以及由脑脊髓液与胸腔、腹腔、关节滑膜腔、胃肠道等处的液体组成的少量穿细胞液。细胞内液是大多数生物化学反应进行的场所,而细胞外液则是组织细胞摄取营养、排除代谢产物、赖以生存的内环境。因此,体液的总量、分布、渗透压和酸碱度的相对稳定,是维持机体正常生命活动的重要基础。一旦这种稳定遭到破坏,即可引起水代谢紊乱和酸碱平衡紊乱,各器官系统机能发生障碍,甚至导致严重后果。

3.1　水肿的概念

等渗性体液在细胞间隙积聚过多称为水肿。当浆膜腔内液体积聚过多时称为积水,如胸腔积水、腹腔积水、心包积水等。积水是水肿的一种特殊表现形式。皮下水肿称为浮肿,水肿不是一种独立性疾病,而是在许多疾病中都可出现的一种重要的病理过程。

3.2　水肿的类型

水肿有多种分类方法,根据发生范围,可分为全身性水肿和局部性水肿;根据发生部位,可分为皮下水肿、脑水肿、肺水肿等;根据发生原因,可分为心性水肿、肾性水肿、肝性水肿、营养不良性水肿、中毒性水肿和炎性水肿等;根据水肿发生的程度,可分为隐性水肿和显性水肿。

3.3 水肿发生的原因和机理

不同类型水肿的发生原因和机理不尽相同,但多数都具有一些共同的发病环节,其中主要是血管内外液体交换失去平衡,引起细胞间液生成过多及球—管失平衡导致钠、水在体内潴留。

1)血管内外液体交换失平衡引起细胞间液生成过多

正常情况下,细胞间液的生成与回流保持相对恒定,这种恒定是由血管内外多种因素决定的(图3.1)。这些因素若发生异常可导致细胞间液生成过多、回流减少而引起水肿。

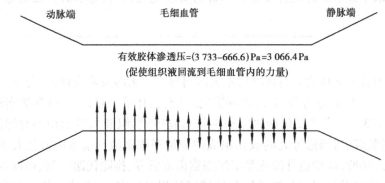

动脉端　　毛细血管　　静脉端

有效胶体渗透压=(3 733-666.6)Pa=3 066.4Pa
(促使组织液回流到毛细血管内的力量)

毛细血管平均有效流体静压=2 266.5Pa-(-839.9)Pa=3 106.4Pa

(促使血管内液外出的力量)

净外向力=(3 106.4-3 066.4)Pa=40Pa

图3.1 正常血管内外液体交换示意图

(1)毛细血管流体静压升高

当毛细血管流体静压升高时,其动脉端有效滤过压增大,细胞间液生成增多,若超过淋巴回流的代偿限度时即可发生水肿。局部性或全身性静脉压升高是导致毛细血管流体静压升高的主要原因,前者常见于静脉被血栓阻塞、静脉管壁受到肿瘤或肿物压迫,而后者常见于心功能不全。

(2)血浆胶体渗透压降低

血浆胶体渗透压主要由白蛋白浓度决定,正常动物血浆白蛋白含量为马32.5 g/L,牛36.3 g/L,绵羊30.7 g/L,山羊39.6 g/L,狗35.7 g/L,猪36.3 g/L。白蛋白含量显著减少,可引起毛细血管动脉端有效滤过压增大,静脉端有效滤过压降低,液体返回血管动力不足而在细胞间潴留。当机体发生严重营养不良或肝功能不全时,可导致血浆白蛋白合成障碍;肾功能不全时,大量白蛋白可随尿丢失,这都会引起血浆胶体渗透压降低而发生水肿。

(3)毛细血管和微静脉通透性增高

当毛细血管和微静脉受到损伤使其通透性增高时,血浆蛋白质可从管壁滤出,引起血浆胶体渗透压降低、细胞间液胶体渗透压升高而导致水肿。细菌毒素、创伤、烧伤、冻伤、化学性损伤、缺氧、酸中毒等因素,可直接损伤毛细血管和微静脉管壁;在变态反应和炎症过程中产生的组织胺、缓激肽等多种生理活性物质,可引起血管内皮细胞收缩,细胞间隙扩大使管壁通透性增高。

(4)淋巴回流受阻

正常情况下,细胞间液的一小部分(约1/10)经毛细淋巴管回流入血液,从毛细血管动脉端滤出的少量蛋白质也主要随淋巴循环返回血液。若淋巴回流受阻,即可引起细胞间液积聚及胶体渗透压升高。淋巴回流障碍常见于淋巴管炎或淋巴管受到肿瘤、肿物压迫时。严重心功能不全引起静脉瘀血和静脉压升高时,也可导致淋巴回流受阻。

2)球—管失平衡导致钠、水在体内潴留

正常情况下,肾小球滤出的水、钠总量中只有0.5%～1%被排出,绝大部分被肾小管重吸收,其中60%～70%的水和钠由近曲小管重吸收,余者由远曲小管和集合管重吸收。近曲小管重吸收钠是一个主动需能过程,而远曲小管和集合管重吸收水和钠则受ADH(抗利尿激素)、醛固酮、心钠素等激素的调节。肾小球滤出量与肾小管重吸收量之间的相对平衡称为球—管平衡。这种平衡关系被破坏引起球—管失平衡,常见的有肾小球滤过率降低和肾小管对水、钠重吸收增加两种情况。

(1)肾小球滤过率降低

肾小球的病变,如急性肾小球性肾炎,由于肾小球毛细血管内皮细胞增生、肿胀,有时伴发基底膜增厚,可引起原发性肾小球滤过率降低。心功能不全、休克、肝硬变大量腹水形成时,由于有效循环血量和肾灌流量明显减少,可引起继发性肾小球滤过率降低。

(2)肾小管对水、钠重吸收增加

当有效循环血量减少时,如心功能不全搏出血量不足,可通过主动脉弓和颈动脉窦压力感受器反射地引起交感神经兴奋,导致肾内血管收缩。由于出球小动脉收缩比入球小动脉更明显,可使肾小球毛细血管中非蛋白物质滤出增多,致使流经近曲小管周围毛细血管中血浆蛋白质浓度相对升高,而流体静压明显下降,故能促进近曲小管重吸收水、钠增多。

3.4 几种常见的水肿及发生机理

1)心性水肿

心性水肿是指由于心功能不全而引起的全身性或局部性水肿。其发生与下列因素有关:

(1)水、钠潴留

心功能不全时心输出量降低导致肾血流量减少,可引起肾小球滤过率降低。有效循环血量减少,肾远曲小管和集合管对水、钠的重吸收增多,球—管失平衡造成水、钠在体内潴留。

(2)毛细血管流体静压升高

心输出量降低导致静脉回流障碍,进而引起毛细血管流体静压升高。左心功能不全易发生肺水肿,右心功能不全可引起全身性水肿,尤其在机体的低垂部位,如四肢、胸腹下部、肉垂、阴囊等处,由于重力的作用,毛细血管流体静压更高,水肿也越明显。

（3）其他

右心功能不全可引起胃肠、肝、脾等腹腔器官发生瘀血和水肿，造成营养物质吸收障碍，白蛋白合成减少，导致血浆胶体渗透压降低。静脉回流障碍引起静脉压升高，妨碍淋巴回流。这些因素也能促进水肿的形成。

2）肾性水肿

肾功能不全引起的水肿称为肾性水肿，以机体组织疏松部位表现明显。其发生与下列因素有关：

（1）肾排水排钠减少

急性肾小球性肾炎时，肾小球滤过率降低，但肾小管仍以正常速度重吸收水和钠，故可引起少尿或无尿。慢性肾小球性肾炎时，大量肾单位遭到破坏使滤过面积显著减少，也可引起水、钠潴留。

（2）血浆胶体渗透压降低

肾小球毛细血管基底膜受损，通透性增高，大量血浆白蛋白滤出，当超过肾小管重吸收能力时，可形成蛋白尿而排出体外，使血浆胶体渗透压下降。这样可引起血液的液体成分向细胞间隙转移而导致血容量减少，后者又引起 ADH、醛固酮分泌增加、心钠素分泌减少而使水、钠重吸收增多。

3）肝性水肿

肝性水肿是指肝功能不全引起的全身性水肿，常表现为腹水生成增多。其发生与下列因素有关：

（1）肝静脉回流受阻

肝硬变时肝组织的广泛性破坏和大量结缔组织增生，可压迫肝静脉的分支，造成肝静脉回流受阻。窦状隙内压明显上升引起过多液体滤出，当超过肝内淋巴回流的代偿能力时，可经肝被膜渗入腹腔内形成腹水。同时，肝静脉回流受阻又可导致门静脉高压，肠系膜毛细血管流体静压随之升高，液体由毛细血管滤出明显增多，促进腹水形成。

（2）血浆胶体渗透压降低

严重的肝功能不全，如重症肝炎、肝硬变等，肝细胞合成白蛋白发生障碍，导致血浆胶体渗透压降低。

（3）水、钠潴留

肝功能不全时，远曲小管和集合管对水、钠重吸收增多。腹水一旦出现，血容量即减少，导致水、钠潴留，加剧肝性水肿。

4）肺水肿

在肺泡腔及肺泡间隔内蓄积多量体液时称为肺水肿。其发生与下列因素有关：

（1）肺泡壁毛细血管内皮和肺泡上皮损伤

由各种化学性（如硝酸银、毒气）、生物性（某些细菌、病毒感染）因素引起的中毒性肺水肿，有害物质损伤肺泡壁毛细血管内皮和肺泡上皮，使其通透性升高，导致血液的液体成分甚至蛋白质渗入肺泡间隔和肺泡内。

（2）肺毛细血管流体静压升高

左心功能不全、二尖瓣口狭窄可引起肺静脉回流受阻。

5）脑水肿

脑水肿时眼观可见软脑膜充血,脑回变宽而扁平,脑沟变浅。脉络丛血管常有瘀血,脑室扩张,脑脊液增多。其发生与下列因素有关:

（1）毛细血管通透性升高

脑组织发生炎症、出血、栓塞、梗死、外伤,可损伤脑组织毛细血管,导致毛细血管通透性升高,引起水肿的发生。

（2）脑脊液循环障碍

脑炎、脑膜炎、肿瘤、寄生虫等均可引起脑室积水和脑室周围组织水肿。

（3）脑组织细胞膜功能障碍

缺氧、休克、脑动脉供血不足、尿毒症等均可引起脑细胞膜 Na^+/K^+-ATP 酶活性降低,导致细胞内水肿。

6）营养不良性水肿

营养不良性水肿亦称恶病质性水肿,在慢性消耗性疾病（如严重的寄生虫病、慢性消化道疾病、恶性肿瘤等）和动物营养不良（缺乏蛋白性饲料或其他某些营养物质）时,机体缺乏蛋白质,造成低蛋白血症,引起血浆胶体渗透压降低而组织渗透压相对较高,导致水肿的发生。

3.5　水肿的病理变化

1）皮肤水肿

皮肤水肿的初期或水肿程度轻微时,水肿液与皮下疏松结缔组织中的凝胶网状物（胶原纤维和由透明质酸构成的凝胶基质等）结合而呈隐性水肿。随病情的发展,当细胞间液超过凝胶网状物结合能力时,可产生自由液体,扩散于组织细胞间,指压遗留压痕,称为凹陷性水肿。外观皮肤肿胀,颜色变浅,失去弹性,触之质如面团。切开皮肤有大量浅黄色液体流出,皮下组织呈淡黄色胶冻状。

镜检,皮下组织的纤维和细胞成分间距离增大,排列无序,其中胶原纤维肿胀,甚至崩解。结缔组织细胞、肌纤维、腺上皮细胞肿大,胞浆内出现水泡,甚至发生核消失（坏死）。腺上皮细胞往往与基底膜分离,淋巴管扩张。苏木素—伊红染色标本中水肿液可因蛋白质含量多少而呈深红色、淡红色或不着色（仅见于组织疏松或出现空隙）。

2）肺水肿

眼观,肺体积增大,重量增加,质地变实,边缘顿圆,肺胸膜紧张而有光泽,肺表面因高度瘀血而呈暗红色。肺间质增宽,尤其是猪、牛的肺脏,因富有间质,故增宽尤为明显。肺切面呈紫红色,从支气管和细支气管内流出大量白色或粉红色泡沫状液体。

镜检,非炎性水肿时,见肺泡壁毛细血管高度扩张,肺泡腔内出现多量粉红染的浆液,其中混有少量脱落的肺泡上皮。肺间质因水肿液蓄积而增宽,结缔组织疏松呈网状,淋巴管扩张。在炎性水肿时,除见上述病变外,可见肺泡腔水肿液内混有多量白细胞,蛋白质含量也增多。慢性肺水肿,可见肺泡壁结缔组织增生,有时病变肺组织发生纤维化。

3）脑水肿

眼观,软脑膜充血,脑回变宽而扁平,脑沟变浅。脉络丛血管常瘀血,脑室扩张,脑脊液增多。

镜检,软脑膜和脑实质内毛细血管充血,血管周围淋巴间隙扩张,充满水肿液。神经细胞肿胀,体积变大,胞浆内出现大小不等的水泡。核偏位,严重时可见核浓缩甚至消失。神经细胞内尼氏小体数量明显减少。细胞周围因水肿液积聚而出现空隙。

4）实质器官水肿

肝脏、心脏、肾脏等实质性器官发生水肿时,器官的肿胀比较轻微,只有进行镜检才能发现。肝脏水肿时,水肿液主要蓄积于狄氏间隙内,使肝细胞索与窦状隙发生分离。心脏水肿时,水肿液出现于心肌纤维之间,心肌纤维彼此分离,受到挤压的心肌纤维可发生变性。肾脏水肿时,水肿液蓄积在肾小管之间,使间隙扩大,有时导致肾小管上皮细胞变性并与基底膜分离。

5）浆膜腔积水

当浆膜腔发生积水时,水肿液一般为淡黄色透明液体。浆膜小血管和毛细血管扩张充血。浆膜面湿润有光泽。如由于炎症所引起,则水肿液内含有较多蛋白质,并混有渗出的炎性细胞、纤维蛋白和脱落的间皮细胞而呈混浊。此时可见浆膜肿胀,充血或出血,表面常被覆薄层或厚层灰白色呈网状的纤维蛋白。

3.6 水肿对机体的影响

1）有利的影响

炎性水肿的水肿液对毒素或其他有害物质有稀释作用,输送抗体、补体、营养物质到炎症部位,蛋白质能吸附有害物质阻碍其吸收入血,纤维蛋白凝固可限制病原微生物在局部的扩散等。

所谓水肿液实际上就是组织液,不过其量比正常增多而已。可以把组织液看成储备形式的血浆,组织液增多或减少对调节动物的血量和血压起重要的作用(肾脏也起重要作用)。特别在肾脏有病时,水肿的形成对减轻血液循环的负担起着弃卒保车的作用。心力衰竭时,水肿液的形成起着降低静脉压、改善心肌收缩功能的作用。

2）有害的影响

有害的影响程度可因水肿的严重程度、持续时间和发生部位的不同而异,轻度水肿和持续时间短的水肿,在病因去除后,随着心血管功能的改善,水肿液可被吸收,水肿组织的形态学改变和功能的障碍也可恢复正常。但长期水肿部位,可因组织缺氧,继发结缔组织增生并发生器官硬化,此时,即使病因去除也难以完全清除病变。发生在机体重要器官的水肿往往危及生命。水肿对机体的有害影响主要表现在以下几个方面:

(1)器官功能障碍

水肿可引起严重的器官功能障碍,如肺水肿可导致通气与换气障碍,脑水肿颅内压升高,压迫脑组织可出现神经系统机能障碍,心包积水妨碍心脏泵血机能,急性喉黏膜水肿可引起窒息,胃肠黏膜水肿引起消化功能障碍。

（2）组织营养障碍

由于水肿液的存在,使氧和营养物质从毛细血管到达组织细胞的距离增加,可引起组织细胞营养不良。水肿组织缺血、缺氧、物质代谢发生障碍,对感染的抵抗力降低,易导致感染,长期水肿可引起组织实质细胞变性、坏死,间质结缔组织增生,导致器官硬化。

（3）再生能力减弱

水肿组织血液循环障碍可引起组织细胞再生能力减弱,水肿部位的外伤或溃疡往往不易愈合。

复习思考题 ■

1.简述水肿的发生原因与发生机理。

2.简述常见水肿的病理变化。

3.简述水肿对机体的影响。

第4章
脱水与酸中毒

本章导读：本章主要就脱水与酸中毒的知识作相关阐述，内容包括脱水、酸中毒。通过学习要求掌握脱水、酸中毒的类型，机体的代偿适应反应及对机体影响。熟悉脱水的补救原则、方法及了解脱水与酸中毒的病理过程。

体液的组成主要是水和溶解在其中的电解质，还有低分子有机化合物及蛋白质。细胞外液和细胞内液在组成方面各不相同，细胞外液中的电解质，阳离子是以 Na^+ 为主，占阳离子总量的90%以上，其他任何阳离子都不能代替 Na^+，Na^+ 的浓度是影响细胞外液渗透压的主要因素；阴离子是以 Cl^-、HCO_3^- 为主，Cl^- 可被 HCO_3^-、磷酸根和有机酸根等阴离子所代替。细胞内液的电解质，阳离子是以 K^+ 为主，阴离子是以磷酸根和蛋白质为主。生理情况下，体液的组成、容量及分布都维持在一定的适宜范围内，处于动态平衡。体液的电解质浓度、渗透压和 pH 等理化特性，均在一定范围内保持着相对的稳定性。在病理情况下，水和电解质代谢紊乱可引起体液容量、组成和分布的改变，影响机体的各种生理活动，机体各器官系统疾患时也会引起水和电解质代谢的紊乱。

4.1　脱　水

4.1.1　脱　水

机体由于水和电解质的摄入不足或丧失过多，而引起体液总量减少的现象，称为脱水。脱水是水和电解质代谢紊乱的一种病理过程，机体丢失水分的同时，也伴有电解质（主要是 Na^+）的丢失。由于脱水发生的具体情况不同，水和电解质丢失的比例也不一样，因此引起血浆渗透压也会发生不同的改变。根据脱水时血浆渗透压的改变，可将脱水分为高渗性脱水、低渗性脱水和等渗性脱水。在一定情况下，这3型脱水可以互相转化。如等渗性脱水时，一旦动物大量饮水，就可转变为低渗性脱水；等渗性脱水时，由于水分不断通过皮肤和肺蒸发，也可以转变为高渗性脱水。

1）高渗性脱水

高渗性脱水是以水的丢失为主，而电解质丢失较少，又称为缺水性脱水或单纯性脱水。主要特点是血浆渗透压升高，细胞因脱水而皱缩，临床上患畜表现为口渴、尿少和尿的比重增高。其病理过程的主导环节是血浆渗透压升高。

（1）原因

①饮水不足　见于水源缺乏或断绝、咽部水肿、食道阻塞、破伤风引起的牙关紧闭等情况,动物摄水障碍。

②低渗性体液丧失过多　可见于胃扩张、肠梗阻、大出汗以及服用过量利尿剂等情况。

（2）病理生理反应和对机体的影响

高渗性脱水由于水分丧失大于钠的丧失,故血浆渗透压升高。作为主导环节,血浆渗透压升高会引起下述一系列的代偿适应反应,以保水排钠,维持细胞外液的等渗状态。

①由于血浆渗透压升高,组织间液中的水分被吸入血液增多,以降低血浆渗透压。

②血浆渗透压升高,可刺激丘脑下部视上核的渗透压感受器,一方面反射性引起患畜渴感,以促使其饮水;另一方面又加强肾小管对水的重吸收,减少水分的排出,故此时尿量减少。

③血浆渗透压升高和血钾过高,都会引起肾小管对钠离子的重吸收减少,尿液变浓,比重增高。

通过上述保水排钠的代偿适应反应,可使机体对因缺水引起的血浆渗透压升高和循环血量减少得到缓解。但如果脱水继续发展,机体就会出现下述一系列失代偿反应:

①组织间液水分进入血液增多,引起组织间液渗透压升高,使细胞内液进入组织间隙,造成细胞内脱水。引起细胞皱缩,细胞内氧化酶活性降低,发生代谢障碍、酸中毒。

②由于细胞外液得不到补充,使血液浓稠,循环衰竭,代谢产物蓄积,发生自体中毒。

③脱水过久时,机体内各种腺体的分泌会减少,患畜口干舌燥、吞咽困难,从而影响食欲。同时从皮肤和呼吸器官蒸发的水分也相应减少,因而散热障碍,引起体温升高(脱水热)。

④严重脱水时,因大脑皮质和皮质下中枢的机能相继紊乱,患畜呈现运动失调、昏迷,甚至死亡。

高渗性脱水的发展过程及对机体的影响,如图4.1所示。

2）低渗性脱水

低渗性脱水是以电解质的丢失为主,失水少于失盐,因此又称为缺盐性脱水。其特点是血浆渗透压降低,血浆容量及组织间液减少,血液浓稠,细胞水肿;患畜不感口渴,尿量多而比重低。临床上患畜表现为早期多尿,尿的相对密度低,后期少尿,没有明显的口渴感。其病理过程的主导环节是血浆渗透压降低。

（1）原因

①当体液大量丧失,如大量失血、出汗、呕吐或腹泻后,水、盐均大量丧失,此时如仅补给糖水或饮水过多,而未补钠,就会引起低渗性脱水。

②在慢性肾功能不全时,肾小管分泌 H^+ 不足或重吸收 Na^+ 减少,使 Na^+ 排出增多。或在长期使用利尿剂以及肾上腺皮质机能障碍时,醛固酮分泌减少,抑制肾小管对钠的重吸收,大量钠随尿排出等,都会导致低渗性脱水。

（2）病理生理反应和对机体的影响

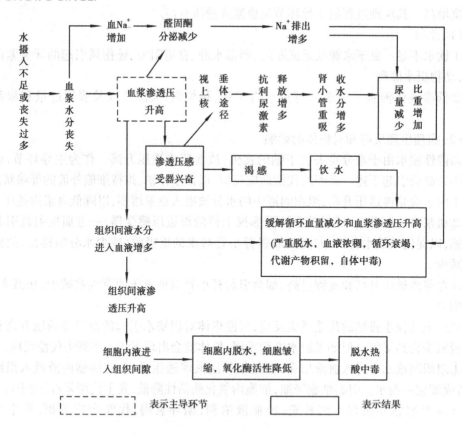

图4.1 高渗性脱水的发展过程及对机体的影响

缺盐性脱水的初期,血浆渗透压降低作为主导环节会引起机体产生一系列代偿适应性反应:

①血浆渗透压降低,使组织间液中的 Na^+ 进入血液,以维持血浆渗透压。

②血浆渗透压降低,抑制渗透压感受器的兴奋性,故患畜不表现渴感,同时使垂体后叶释放抗利尿激素减少,从而使肾小管对水分的重吸收减少,引起尿量增多。

③血浆钠离子浓度降低, Na^+/K^+ 比值下降,以及血浆容量和血浆渗透压降低,都可使肾上腺皮质分泌醛固酮增多,加强肾小管对钠的重吸收,以维持血浆渗透压,但尿液比重下降。

如果缺盐继续加重,血浆渗透压进一步降低,就会引起机体的一系列失代偿反应:

①组织间液中的 Na^+ 进入血液过多,引起组织间液渗透压降低,细胞渗透压相对增高,组织间液进入细胞内而发生细胞水肿,导致细胞功能障碍。

②水、盐从肾脏大量排出,造成血浆容量减少,血液浓稠,血流缓慢,血压下降,从而出现低血容量性休克。

③组织间液显著减少使患畜呈现四肢无力,皮肤弹性减退,眼球内陷,静脉塌陷等症状。

④循环血量下降使肾小球滤过率降低,尿量剧减,加上细胞水肿,代谢障碍,导致血液中非蛋白氮含量升高,代谢产物积留。最后,患畜可因血液循环衰竭,自体中毒而

死亡。

低渗性脱水的发展过程及对机体的影响,如图4.2所示。

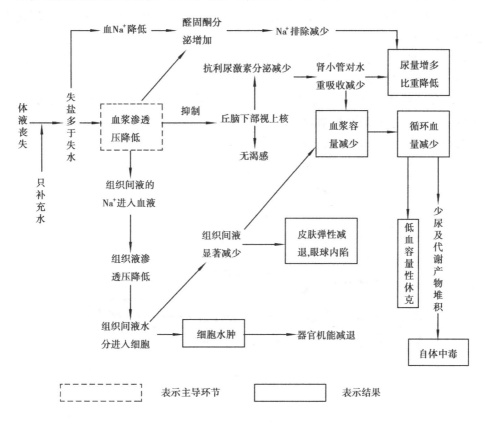

图4.2 低渗性脱水的发展过程及对机体的影响

3)等渗性脱水

等渗性脱水是机体丧失等渗性体液,水和电解质同时大量丢失,血浆渗透压基本不变,这型脱水兽医临床上最为常见,也称为混合性脱水。其特点是水和盐同时大量丢失,血浆渗透压不变。

(1)原因

等渗性脱水多发生于呕吐、腹泻、肠炎时,由于肠内消化液分泌增多和剧烈腹泻而丢失大量消化液;也常见于肠变位、肠梗阻时,出现剧烈而持续的腹痛,由于大量出汗,肠内消化液分泌增多和大量漏出液进入腹腔所致;此外,大面积烧伤时大量血浆成分渗出,中暑和使役过重时大出汗等,都能丧失大量水分和电解质,引起等渗性脱水。

(2)病理生理反应和对机体的影响

等渗性脱水初期,由于水和盐类同时丧失,因此血浆渗透压一般保持不变,但随着病程的发展,水分不断地从呼吸道及皮肤丢失,致使水分的丧失略多于盐类丧失,血浆渗透压随之升高,于是机体会出现下述代偿适应反应:

①血浆渗透压升高,可刺激丘脑下部视上核渗透压感受器,促使饮水,并通过视上核垂体途径,引起抗利尿激素释放增多,使泌尿减少。

②血浆渗透压升高和血中 Na^+ 相对增多,使醛固酮分泌减少,Na^+ 排出增多。

③血浆渗透压升高,可使组织间液和细胞内液的水分进入血液,以维持渗透压。

如果等渗性脱水进一步发展,就会出现下述一系列失代偿反应:

①由于失水略多于失盐,可出现高渗性脱水的口渴、尿少、细胞内脱水、循环衰竭以及酸中毒等症状。

②由于失水的同时伴有钠的丧失,使进入血液的水分不能保持,故又可出现低渗性脱水的低血容量性休克。

③等渗性脱水时(如严重腹泻、呕吐),还可伴有钠、钾等电解质成分和碱储(NaHCO₃)的丧失,导致血钠、血钾过低或加重酸中毒。

等渗性脱水的发展过程及对机体的影响,如图4.3所示。

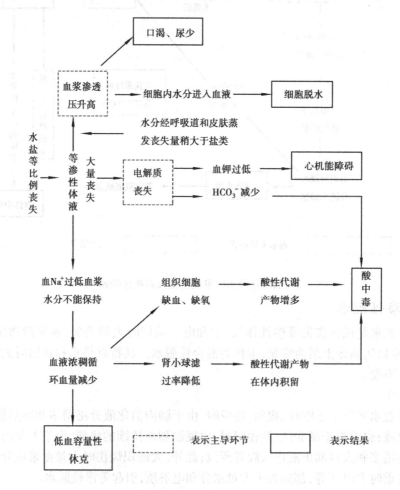

图4.3 等渗性脱水的发展过程及对机体的影响

4.1.2 脱水的处理原则

兽医临床上处理脱水的原则,首先是查明脱水的原因和类型,判断脱水程度,然后确定补液量和补液中水和盐的比例。

1）确定患畜脱水的类型

在3种类型的脱水发展过程中,细胞外液的渗透压变化各不相同,因此测定血浆钠离子的浓度是确定脱水类型的主要依据,并根据患畜脱水的临床表现特征,作出正确诊断。

2）确定补液量

根据脱水的程度来确定补液量。判断脱水的程度时,主要根据脱水的临床症状,一般可将脱水分为3级:

（1）轻度脱水

临床症状不太明显,患畜仅有口渴感,失水量可达体重的4%。

（2）中度脱水

患畜口渴,少尿,皮肤和黏膜干燥,眼球内陷,失水量可达体重的6%。

（3）重度脱水

患畜口干舌燥,眼球深陷,脉搏微弱,静脉瘪陷,血液浓缩,四肢无力,运动失调,甚至昏迷,失水量超过体重的6%。

3）确定补液中水和盐的比例

根据脱水的类型来确定补液中水和盐的比例。一般,高渗性脱水时以补充水分如5%葡萄糖溶液为主,补液中水和盐的比例为2:1,即两份5%葡萄糖溶液一份生理盐水;低渗性脱水时以补盐为主,补液中水和盐的比例为1:2;等渗性脱水时,补液中水和盐的比例为1:1。

4.2 酸中毒

动物体液的酸碱度,即 H^+ 浓度,是用 pH 来表示的。体液的 H^+ 主要来自体内物质代谢过程。其中,一部分 H^+ 是由糖、脂肪、蛋白质分子中的碳原子氧化产生的二氧化碳与水结合生成碳酸,从碳酸解离出的 H^+,称为呼吸性 H^+。碳酸可通过呼吸变成气态的 CO_2 排出体外,故称碳酸为挥发性酸。另一部分是代谢性 H^+,主要来源于含硫氨基酸中硫原子氧化产生的硫酸,及含磷有机化合物如磷蛋白、磷脂、核苷酸进行分解代谢所产生的磷酸;其次,还来自糖、脂肪蛋白质的不完全氧化分解产生的乳酸、酮体等有机酸。硫酸、磷酸、乳酸、酮体不具有碳酸那样的挥发性,因此称为固定酸。体内 H^+ 的产生和排出,是通过血液的缓冲系统、呼吸机能和肾脏对 H^+ 代谢的调节而保持平衡状态,使体液的酸碱度维持在相对稳定的范围内,即 pH 值为 7.35 ~ 7.45。体液酸碱度的这种相对稳定性称为酸碱平衡,它是组织细胞进行正常生命活动的必要条件。机体内环境的酸碱度之所以能保持适宜和相对稳定,而不受机体在代谢过程中不断产生的碳酸、乳酸、酮体等酸性物质和经常摄取的酸性或碱性食物的影响,是因为机体有一系列体液酸碱度调节机能,包括血液缓冲系统的缓冲作用及肺、肾的调节作用。

血液缓冲系统主要指碳酸氢盐缓冲对（ $NaHCO_3/H_2CO_3$ ）、磷酸盐缓冲对（ Na_2HPO_4/NaH_2PO_4 ）、血浆蛋白缓冲对（ $Na-Pr/H-Pr$ ）以及血红蛋白缓冲对（ $K-Hb/H-Hb$ ）等,它们的缓冲作用是将体内出现的强酸或强碱变为弱酸或弱碱。例如:

$$HL + NaHCO_3 \Leftrightarrow NaL + H_2CO_3 \qquad OH^- + H_2CO_3 \Leftrightarrow HCO_3^- + H_2O$$
（乳酸）　　　（乳酸钠）　　　（强碱）

肺对酸碱平衡的调节主要通过呼吸运动的深度和速度变化,控制排出 CO_2 的量来调节血液中的 H_2CO_3 浓度。肾脏则靠肾小管上皮细胞向管内分泌氢和氨并重吸收钠和保留 HCO_3^- 的作用来调节血液中的 $NaHCO_3$ 含量。机体通过上述几个方面的调节作用,就可使体液的 pH 值维持在相对稳定的范围内。这种体液酸碱度的相对稳定称为酸碱平衡。

虽然机体具有强大的缓冲系统和有效的调节机能,但在许多病理情况下,动物体内的酸性或碱性物质出现过多或过少,超出了上述调节范围和代偿能力,就会使这种平衡遭到破坏,引起酸碱平衡紊乱,产生酸中毒或碱中毒。

血液的 pH 值主要取决于碳酸氢盐缓冲的比值。在正常情况下,血浆中 HCO_3^-/H_2CO_3 的比值为 20/1,两者的绝对量有时有变化,但只要比值不变就能使血液 pH 值不发生明显变化。如果小于 20/1 就会使 pH 值下降,发生酸中毒;如果大于 20/1 就会使 pH 值升高,发生碱中毒。由于血液中的 HCO_3^- 的含量易受代谢的影响,而 H_2CO_3 则受呼吸功能影响,因此通常把 HCO_3^- 含量原发性增多或原发性减少,称为代谢性酸中毒或碱中毒;把 H_2CO_3 含量原发性增多或减少,称为呼吸性酸中毒或碱中毒。

当机体发生酸中毒或碱中毒时,都会通过各种缓冲及调节能力来进行代偿。代偿的结果,如果血液中的 H_2CO_3 及 HCO_3^- 的绝对值发生改变,而其比值仍维持 20/1,pH 值仍在正常范围内,则称为代偿性酸中毒或碱中毒;如果酸或碱中毒严重,超过了机体的代偿能力,则 HCO_3^- 与和 H_2CO_3 的含量与比值均发生改变,pH 值超出正常范围,则称为失代偿性酸中毒或碱中毒。

4.2.1　代谢性酸中毒

在某些病理情况下,体内固定酸增多或碳酸氢钠丧失过多,使血浆 $NaHCO_3$ 原发性减少的病理过程,称为代谢性酸中毒。这是最常见的一种酸碱平衡紊乱。

1）原因

（1）体内固定酸产生过多

在许多疾病过程中,如缺氧、发热、循环障碍或病原微生物感染,动物机体糖、脂肪、蛋白质的分解代谢加强,氧化不全产物如乳酸、丙酮酸、酮体、氨基酸等酸性物质生成增多,可引起酸中毒。

（2）排酸功能障碍

肾炎或肾功能不全时,肾小球滤过率降低,使酸性物质的滤出减少;或肾小管上皮细胞分泌氢和氨的功能降低,导致排酸障碍,并影响 Na^+ 及 HCO_3^- 的重吸收,使尿液呈碱性。另外,使用某些药物如乙酰唑胺,可使肾小管上皮细胞内的碳酸酐酶活性受到抑制,H_2CO_3 生成障碍,导致 $NaHCO_3$ 重吸收减少,从而引起酸中毒。

（3）碱性物质丧失过多

见于严重腹泻、肠阻塞时,由于大量碱性物质被排出体外或蓄积在肠腔内,造成体内酸性物质相对增多。大面积烧伤时,血浆中 $NaHCO_3$ 由烧伤创面大量丢失。

（4）输入过多的酸性物质

在治疗疾病时，输入过多的酸性药物如氯化铵、水杨酸等。

2）代偿适应反应

体内的酸性物质增多时，血浆中的 H^+ 浓度升高，就会很快被血浆中的 $NaHCO_3$ 所缓冲，使 H_2CO_3 增多，H_2CO_3 可解离为 H_2O 和 CO_2，使血浆 H^+ 浓度、CO_2 分压升高，刺激呼吸中枢，使呼吸加深加快，CO_2 排出增多，CO_2 分压降低。

当血液的 pH 值下降时。肾小管上皮细胞内碳酸酐酶和谷氨酰胺酶活性增高，向管腔内分泌氢和氨增多，重吸收 $NaHCO_3$ 加强。

通过以上代偿，血浆中 $NaHCO_3$ 与 H_2CO_3 的含量减少，但两者的比值和 pH 值不变，酸中毒得到代偿，故称为代偿性代谢性酸中毒。如体内酸性物质进一步增多，酸中毒加重，$NaHCO_3$ 不断被消耗，使血浆 pH 值下降，就会形成失代偿性代谢性酸中毒，对机体产生不良的影响。

3）对机体的影响

血液中 H^+ 浓度升高，一方面可使心肌和外周血管对儿茶酚胺的反应性降低；另一方面可竞争性地抑制钙离子和肌钙蛋白的结合，抑制心肌兴奋－收缩耦联；再一方面可使心肌氧化酶活性下降，造成心肌能量不足。故酸中毒时心肌收缩力减弱，心输出量减少，血管扩张，血压下降。严重酸中毒时，可导致心肌传导阻滞和心室颤动，进一步发生急性心力衰竭，而使动物死亡。

血液中 H^+ 浓度升高，可使体内许多酶的活性下降，生物氧化过程发生障碍，尤其是神经细胞内的氧化磷酸化过程减弱，使组织的能量供应不足；另外，血液中 H^+ 浓度升高可使组织谷氨酸脱羧酶活性增强，γ-氨基丁酸增多，对中枢神经产生抑制作用，从而使患畜出现精神沉郁，感觉迟钝，甚至昏迷等神经症状。

血液中 H^+ 浓度升高时，部分 H^+ 进入细胞内，而细胞内的 K^+ 转移至细胞外，使血钾增多。导致心脏传导阻滞，引起心室颤动、心率失常，导致心力衰竭。

4.2.2　呼吸性酸中毒

由于呼吸功能障碍，CO_2 排出困难，或因 CO_2 吸入过多而使血浆 H_2CO_3 含量增高的病理过程，称为呼吸性酸中毒。

1）原因

引起呼吸性酸中毒的主要因素是体内生成的 CO_2 排出障碍或 CO_2 吸入过多，而使血浆 CO_2 分压升高 H_2CO_3 含量过多。CO_2 排出障碍发生于肺泡通气功能不足，常见于：

（1）二氧化碳排出障碍

当发生肺部疾病，呼吸道阻塞，胸膜炎引起胸腔积水、呼吸肌麻痹和呼吸中枢受到损伤、发炎、麻醉等情况下，因呼吸功能障碍而使 CO_2 呼出受阻。

（2）血液循环障碍

当心功能不全时，由于全身瘀血，二氧化碳运输和排出障碍，使血液中 H_2CO_3 增多。

（3）吸入二氧化碳过多

如厩舍狭小、通风不良、畜群拥挤时，因吸入的空气中二氧化碳过多，使血液中二氧化碳含量增高。

2）代偿适应反应

呼吸性酸中毒主要是由于呼吸功能障碍引起的，因此呼吸的代偿能力减弱，甚至失去意义。机体主要依靠以下 3 个方面的机制进行代偿：

（1）血浆缓冲对的作用

H_2CO_3 与血浆蛋白缓冲对作用，生成 $NaHCO_3$，补充碱储，调整 $NaHCO_3 / H_2CO_3$ 的比值。

（2）肾脏的排酸保碱作用

与代谢性酸中毒时相同。

（3）细胞内外离子交换

酸中毒时，除了细胞外 H^+、细胞内 K^+ 交换外，当血浆 CO_2 分压增高时，CO_2 弥散入红细胞增多，并在红细胞碳酸酐酶的作用下形成 H_2CO_3，H_2CO_3 与血红蛋白缓冲对其发生作用，使细胞内 HCO_3^- 浓度增高，HCO_3^- 由红细胞内向血浆内弥散使血浆内的 $NaHCO_3$ 得到恢复，而血浆中的 Cl^- 则进入红细胞，以达到离子平衡。

通过以上代偿，可使血浆 $NaHCO_3$ 含量增加。pH 值维持在正常范围内，此称为代偿性呼吸性酸中毒。如呼吸性酸中毒继续发展或在短期内迅速发生，血液中 H_2CO_3 含量急剧增多，超过了机体的代偿能力，肾脏又来不及代偿，就会使血液的 pH 值下降，形成失代偿性呼吸性酸中毒。

3）对机体的影响

呼吸性酸中毒对机体的影响与代谢性酸中毒相似，不同的是呼吸性酸中毒有高碳酸血症，高浓度的 CO_2 一方面对神经系统有麻醉作用，另一方面可使脑血管扩张，血流量加大，并可发生脑水肿，使颅内压升高。

复习思考题

1. 简述脱水的类型、机体代偿适应反应。
2. 简述酸中毒的类型、机体代偿适应反应。
3. 简述脱水的病理过程及补救原则。

第5章

细胞和组织的损伤

> **本章导读**:本章主要就细胞和组织的损伤的类型、原因、机理及病理变化进行阐述。通过学习,要求掌握细胞和组织的损伤的概念,能够区别各种细胞和组织的损伤的病理变化,并能阐述各种病理变化产生的原因和机理。

细胞和组织的损伤,从广义上讲,是指致病因素作用所引起的细胞、组织物质代谢和机能活动的障碍,以及形态结构的破坏。细胞损伤时,首先发生细胞生物化学反应和生物分子结构的改变,可出现不同程度的代谢和机能的变化,而其形态结构的变化通常不能见到。当致病因素继续作用或损伤较强时,才可导致细胞形态结构的变化,后者又可进一步加剧细胞代谢和机能的改变。因此,细胞和组织的损伤一般都有代谢、机能和形态3方面相互联系的变化。本章着重阐述细胞和组织损伤的形态结构3种变化形式:萎缩、变性和坏死。

5.1 萎 缩

5.1.1 萎缩的概念

发育成熟的器官、组织或细胞发生体积缩小和功能减退的过程,称为萎缩。器官、组织的萎缩是由于组成该器官、组织的实质细胞的体积缩小或数量减少所致,同时伴有功能降低。

5.1.2 萎缩的原因和类型

1)生理性萎缩

生理性萎缩是指在生理状态下,动物某些组织或器官随年龄增长所发生的萎缩。例如,家畜成年后胸腺的萎缩,老龄动物全身各器官不同程度的萎缩等。生理性萎缩又称退化。

2)病理性萎缩

病理性萎缩是指在致病因素作用下引起的萎缩,依据病因和病变波及范围的不同可

分为全身性萎缩和局部性萎缩。

（1）全身性萎缩

全身性萎缩是在全身物质代谢障碍，主要是分解代谢超过合成代谢的基础上发展起来的萎缩，此时全身各器官、组织均有不同程度的萎缩。长期饲料不足、慢性消化道疾病（如慢性肠炎）和严重消耗性疾病（如结核病、鼻疽、蠕虫病和恶性肿瘤等）均可引起营养物质的供应和吸收不足，或体内营养物质特别是蛋白质过度消耗而导致全身性萎缩。

（2）局部性萎缩

局部性萎缩是由局部原因引起器官或组织的萎缩。按其发生原因可分为以下几种：

①废用性萎缩　指器官或组织因长期不活动、功能减弱所致的萎缩。例如，动物肢体因骨折或关节纤维性粘连而长期不能运动，结果使有关的肌肉发生萎缩。

②压迫性萎缩　指器官或组织长期受压迫而引起的萎缩。例如，肿瘤、寄生虫（棘球蚴、囊尾蚴）压迫相邻组织、器官引起的萎缩；尿液潴留于肾盂，使其扩张并压迫肾实质而引起的肾萎缩等。

③缺血性萎缩　指动脉不全阻塞，血液供应不足所致的萎缩。多见于动脉硬化、血栓形成或栓塞造成动脉管腔狭窄时。

④神经性萎缩　指神经系统损伤而引起受其支配的器官、组织因失去神经的调节作用而发生的萎缩。例如，脊髓灰质炎时脊髓运动神经元坏死可引起相应肌肉麻痹和萎缩。

⑤内分泌性萎缩　由于内分泌功能低下引起相应组织、器官发生萎缩。如去势动物性器官萎缩。

5.1.3　萎缩的病理变化

1）全身性萎缩的病理变化

全身性萎缩时，体内各器官、组织都发生萎缩，但其程度是不同的。这与机体在疾病过程中发生适应性调节，表现一定的机能和代谢改造有关。各器官、组织的萎缩过程呈现出一定的规律，脂肪组织的萎缩发生得最早且最显著，其次是肌肉（图5.1），再次是肝、肾、脾、淋巴结、胃、肠等器官；而脑、心、肾上腺、垂体、甲状腺的萎缩发生较晚，也较轻微。

发生全身性萎缩的病畜都表现出衰竭征象，其被毛粗乱无光，精神萎顿，严重消瘦，贫血和全身水肿，呈恶病质状态。剖检，脂肪组织消耗殆尽，皮下、腹膜下、肠系膜和网膜的脂肪完全消失；心脏冠状沟和肾脏周围的脂肪组织呈灰白色或灰黄色、半透明的胶冻样，即发生浆液性萎缩。显微镜检查，脂肪细胞内脂肪滴分解消失，其空隙充满组织液。全身骨骼肌萎缩变薄，色泽变淡。镜检，肌纤维变细，肌浆减少，胞核呈密集状态，肌纤维排列稀松，其间有水肿液贮积。

骨骼呈现骨质变薄、变轻，质脆而易断。红骨髓减少，黄骨髓呈浆液性萎缩。

血液稀薄，色淡，红细胞数和血红蛋白量减少，即呈明显贫血。由于血浆蛋白含量降低，而使血浆胶体渗透压降低和全身性萎缩时毛细血管壁通透性增高，致全身性水肿。皮下和肌间因水肿呈胶样浸润外观，胸、腹腔和心包腔内有多量稀薄、透明的液体蓄积。

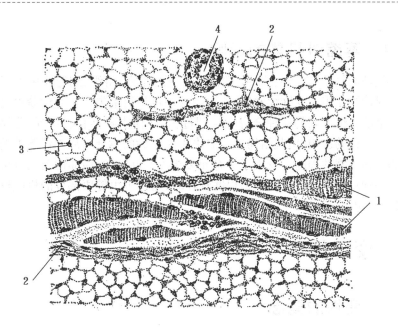

图5.1　骨骼肌萎缩

1—正常肌纤维;2—萎缩的肌纤维;3—脂肪组织;4—小动脉

肝脏体积缩小,变薄,重量减轻,边缘薄锐,呈灰褐色。镜检,各肝小叶的肝细胞明显减数,肝小叶缩小,肝细胞胞浆内出现多量棕褐色的脂褐素颗粒。脂褐素在肝细胞内大量出现使萎缩的肝脏眼观呈灰褐色,故又称其为褐色萎缩。

肾脏体积略缩小,切面见皮质变薄而色泽稍深。镜检,皮质肾小管上皮细胞体积缩小、变扁,呈低立方状,其胞浆中有脂褐素沉着,管腔增大,间质有水肿液蓄积。

心脏眼观仅见心肌色彩稍淡。镜检,心肌纤维变细,胞核两端的胞浆内有脂褐素沉着,肌纤维间因水肿液蓄积而排列疏松。

胃、肠壁变薄,通常因伴发水肿而厚度变化不大。镜检,肠绒毛减少,且变细、变低,黏膜上皮细胞多已消失,固有层内大量水肿液蓄积,腺体减数并排列稀疏,黏膜下层和肌层也见水肿,平滑肌纤维变细。

脾脏显著缩小,被膜皱缩增厚,切面含血量少,红髓减少,白髓形象不清,脾小梁相对增多。镜检,红髓中细胞成分减少,白髓明显缩小、数量减少,甚至消失,或仅见散在的和少量集聚成堆的淋巴细胞。

淋巴结体积无明显变化或稍缩小,切面富有液体。镜检,淋巴细胞明显减少,淋巴小结消失,仅有少量淋巴细胞稀松地分布于淋巴结的水肿液中。

肺脏眼观无明显变化,或仅见轻度肺泡气肿。镜检,肺泡腔扩张,肺泡壁上皮细胞脱落,肺泡间隔变薄,有些已消失。

2)局部性萎缩

局部性萎缩的形态变化表现为局部组织和器官的体积缩小,有些局部性萎缩的部位可以见到未受病因作用的相同组织或器官发生代偿性肥大。

5.1.4 萎缩对机体的影响

萎缩一般是可复性过程,当病因消除后,萎缩的器官、组织、细胞均可恢复其形态和功能。但病因持续作用病变继续发展,萎缩的细胞可最后消失。全身性萎缩是伴发于不全饥饿或严重消耗性疾病的一种全身性病理过程,而体内各器官、组织的萎缩又会对原发性疾病产生不良的影响,但其结局主要取决于原发病的发展。局部性萎缩的后果取决于发生的部位和萎缩的程度。发生于生命重要器官(如脑)的局部性萎缩就可引起严重后果;发生于一般器官的萎缩,特别是程度较轻时,通常可由健康部分的机能进行代偿而不产生明显的影响。

5.2 变 性

5.2.1 变性的概念

变性是指细胞和组织损伤所引起的一类形态学变化,表现为细胞或间质内出现异常物质或正常物质增多。变性一般是可复性过程,发生变性的细胞和组织的功能降低,严重的变性可发展为坏死。

5.2.2 变性的类型

变性可概括为两大类:细胞含水量异常(细胞水肿)和细胞内物质的异常沉积(脂肪变性等)。

1)细胞水肿

正常情况下,细胞内外的水分互相交流,保持机体内环境稳定。但当缺氧、缺血、电离辐射以及冷、热、微生物毒素等导致细胞的能量供应不足、细胞膜上的钠泵受损,使细胞膜对电解质的主动运输功能发生障碍,或细胞膜直接受损时,导致细胞内水分增多,形成细胞水肿。严重时称为细胞的水泡变性。

(1)颗粒变性

颗粒变性是一种最常见的轻微的细胞变性,常是其他病变的最初病变。颗粒变性发生快,易恢复或转化成其他病变,属急性病变。它的主要特征是变性细胞的体积肿大,胞浆内出现蛋白质性颗粒,故称颗粒变性。由于变性的器官和细胞肿胀浑浊,失去原有光泽,因此也称为浑浊肿胀,简称浊肿。这种变性主要发生在心、肝、肾等实质器官的实质细胞。

①原因和发生机理 颗粒变性最常见于一些急性病理过程,如急性感染、发热、缺氧、中毒、过敏等。在上述病理过程中,一是引起细胞膜结构的损伤,钠泵发生障碍,结果Na^+在细胞内蓄积;二是破坏了细胞内线粒体的氧化酶系统,使三羧酸循环和氧化磷酸化发生障碍,代谢产物蓄积,使细胞嗜水性增强,摄入大量水分,从而引起细胞器(尤其是线粒体)吸水肿大,以及胞浆蛋白由溶胶态转化为凝胶态,蛋白质颗粒沉着在胞浆溶质内和细胞器内,形成光镜下可见的红染颗粒物。

②病理变化 眼观,颗粒变性常见于心、肝、肾等实质器官,变化轻微时,变化不明显,严重时可见器官体积肿胀、边缘钝圆、颜色苍白、浑浊无光泽、呈灰黄或土黄色,似沸水烫过,质地脆弱,切面隆起、外翻,结构模糊不清,又被称为混浊肿胀。

镜检,细胞体积肿大,胞浆模糊,胞浆内出现大量微细的淡红色颗粒,胞核有时染色变淡,隐约不明。心肌发生颗粒变性时,心肌纤维肿胀变粗,横纹消失,肌原纤维不清楚,原纤维之间出现微细的蛋白质颗粒;肝脏颗粒变性时,肝细胞肿胀,肝窦受压闭锁,肝细胞索紊乱;肾脏颗粒变性时肾小管上皮细胞肿大,突入管腔,边缘不整齐,胞浆浑浊,充满蛋白质颗粒,胞核清楚可见或隐约不明,肾小管管腔狭窄或闭锁(图5.2)。

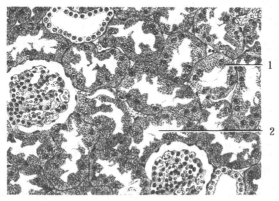

图5.2 肾颗粒变性
1—肾小管上皮细胞肿胀,胞浆中充满蛋白质颗粒;
2—肾小管管腔狭窄,呈星状

③结局和对机体影响 颗粒变性是一种轻微变性,当病因消除后,细胞都能恢复正常。但如果病变持续发展,可发展为水泡变性或脂肪变性,直至细胞坏死。发生颗粒变性的组织或器官,功能减退。例如,心肌发生颗粒变性时,心脏收缩力下降,心功能减退。

(2)水泡变性

水泡变性是指细胞内水分增多,在胞浆和胞核内形成大小不等的水泡,使整个细胞呈蜂窝状。轻微的水泡变性,肉眼不易辨认,多在显微镜下才被发现。只有当皮肤或黏膜发生严重水泡变性,变性细胞极度肿大,破裂,胞浆内水滴积聚于角质层下时,才能被肉眼观察到。

①原因和发生机理 水泡变性多发生于烧伤、冻伤、口蹄疫、痘疹、猪传染性水泡病以及中毒等急性病理过程。水泡变性与颗粒变性常同时出现,在形态上也无明显界限,发病机理基本相同,是一个病理过程的不同发展阶段,因此有人将颗粒变性和水泡变性这两种合称为"细胞肿胀"。

②水泡变性病理变化 眼观,多见于皮肤和黏膜的被覆上皮,最初只见病变部肿胀,随后即可形成肉眼可见的水泡。肝、肾等器官发生水泡变性时,与颗粒变性难以区别。

③结局和对机体影响 与颗粒变性基本相同。

2)脂肪变性

脂肪变性是指细胞的胞浆内出现大小不等的游离脂肪滴,简称脂变。

(1)原因和发生机理

脂肪变性也是一种常见于急性病理过程的细胞变性。常见于急性感染、中毒、缺氧、饥饿或某些营养物质缺乏等。脂肪变性的发生机理很复杂,归纳起来主要有以下4个方面因素:

①结构脂肪破坏 见于感染、中毒和缺氧,此时细胞结构破坏,细胞的结构脂蛋白崩解,脂肪析出形成脂肪滴。

②中性脂肪合成过多 常见于饥饿或某些疾病状态,机体从体内脂库动用大量脂肪供给能量,释放大量脂肪酸进入肝脏,肝细胞内合成甘油三酯剧增,超过了肝细胞将其氧化和合成脂蛋白输出的能力,脂肪即在肝细胞内蓄积。饲料中脂肪过多,也同样引起肝脏脂肪变性。

③脂蛋白合成发生障碍 常见于合成脂蛋白所必需的磷脂或组成磷脂的(如胆碱等)物质缺乏,或由于缺氧、中毒破坏内质网结构或抑制某些酶的活性而使脂蛋白及组成脂蛋白的磷脂、蛋白质的合成发生障碍,此时肝脏不能及时将甘油三酯合成脂蛋白运输出去,从而使脂肪在肝细胞内蓄积。

④脂肪酸的氧化发生障碍 如中毒、缺氧均能影响肝细胞内脂肪酸的氧化过程,造成脂肪在细胞内蓄积。

(2)病理变化

眼观,轻度脂变时,病变器官的变化常不明显,仅见器官的色彩稍显黄色。重度脂变时,器官体积肿大,边缘钝圆,表面光滑,质地松软易碎,切面微隆突,呈黄褐色或土黄色,组织结构模糊,触之有油腻感,重量减轻。若肝脏脂变同时伴发瘀血,则肝脏切面由暗红色的瘀血部分和黄褐色的脂变部分相互交织,形成类似槟榔切面的花纹色彩,因此称作"槟榔肝"。心脏发生脂变时,在心外膜下和心室乳头肌及肉柱的静脉血管周围,可见灰黄色的条纹或斑点分布在正常色彩的心肌之间,呈黄红相间的虎皮状斑纹,故有"虎斑心"之称。

镜检,脂变细胞肿胀,胞浆内出现大小不一的圆球状脂肪滴(图5.3),随着病变发展,小脂肪滴可融合成大脂滴,胞核被挤于一侧或消失。脂肪变性在肝小叶内的分布可呈区域性,也可呈弥漫性,如中毒时肝小叶周边细胞先发生脂肪变性;缺氧时,肝小叶中心的细胞先发生脂肪变性。严重中毒或感染时,各肝小叶的肝细胞可普遍发生重度脂肪变性,使整个肝小叶正常结构消失,同一般脂肪组织相似,称为脂肪肝。

(3)结局和对机体的影响 脂肪变性是一种可复性病理过程,其损伤较颗粒变性重,但病因消除后,细胞功能和形态可恢复正常。如果病因持续作用,则能进一步发展为坏死。发生脂肪变性的组织和器官,功能减退。如肝脏脂肪变性,可导致肝功能减弱;心肌脂肪变性则可导致心肌收缩力减弱,引起心衰;肾脂肪变性引起泌尿功能下降。

3)透明变性

透明变性又称玻璃样变,是指细胞质、血管壁和结缔组织内出现的一种同质无结构的蛋白质样物质。透明变性是一个比较笼统的病理形态概念,只是病理产物在物理性状上大致相同,但其病因、发生机理、功能意义和玻璃样物的化学成分各不相同。

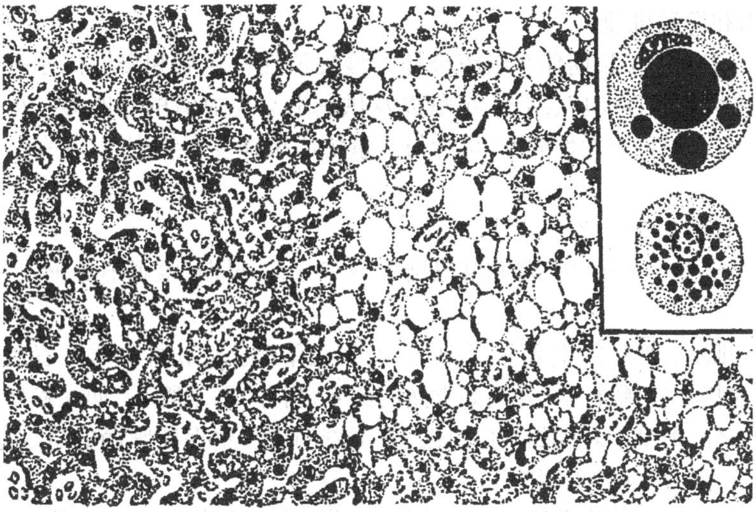

图 5.3 肝脂肪变性
肝细胞胞浆内出现大小不等的脂肪空泡,右上角为
铍酸染色的脂肪变细胞,脂肪滴染成黑色

(1)病因及类型

①血管壁透明变性 即小动脉管壁的透明变性,常发生于脾、心、肾及其他器官。血管壁玻璃样变的原因很多,最普通的是炎症病变,例如,马病毒性动脉炎、牛恶性卡他热、鸡新城疫、鸭瘟等有动脉炎存在的疾病。发病机理一般认为是血管内皮屏障受到损伤,血浆蛋白渗入中膜,中膜平滑肌变性坏死均质化。透明变性的动脉血管管壁增厚、均质,管腔变窄。镜检,小动脉中膜结构破坏,平滑肌纤维变性,原纤维结构消失,出现均质、无结构、半透明物质,HE 染色呈红色。

②纤维组织透明变性 常见于疤痕组织、纤维化肾小球、动脉粥样硬化的纤维性癍块,形成均匀一致、无结构、半透明物质。其发生机理尚不清楚。

③细胞内透明滴状变 常见于慢性肾小球肾炎时,肾小管上皮细胞的胞浆内常出现一种同质无结构的透明滴状物,HE 染色呈鲜红色。其发生机理一方面可由细胞变性本身所产生,另一方面是由于肾小管上皮细胞吸收了原尿中的蛋白质所形成。

(2)结局和对机体影响

轻度的透明变性可以恢复,但发生严重透明变性的组织易发生钙盐沉着,引起组织硬化。小动脉透明变性时,引起管腔变厚、变硬,管腔狭窄,甚至闭塞,即动脉硬化症,造成组织缺血、缺氧,甚至坏死。如猪瘟时脾脏出血性梗死就是由于中央动脉发生透明变性所致。血管硬化如果发生在脑、心,可引起严重后果。结缔组织发生透明变性,可使组织变硬,弹性降低,功能发生障碍。肾小管上皮细胞透明滴状变一般无细胞功能障碍。玻璃滴状物可被溶酶体溶解。

4)淀粉样变性

淀粉样变性又称淀粉样变,是在某些组织内出现淀粉样蛋白沉着物的一种病变。这种沉着物在化学成分上属糖蛋白,具有淀粉遇碘的显色反应(加碘溶液呈红褐色,再滴加

1%硫酸溶液又转变成蓝色或紫色),故称淀粉样物质。

（1）原因和发病机理

淀粉样变多发生于长期伴有组织破坏的慢性消耗性疾病和慢性抗原刺激的病理过程中,例如,慢性化脓性炎症、结核、鼻疽以及供制造高免血清的马匹等。在上述疾病过程中,淀粉样变属一种继发性病变,可能与大量抗原抗体复合物产生,并在一定部位沉着有关。

（2）淀粉样变病理变化

淀粉样变常发生于脾、肝、肾和淋巴结等器官,病变早期,眼观不易辨认,在光镜下才能发现。

①脾脏　眼观,脾脏体积增大,质地稍硬,切面干燥。淀粉样物质沉着在淋巴滤泡部位时,呈半透明灰白色颗粒状,外观如煮熟的西米,俗称"西米脾"。如淀粉样物质弥漫地沉积在红髓部分,则呈不规则的灰白色区,非沉着的部位仍保留脾髓的暗红色,红白交织成火腿样花纹,因此俗称"火腿脾"。

镜检,淀粉样物质呈均质淡红色团块状,沉着部位淋巴细胞减少或消失。

②肾脏　眼观,肾脏体积肿大,色变黄,表面光滑,被膜易剥离,质脆,不易判别出淀粉样变的特点。

镜检,淀粉样物质主要沉着在肾小球毛细血管基底膜上,在肾小球内出现粉红色的团块状物质,严重时肾小球完全被淀粉样物质所取代。有时肾小管基膜上也有沉着。

③肝脏　眼观,肝脏肿大,呈灰黄或棕黄色,质软易脆,切面结构模糊似脂肪变性的肝脏。

镜检,淀粉样物质主要沉着在肝细胞索和窦状隙之间的网状纤维上,呈粗细不等的条纹或毛刷状,HE染色呈红色。严重时,肝细胞受压萎缩消失,甚至整个肝小叶全部被淀粉样物质取代。

（3）结局和对机体影响

淀粉样变初期,病因消除后,淀粉样物质可被吸收。但淀粉样变常常是一种进行性过程,淀粉样物质分子很大,机体难以将其清除。发生淀粉样变的组织器官,功能减退,机能障碍。

5）黏液样变性

黏液性样变是指结缔组织内出现类黏液样物积聚的一种病理变化。类黏液是体内一种黏液物质,由结缔组织细胞产生,与黏膜分泌的黏液在外观上非常相似,只是化学成分稍有不同。类黏液正常情况下,见于关节囊、腱鞘的滑囊、胎儿脐带。

（1）原因和发病机理

纤维组织黏液样变性常见于间叶性肿瘤、急性风湿病时的心血管壁及动脉粥样硬化的血管壁。大的乳腺混合瘤时,肿瘤的间质也呈现黏液样变性的变化。甲状腺功能低下时,全身皮肤的真皮及皮下组织的基质中有多量的类黏液及水分积聚,形成所谓的黏液水肿。发生机理可能是由于甲状腺功能低下时,甲状腺素分泌减少,以致透明质酸酶的活性降低,结果导致构成类黏液主要成分之一的透明质酸的降解减弱,进而大量潴积于组织内,引起黏液样变性。

（2）病理变化

结缔组织黏液样变性时，眼观，病变部失去原来组织形象，变成透明、黏稠的黏液样结构。

镜检，病变组织疏松，原有结构消失，充以淡蓝色的胶状液体，其中散在一些星形、多角形的黏液细胞，这些细胞的突起常相互连接，与间叶组织的黏液瘤很相似，因此，又称结缔组织的黏液样变性为黏液瘤样变性。

（3）结局和对机体影响

黏液样变性是可复性病理过程，当病因消除后黏液样变性可以逐渐消退，但如果长期存在，则可引起纤维组织增生，从而引起组织硬化。

5.3　坏　死

5.3.1　坏死的概念

在活体内局部组织细胞的死亡，称为坏死，是当局部组织、细胞内的物质代谢停止，功能完全丧失时出现的一系列形态学改变。坏死和机体死亡的概念不同，机体死亡是指心跳、呼吸停止，进入不可恢复状态，但刚死亡的机体内许多组织仍然存活；坏死是一种不可逆的病理变化，除少数是由强烈致病因子（如强酸、强碱）作用而造成组织的立即死亡外，大多数坏死是在萎缩、变性的基础上发展起来的，是一个由量变到质变的发展过程，故称为渐进性坏死。这就决定了变性与坏死的不可分割性，在病理组织检查时，往往发现两者同时存在。

5.3.2　坏死的原因

引起组织、细胞坏死的原因种类很多，任何致病因素只要其损伤作用达到一定强度或持续相当的时间，使细胞、组织代谢完全停止，都能引起坏死。常见的原因有缺氧、缺血、物理因素（如机械性创伤、高温、低温等）、化学因素（如强酸、强碱等）、生物因素（如细菌、病毒、寄生虫等）以及免疫损伤等。

5.3.3　坏死的病理变化

（1）眼观

组织坏死的初期外观往往与原组织相似，不仅肉眼不易辨认，即使用光镜和电镜也难确定。时间稍长可发现坏死组织失去正常光泽或变为苍白色，浑浊，失去正常组织的弹性，局部温度降低，捏起组织回缩不良，切割无血液流出，感觉及运动功能消失。在坏死发生2～3 d后，坏死组织周围出现一条明显的分界性炎性反应带。

（2）镜检

细胞死亡的组织学特征变化表现为：

①细胞核的变化　是判断细胞坏死的主要形态学标志。镜检，核浓缩（染色质浓缩，染色加深，核体积缩小）、核碎裂（核染色质碎片随核膜破裂而分散在胞浆中）、核溶解

（核染色变淡，进而仅见核的轮廓或残存的核影，最后完全消失）。如强烈的损伤因子急剧作用（如中毒），先发生染色质分散附在核膜上，继而发生核碎裂，甚至正常核迅即溶解（图5.4）。

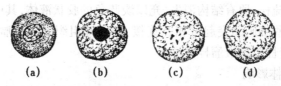

　　(a)　　　　(b)　　　　(c)　　　　(d)

图5.4　细胞核坏死模式

(a)细胞正常；(b)核浓缩；(c)核破裂；(d)核溶解

　　②细胞浆的变化　胞浆内的微细结构破坏，胞浆呈颗粒状。由于胞浆内嗜碱性染色的核蛋白体解体，使胞浆染色更红（即嗜酸性）。胞浆溶解液化，胞浆水分逐渐丧失而固缩为圆形小体，呈强嗜酸性深红色，形成所谓嗜酸性小体，此时胞核也浓缩而后消失。

　　③间质的变化　间质结缔组织基质解聚，胶原纤维肿胀、崩解或断裂，相互融合，失去原有的纤维性结构，被伊红染成深红色，形成一片颗粒状或均质无结构的纤维素样物质，即纤维素样坏死或纤维素样变性。最后，坏死细胞与崩解的间质融合成一片无结构的颗粒状红染物质，这种现象最常见于凝固性坏死组织。

5.3.4　坏死的类型及病变

　　由于引起坏死的原因、条件以及坏死本身的性质、结构和坏死过程中经历的具体变化不同，坏死组织的形态变化也不相同，可分为以下几种类型：

1）凝固性坏死

　　凝固性坏死是指组织坏死后，发生组织凝固为特征。在蛋白凝固酶作用下，坏死组织变为灰白或灰黄色、干燥而无光泽的凝固物质，坏死区周围有暗红色的充血和出血带与健康组织分界。典型的凝固性坏死如肾、脾等器官的贫血性梗死。

　　动物结核病时器官发生的干酪样坏死是一种特殊类型的凝固性坏死，眼观可见坏死灶呈灰白色或黄白色的无结构物质，质较松软易碎，似干酪或豆腐渣，故名干酪样坏死。肌肉组织发生的蜡样坏死也是一种凝固性坏死。眼观，坏死的肌肉组织浑浊、无光泽、干燥而坚实，呈灰黄或灰白色，如同石蜡一样，见于白肌病。

　　镜检，早期坏死组织的细胞结构消失，但组织结构的轮廓能保留。如肾贫血性梗死时，肾小球和肾小管的形态仍然隐约可见，但实质细胞的结构已破坏消失。坏死细胞的核完全溶解消失，或有部分碎片残留，胞浆崩解融合成为一片淡红色均匀无结构的颗粒状物。

2）液化性坏死

　　液化性坏死是指坏死组织在蛋白分解酶作用下，崩解液化，呈液体状。主要发生于富有蛋白分解酶（如胃肠道及胰腺）或含磷脂和水分多而蛋白质较少的组织（如脑），以及有大量嗜中性粒细胞浸润的化脓性炎灶。例如，脓肿中有大量嗜中性粒细胞渗出，崩解后释出蛋白分解酶，将坏死组织迅速分解成液体，与渗出液、细菌等组成脓汁。脑组织的坏死常为液化性坏死，因为脑组织蛋白含量少，不易凝固，而磷脂及水分多，容易分解液化,故常把脑组织的坏死称为脑软化。

3)坏疽

坏疽是指组织坏死后受到外界环境的影响和不同程度的腐败菌感染引起的继发变化。坏疽外观呈灰褐色或黑色。这是由于腐败菌分解坏死组织产生的硫化氢与血红蛋白分解所产生的铁结合,形成黑色硫化铁的结果。坏疽常发生于容易受腐败菌感染的部位,如四肢、尾根、肺、肠、子宫等。坏疽可以分为以下3种类型:

（1）干性坏疽

多发生于体表,尤其是四肢末端、耳壳和尾尖。坏疽部干涸皱缩,变硬,呈黑褐色。坏死区与健康组织之间有明显炎性反应带分隔,边界清楚。动物中常见的干性坏疽有慢性猪丹毒的皮肤坏疽和牛冻伤所致的耳壳和尾尖皮肤坏疽,以及动物长期躺卧发生的褥疮。

（2）湿性坏疽

由于坏死组织继发腐败细菌感染,引起腐败分解,发生液化所致,多发生于肠、肺、子宫等。眼观,坏疽区柔软,含大量水分,呈污灰色、暗绿色或黑色的糊粥状,有恶臭,发展蔓延快,与健康组织之间的分界不明显。坏死组织腐败分解后产生大量毒性产物或毒素,被机体吸收,可引起全身中毒。

（3）气性坏疽

气性坏疽是湿性坏疽的一种特殊形式,主要见于深部创伤感染了厌氧产气菌(恶性水肿梭菌、产气荚膜杆菌等)。组织分解同时产生大量气体,坏死区呈蜂窝状,污棕黑色,按压有捻发音,切开流出大量混有气泡的浑浊液体。气性坏疽发展迅速,毒性产物吸收后可引起全身中毒,导致动物死亡。

上述坏死的类型,不是固定不变的,随着机体抵抗力的强弱和坏死发生原因和条件等的改变,坏死的病理变化在一定条件下也可互相转化。例如凝固性坏死,如果继发化脓细菌感染,可以转变为液化性坏死。

5.3.5 坏死的结局

1)吸收再生

小范围的坏死灶,被来自坏死组织本身或嗜中性粒细胞释放的蛋白分解酶分解、液化,随后由淋巴管、血管吸收,不能吸收的碎片由巨噬细胞吞噬和消化。缺损的组织由邻近健康组织再生而修复。

2)腐离脱落

在体表或与外界相通的器官,由于坏死组织与健康组织之间出现炎症反应,使坏死组织与周围健康组织分离脱落。皮肤或黏膜坏死脱落后,局部留下缺损,浅的缺损叫糜烂,深的称为溃疡。肺的坏死组织脱落排出后留下的较大空腔,称为空洞。最后,均可由周围健康组织的再生而修复。

3)机化、包囊形成和钙化

见于坏死组织范围较大的组织,坏死组织不能完全吸收再生和腐离脱落,可被肉芽

组织取代或将其包裹起来,形成包囊,其中的坏死组织可以进一步发生钙盐沉着,即发生钙化。

复习思考题

1. 名词解释:萎缩、变性、坏死、颗粒变性、脂肪变性、坏疽。
2. 简述萎缩的类型、病变及对机体的影响。
3. 简述颗粒变性病变及对机体的影响。
4. 简述脂肪变性病变及对机体的影响。
5. 简述坏死的类型及病变。

第6章
代偿、修复与适应

> **本章导读：**本章主要阐述了组织损伤后机体的抗损伤反应，主要包括代偿、再生、创伤愈合、肥大、改建、化生等。重点掌握代偿、修复与适应的基本概念和形式，掌握肉芽组织的结构、功能、创伤愈合的过程，了解各种组织再生能力和过程，了解肥大、改建、化生的概念、意义。

机体内部组织细胞不断衰老、坏死和更新，不断适应机体内、外环境的变化，以维持正常的生命活动。当机体受到致病因素作用时，某些组织器官的结构遭受破坏，功能发生障碍，一方面造成机体的损伤过程（如血液循环发生障碍，组织器官萎缩、变性、坏死等），另一方面机体通过抗损伤过程（如发热、炎症、适应、修复等），消除或减少有害因子的损伤作用。本章重点阐述适应与修复。

6.1 代　偿

代偿是指某器官、组织的结构遭受破坏、代谢和功能发生障碍时，通过该器官、组织正常部分的功能加强，或由其他组织、器官来代替、补偿的过程。这是机体在长期进化过程中获得的一种抗损伤能力。

代偿的形式可分为代谢代偿、功能代偿和形态代偿3种。

6.1.1　代谢性代偿

代谢性代偿是指在抗损伤过程中，机体内出现以物质代谢发生改变为其主要形式的一种代偿方式。如慢性饥饿时，能量供应不足，靠肌肉和肝脏中贮存的糖元异生，消耗储存的脂肪来供应能量；再如缺氧时，糖有氧分解受到抑制，能量供应不足，此时糖酵解加强以补充一部分能量。

6.1.2　功能性代偿

功能性代偿是指机体通过功能增强来补偿器官的功能障碍和损伤的一种代偿方式。例如，大失血时引起有效循环血量减少和血压下降，这时，由于主动脉弓和颈动脉窦处压力感受器受到的刺激减弱，便反射性引起交感神经兴奋，使儿茶酚胺分泌增多，从而引起

心跳加快,使体表和腹腔脏器的小血管收缩,但脑部血管和心冠动脉扩张,这样可增强心输出量及有效循环血量,使血压得以维持正常,心、脑等重要器官的供血量得以保障,生命活动得以维持。

6.1.3　形态结构性代偿

形态结构性代偿是指在功能性代偿的基础上,伴发形态结构改变的一种代偿方式。主要表现为器官、组织的实质细胞体积增大或数量增多,或二者同时发生。

代偿是机体极为重要的抗损伤反应。它通过物质代谢的改变,功能的加强和组织器官的结构改变来补偿病因所造成的损伤、障碍,使机体得以建立新的动态平衡,从而使生命活动在不利的条件下继续进行。例如机体在失血、缺氧时,首先通过心肌纤维的代谢加强,以增强心脏收缩功能,长期的代谢、功能的增强会导致心肌纤维的增粗、心肌肥大,肥大的心脏又反过来增强了心脏的功能。但另一方面,机体代偿能力又是有限的,疾病过程持续发展,功能障碍不断加重,并超过了器官的代偿能力时,病情即趋向代偿失调而变化。

6.2　修　复

修复是组织损伤后的重建过程,即机体对死亡细胞、组织的修补性生长及对病理产物的改造过程。修复包括再生、创伤愈合、病理产物改造等。

6.2.1　再　生

组织缺损后,由邻近健康组织细胞分裂来修复的过程称为再生。不同的组织具有不同的再生能力,这是机体在长期进化过程中获得的。一般说来,低等动物组织的再生能力强于高等动物(蚯蚓断成两截后,一端可再生出头部,另一端可生出尾部),生理条件下,经常更新的组织有较强的再生能力(如表皮细胞)。再生能力强的组织主要包括结缔组织细胞、表皮、黏膜、淋巴组织、小血管、某些腺上皮等;再生能力弱的主要是骨骼肌、平滑肌、心肌纤维、软骨组织;缺乏再生能力的组织包括神经细胞。

1)再生类型

再生包括生理性再生和病理性再生。

(1)生理性再生

在生理状态下,有许多组织、细胞经常不断地衰老消失,又不断地由同种细胞分裂增补,在形态、功能上与原组织完全相同,此类再生称为生理性再生。例如,消化道黏膜每经过 1～2 d 更新一次,子宫黏膜脱落与增生循环交替,红细胞每经过 120 d 更新一次。

(2)病理性再生

在病理状态下,组织细胞缺损后经组织再生来修复的过程称为病理性再生。若再生的组织与原组织完全相同,称为完全再生(如少数实质细胞的变性、坏死,浅表的糜烂等发生的再生)。相反,所缺损的组织主要由结缔组织再生修复,以致不能恢复原来的组织结构和功能,则称为不完全再生,最后形成瘢痕。

2）各种组织的再生

（1）被覆上皮细胞的再生

皮肤或黏膜表面的复层上皮受损,先由边缘及上皮基底层细胞进行分裂增生向中心生长,最后修补缺损。分裂增生的细胞首先形成单层的扁平上皮细胞,然后逐渐分化为棘细胞层、颗粒层、透明层和角化层。若损伤范围较大时,再生的细胞不生成色素,故再生的皮肤呈白色,被毛皮脂腺也多不再生。

黏膜的柱状上皮损伤后,主要由邻近部位健在的上皮细胞分裂增生,初呈正方形,然后逐渐增高,成为正常的柱状上皮细胞,有时可向深部构成腺体。

胸膜、腹膜、心包膜等处的间皮细胞损伤时,由缺损边缘的间皮细胞分裂,初呈正方形,最后发展成扁平的正常间皮细胞。如损伤面广,并且局部有纤维渗出,则不能完全由新生的间皮被覆,而由增生的结缔组织形成瘢痕愈合,以致相邻浆膜互相粘连。

（2）腺上皮的再生

①腺上皮（如胰腺、唾液腺）的再生能力较被覆上皮弱　再生情况因腺体的种类、结构、损伤的情况而定。若腺体的支架结构未完全破坏,仅腺细胞坏死时,可完全再生。如果腺体的间质及支架组织也受到破坏时,则由残存的腺细胞肥大来代偿其功能,由结缔组织增生来填补因损伤所造成的缺损,最后形成瘢痕。

②肝细胞的再生　肝细胞的再生能力很强,切除少量的肝组织后可由存活的肝细胞分裂、增生,使受损肝脏恢复到原来大小。在病理过程中,少量的肝细胞坏死,可由相邻的肝细胞分裂增生而达到完全再生。如果病变严重,整个肝小叶或大部分被毁时,则不由邻近的肝小叶再生来修复,而由结缔组织增生及残存的肝细胞增生、肥大来进行修补代偿,以恢复部分功能。再生的肝组织细胞常发生小叶改建,变形而形成假性肝小叶,肝小叶周边的小胆管上皮分化程度低、再生能力强,因此肝组织受损严重时可见许多新生的胆小管。

（3）结缔组织的再生

结缔组织的再生能力特别强,不仅见于结缔组织本身损伤之后,同时也见于其他组织受损后不能再生的病理过程中。结缔组织再生常见于炎灶和坏死灶的修复、创伤愈合、机化和包囊的形成等病理过程中。首先由病变处静止的纤维细胞或间叶细胞分化为成纤维细胞,随着成纤维细胞的分化,胞浆及胞核逐渐变成梭形,同时成纤维细胞向外分泌出胶原纤维、弹性纤维,最后其本身又转化为纤维细胞（图6.1）。

（4）红细胞的再生

机体发生失血而导致贫血时,会出现造血功能亢进,一方面原有红骨髓中成血细胞分裂增殖能力增强,大量新生的血细胞进入血液循环;另一方面,黄骨髓转变为红骨髓,造血功能增强,甚至淋巴结、脾脏出现髓外造血现象。

（5）血管的再生

血管的再生主要指毛细血管的再生（动、静脉不能再生）,再生方式有以下两种:

①以出芽方式再生　由原来的毛细血管内皮细胞肥大分裂增殖,形成向外突出的幼芽,幼芽继续向外增长,形成实心的内皮细胞条索,随着血流的冲击,细胞条索中出现管腔,形成新的毛细血管,新的毛细血管彼此吻合,形成毛细血管网（图6.2）。

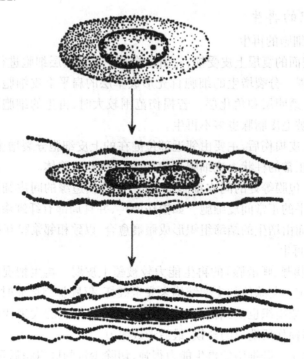

图6.1　间叶细胞转化为成纤维细胞产生胶原纤维并
转化为纤维细胞模式图

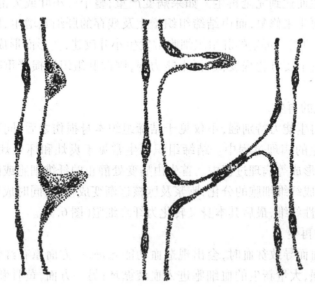

图6.2　毛细血管再生模式图

②以自生性生长方式再生　是由组织的间叶细胞增生分化,形成新毛细血管。形成过程:首先由类似成纤维细胞的细胞平行排列,以后逐渐在细胞间出现小裂隙,并与附近的毛细血管连通,使血液通过;被覆在裂隙的细胞变为内皮细胞,构成新毛细血管。

(6)骨组织的再生

骨组织的再生能力很强,但其再生能力取决于损伤的程度、部位和骨膜的损伤情况等。骨组织损伤后,主要由骨内、外膜的细胞分裂增生形成一种幼稚的组织进行修复,以后逐渐分化为骨组织。通常可完全再生。

(7)软骨组织的再生

软骨组织的再生能力弱,较大范围的软骨组织损伤,一般不能完全再生。软骨组织再生是由软骨膜的成软骨细胞新生为软骨细胞,并与新生的血管共同构成软骨性肉芽组织。随后在软骨细胞间产生软骨基质,以后软骨细胞逐渐萎缩减少,转化为成熟的软骨组织。

(8)肌肉组织的再生

①骨骼肌的再生　骨骼肌受损后,如果肌膜的完整性未被破坏,可以完全再生。此时肌膜随着巨噬细胞的清除,残存的肌细胞分裂、增殖,产生肌浆,分化为横纹肌纤维。如果肌膜损伤,肌纤维完全断裂,其断端膨大,肌浆增多,细胞核分裂,形成多核巨细胞样的肌芽,肌芽不能使肌纤维相接,缺损由增生的结缔组织填补。

②平滑肌的再生　平滑肌再生能力弱,损伤后主要由结缔组织修补。

③心肌的再生　心肌再生能力极弱,坏死后一般由结缔组织修补而形成瘢痕。

(9)神经组织的再生

①中枢神经组织的再生　成熟的神经组织一般不能再生,坏死后由神经胶质细胞及其纤维补充,形成胶质疤痕。

②外周神经的再生　外周神经受损后,只要与它相连的神经细胞仍然存活,就能完全再生。首先,远端断端神经纤维髓鞘及轴突发生崩解,并被吞噬吸收,近端的数个郎飞氏结神经纤维也发生同样变化,之后由两端的雪旺氏细胞增生,形成带状的合体细胞,将断端连接形成髓鞘。此时,近端轴突向远端生长深入髓鞘内最后达到末梢,完成神经纤维的再生,此过程常需数月才能完成。如果两侧断端相隔超过 2.5 cm 或中间有瘢痕,再生的轴突就不能达到远端,而是与增生的结缔组织混在一起,卷曲成团形成创伤性神经瘤,从而引起顽固性疼痛(图6.3)。

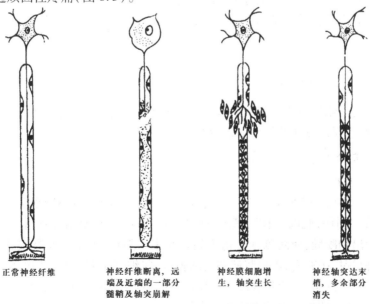

| 正常神经纤维 | 神经纤维断离,远端及近端的一部分髓鞘及轴突崩解 | 神经膜细胞增生,轴突生长 | 神经轴突达末梢,多余部分消失 |

图6.3　神经纤维再生模式图

3）影响再生的因素

（1）全身因素

①营养　营养对组织再生有很大影响，如饲料缺乏或饲料中缺乏蛋白质时，肉芽组织和胶原纤维合成被抑制，组织再生缓慢且不完全，当给这种动物添加蛋氨酸或胱氨酸的蛋白质时，则可改变这种现象。

②年龄　一般说来，幼龄动物再生过程快且完全，而老龄动物由于生理功能的降低，再生能力相对较弱。

③激素　激素也能影响组织的生长，如大剂量注射肾上腺皮质激素能抑制炎症渗出、毛细血管形成及胶原合成，并加速胶原的分解。因此，在创伤愈合的过程中要避免使用这类激素。

④神经系统状态　当神经系统受到损伤时，由于神经营养机能的失调，可使组织的再生能力受到抑制。

⑤环境温度、湿度　适宜的温、湿度环境条件，有利于创伤的愈合。干燥寒冷的天气创伤愈合慢，因此尽量给动物创造舒适的空间，有利于组织的再生。

（2）局部因素

①局部组织的再生能力　局部组织再生能力的强弱直接影响组织的再生过程。一般说来，再生能力强的组织常发生完全再生（如损伤范围小的黏膜、皮肤），再生能力弱的组织主要由结缔组织来修复。

②组织损伤的程度　如果损伤范围小，受损轻微，则再生完全。反之，损伤范围大，组织破损严重，尤其支架组织被破坏时，常常再生不完全，而是由结缔组织修补。

③感染和异物　伤口感染是影响愈合很重要的局部因素，因局部感染时，许多化脓性细菌产生一些毒素和酶，可引起组织坏死和胶原纤维溶解，从而加重局部组织的损伤。此外，创腔内的异物、坏死组织也可影响组织的再生。

④局部血液循环状况　局部血液循环良好，有利于坏死物质吸收和组织再生，而血液供应不足时则延缓创伤愈合。

6.2.2　创伤愈合

创伤愈合是指创伤造成的组织缺损的修复过程。任何创伤愈合都是以组织的再生和炎症为基础的，现以皮肤的创伤愈合为例，阐述其过程。

1）创伤愈合的基本过程

（1）出血和炎症反应

较轻的创伤主要是皮肤和皮下组织断裂，伤口周围的组织有不同程度的变性、坏死、血管破裂。重的创伤，肌肉、肌腱、筋膜、神经也出现断裂，甚至出现骨折。初期，伤口流出的血液与渗出物凝固，使两侧创缘初步黏合起来。随后，创壁在血凝块和坏死产物的刺激下，毛细血管扩张充血，渗出浆液和白细胞，这些细胞主要吞噬、消化、溶解伤口内的细菌、坏死组织、红细胞等，使创腔净化。伤口内的血液和渗出的纤维蛋白原很快变成纤维蛋白并结成网状，使伤口内的血液和渗出物凝固，干燥后形成结痂，把两边的创缘黏合起来，这有利于保护创面。

（2）创口收缩

2～3 d 后,伤口边缘的整层皮肤及皮下组织向中心移动,伤口发生收缩,1～2 周后收缩停止。伤口收缩的意义在于使创面缩小,其收缩的机理认为是由于伤口边缘肉芽组织中新生的成纤维细胞的牵拉作用。

（3）肉芽组织和瘢痕形成

一般创伤发生2～3 d 后,在创口周围或底部的健康组织长出由新生的毛细血管和成纤维细胞组成的幼稚结缔组织,称为肉芽组织,可机化血凝块并填平伤口,此时肉芽组织中还有坏死组织和炎性细胞,此类炎性细胞对创腔内的细菌、死亡的细胞和渗出的纤维蛋白起清除作用。镜检可见毛细血管大都垂直向创面生长,并以小动脉为轴心形成祥状弯曲的新生毛细血管网,向创面突出。肉眼可见健康新鲜的肉芽组织呈红色颗粒状,柔软、湿润,形似鲜嫩的肉芽,触之易出血。5～6 d 起,成纤维细胞开始产生胶原纤维。随着胶原纤维的增多,成熟,许多毛细血管闭合、退化,消失,于是肉芽组织转为血管少、主要由胶原纤维组成的灰白色瘢痕(图6.4)。

（4）表皮再生

当伤口被肉芽组织填平后,其皮肤的基底细胞开始分裂增殖,迅速覆盖伤口表面,将缺损修复。毛囊、汗腺和皮脂腺如遭到完全破坏,不能完全再生,而由瘢痕修复。

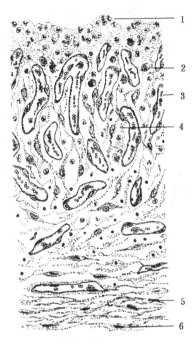

图6.4　肉芽组织

1—嗜中性粒细胞;2—巨噬细胞;3—毛细血管;
4—成纤维细胞;5—胶原纤维;6—纤维细胞

2）创伤愈合的类型

（1）直接愈合

直接愈合又称第一期愈合,多见于创口较小、组织破坏较少、创缘密接、无感染、出血较少的创伤。如手术创伤,其过程为:创口内的血液、渗出物凝固使创口密接,周围组织充血,炎性细胞浸润并清除创口的病理产物使局部净化,接着肉芽组织开始形成,增生并向创口生长,填平创口,进一步成熟(大约 7 d),与此同时,创缘表面的上皮开始增生并覆盖创口。2～3 周后完全愈合,局部仅留下一条线状瘢痕(图6.5)。

（2）间接愈合

间接愈合又称第二期愈合,多见于开放性创伤,此时组织损伤严重,伤口裂开较大,创腔发生感染,坏死组织较多,并有异物或脓液。二期愈合过程复杂,时间长,由于形成大量的肉芽组织,常有明显的瘢痕(图6.6)。

（3）痂下愈合

痂下愈合多见于皮肤挫伤时,此时创伤渗出液与坏死组织凝固后,水分被蒸发,形成干燥硬固的褐色厚痂,在痂下进行直接愈合或间接愈合,上皮再生形成后,厚痂即脱落。

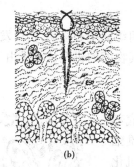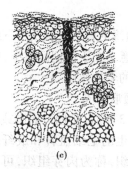

(a)   (b)   (c)   (d)

图6.5　创伤第一期愈合示意图

(a)创缘整齐,组织破坏少;(b)经缝合,创缘密接,炎症反应轻;

(c)表皮再生,新生肉芽组织将伤口修复;(d)愈合后少量瘢痕形成

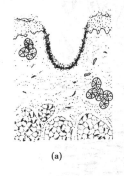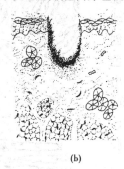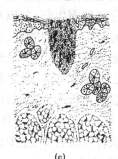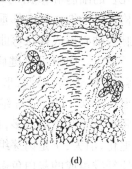

(a)   (b)   (c)   (d)

图6.6　创伤第二期愈合示意图

(a)创伤的创缘不整,创口哆开,组织破坏多;(b)创伤的炎症反应剧剧;

(c)大量新生肉芽组织将伤口填补,表皮再生;(d)愈合后形成瘢痕大

3)骨折愈合

首先,骨折出血处形成血肿,并出现急性炎症反应。随着炎性渗出物与组织碎片被巨噬细胞逐渐消除,骨内、外膜的成骨细胞和毛细血管增殖,长入血肿中,形成新的成骨性肉芽组织。随后,在骨折处肉芽组织逐渐增加,形成梭形肿胀物,称为纤维性骨痂。纤维性骨痂形成后,由骨内、外膜新生的成骨细胞产生胶原纤维和基质骨蛋白,积聚于细胞之间,称为类骨组织。在局部组织的 pH 值变为碱性时,钙盐在类骨组织中沉积,使其成为坚固的骨组织称为骨性骨痂。骨性骨痂虽使断骨连接较牢固,但结构不致密。新生的骨组织的结构开始是不能负重的,按力学原则进行改建,外部不负重的骨组织被吸收,中间的骨痂形成骨密质,内部的形成骨髓腔,这个过程需要数月到一年(图6.7)。

6.2.3　病理产物的改造

机体对疾病过程中的坏死组织、各种炎性产物、血凝块、血栓、寄生虫体及缝合线进行清除或转为无害物质的过程,称为病理产物的改造。包括以下4种方式:

1)溶解吞噬

某些坏死组织、炎性产物以及血凝块等,由坏死细胞和嗜中性粒细胞释放的酶分解、液化,经淋巴管和小血管吸收,残片由吞噬细胞消化,组织损伤由周围健康组织再生修复。

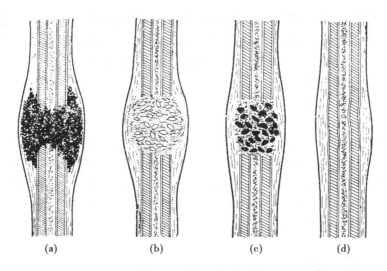

图6.7　骨折愈合示意图

（a）骨折断端血肿形成；（b）纤维性骨痂形成；

（c）骨性骨痂形成；（d）新生骨组织改建，骨折愈合完成

2）分离排除

较大的坏死灶常在坏死组织与健康组织之间产生炎症反应，通过酶作用使坏死组织与健康组织分离脱落，排除体外。脱落后局部显出不同程度的组织损伤（发生在皮肤黏膜时，较浅的叫溃疡，较深的叫糜烂），大量坏死物排除后可形成空洞，留下的组织损伤由结缔组织再生修复，形成瘢痕或硬结。

3）机化和包囊形成

坏死灶未能完全溶解吸收和分离排除者，经过一定时间，由周围健康组织中形成的肉芽组织增生取代坏死组织，最后形成结缔组织疤痕，此过程称为机化。如果坏死灶较大，只在坏死灶周围机化，包裹坏死物，称为包囊形成（图6.8）。

机化是机体的修复方式之一，对机体有利。但是，有些部位病理产物机化对机体有害，如胸膜炎、心包炎时，纤维蛋白被机化后，可使胸膜与肺相连、心外膜与心包粘连，影响呼吸和心跳。

4）钙化

除骨和牙齿外，在机体的其他组织发生钙盐的沉着现象，称为病理性钙化。它是动物在进化过程中获得的抗损伤能力。多见于结核性坏死灶、鼻疽结节、脂肪坏死灶、血栓、细菌团块、死亡的寄生虫与虫卵、梗死灶等。肉眼观察，钙化灶呈白色

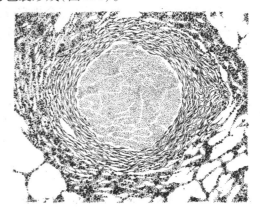

图6.8　包囊形成

肺坏死灶周围形成结缔组织的包囊

石灰样坚硬病灶；镜检，HE染色切片时，钙盐呈紫蓝色细颗粒状。少量的钙化有的可被溶解吸收，如鼻疽结节、寄生虫结节，若钙化灶比较大，则难以溶解吸收而成为体内长期

存在的异物,可刺激周围结缔组织增生,形成包囊。钙化是机体的一种防御适应性反应,可使病变局限化,固定、杀灭病原微生物,消除其致病作用。但是有的部位病理产物钙化后,给机体带来一定危害,如胆管寄生虫导致的钙化,可导致胆管狭窄。

6.3 适 应

适应是指生物对内外环境变化所做出的反应。在正常的生命活动中,动物体有各种各样的适应性反应能力。如在寒冷天气,动物为了维持正常体温,靠体内物质代谢增强来增加热量,促使皮肤体表血管收缩来减少散热。病理学中的适应是指组织、细胞对机体内外环境改变所发生的形态结构和功能代谢上的变化,特别是形态结构的变化。常见的形态结构的改变有肥大、化生、改建。

6.3.1 肥 大

由于实质细胞体积增大或数量增多而导致器官或组织的体积增大称为肥大,包括生理性肥大和病理性肥大。

1)生理性肥大

正常机体由于激素的刺激和生理功能的加强导致的组织器官的增大。特点是:肥大的组织器官不仅体积增大,功能增强,并具有更大的贮备力,如泌乳期的乳腺、妊娠期的子宫肥大。

2)病理性肥大

在疾病过程中,为了实现某种功能代偿而引起相应组织器官的肥大,称为病理性肥大,包括真性肥大和假性肥大两种。

(1)真性肥大

真性肥大是指组织器官的实质细胞体积增大,或数量增多,同时伴有功能增强。如主动脉瓣闭锁不全时,左心室不能完全排空,故舒张末期左心室血容量增多,可反射引起心脏收缩力增强,同时心肌的血液循环和物质代谢也旺盛,从而使心肌得到较多的氧气、营养物质,导致心脏肥大。成对肾,一侧被切除时,另一肾发生肥大。

(2)假性肥大

假性肥大是指组织器官的结缔组织增生引起的体积增大,此时,组织器官的实质组织发生萎缩,使组织器官的功能降低。长期休闲的役畜常出现这种肥大,大量的脂肪蓄积在心脏的心肌纤维间,导致心肌纤维萎缩,虽然外观心脏体积增大,但功能却降低,且易发生急性心力衰竭而死亡。

6.3.2 改 建

改建是指器官、组织的功能负担发生改变后,为了适应新的功能需要,其形态结构发生相应的变化。改建包括:

1)血管的改建

动脉内压长期增高时,使小动脉壁弹力纤维和平滑肌增生,管壁增厚,毛细血管可转化为小动脉、小静脉。而器官的功能减退时,其原有的一部分血管发生闭塞,如胎儿的脐动脉转变为膀胱原韧带。

2)骨组织的改建

当骨的负担方向发生改变时(骨折愈合),骨小梁的排列方式相应发生改变。骨小梁负荷加重,由成骨细胞新生骨质而逐渐肥大。反之,力学负荷消失(不承重)的骨小梁,则由增生的破骨细胞将骨质吸收而萎缩。

3)结缔组织的改建

创伤愈合时,肉芽组织中的胶原纤维的排列也能适应皮肤张力增加的需要而变得与表皮方向平行。

6.3.3　化　生

化生是指已分化成熟的组织,在环境条件改变的情况下,在形态和功能上完全转变为另一组织的过程。化生一般是在类型相近的组织之间进行,如结缔组织可转化为黏液组织、软骨组织,但不能转化为上皮组织;在上皮组织中柱状上皮可以转化为复层上皮,但不能转化为肌肉组织。

1)化生的原因

(1)维生素 A 的缺乏

维生素 A 缺乏可引起咽、食管的腺体及气管和支气管黏膜上皮等的鳞状化生。如维生素 A 缺乏时,鸡的食管腺由单层上皮转化为复层鳞状上皮,因此在食管的黏膜可见 1～2 mm 大小的灰白色结节,突起于黏膜表面。

(2)激素的作用

如果给鼠持续注射雌激素,则引起子宫黏膜上皮的鳞状化生。

(3)化学物质作用

在生化实验中,胰弹性硬蛋白酶可引起支气管上皮的杯状细胞的化生。

(4)机械刺激

长期骑马者臀肌的骨化生。

(5)慢性炎症刺激

口腔、食道、膀胱等组织器官,因慢性炎症的长期刺激,黏膜上皮的一部分发生角质样化生。

(6)组织内代谢障碍

软组织出血变性、坏死后,在肉芽组织形成过程中,常出现结缔组织的骨化生,可见骨组织和骨样组织的形成,有时可见软骨组织。

2)化生的类型

(1)直接化生

直接化生是指某组织不经过细胞分裂增殖而直接转变为另一组织的化生。如结缔组织的骨化生,就是胶原纤维合成骨基质,纤维细胞直接转变为骨细胞,经钙化形成骨组织。

（2）间接化生

间接化生是指一种组织通过新生的幼稚细胞而转变为另一类型组织的化生。如鸡患维生素 A 缺乏症,食管腺由单层柱状上皮转化为角化性复层磷状上皮。

复习思考题

1.名词解释:代偿、适应、再生、创伤愈合、肉芽组织、病理产物改造、肥大、改建、化生、包囊形成。

2.代偿有几种方式? 它们之间有何关系?

3.再生根据完善程度有哪两种?

4.试述神经纤维的再生过程。

5.试述创伤愈合的过程、类型、特点。

6.真性肥大与假性肥大、直接化生与间接化生各有何区别?

第7章
病理性物质与色素沉着

本章导读：本章主要对病理性钙化、痛风、结石形成、病理性色素沉着的原因、机理、病理变化以及结局和对机体影响分别进行了阐述。通过学习，要求掌握病理性钙化、痛风和结石形成、病理性色素沉着的概念、病理变化，了解其发生的原因、机理及对机体的影响。

7.1 病理性钙化

在骨、牙以外的非骨组织内有钙盐沉着的现象，称为病理性钙化，包括营养不良性钙化和转移性钙化。

7.1.1 病理性钙化发生的原因和机理

钙化是体液中钙磷含量过多、过少或比值的相对稳定被破坏所致。

1）营养不良性钙化

营养不良性钙化是指钙盐沉着在变性坏死组织或其他异物中的病理性钙化，在结核灶中的干酪样坏死、脂肪坏死、各种梗死、陈旧血栓、脓肿中干涸的脓汁、动脉血管壁变性坏死的平滑肌、死亡的寄生虫、寄生虫卵和体内其他异物中均可发生。它无全身性钙磷代谢障碍，血液中钙、磷的比值正常，血钙不升高，仅仅是钙盐在局部组织中的析出和沉积。

2）转移性钙化

转移性钙化是指在全身钙磷代谢障碍时，血钙或血磷含量升高，钙盐沉着于机体健康组织内的病理性钙化。它是全身钙磷代谢障碍，机体骨组织出现病理过程的一种表现形式。钙盐易沉着于肺脏、肾脏、胃黏膜和动脉血管壁等组织器官内。

7.1.2 病理性钙化的病理变化

钙化早期，由于钙盐沉着少，一般无眼观病理变化，只能借助显微镜才能辨别。随着钙化时间的延长、钙盐沉着的增多和沉积范围的增大，眼观钙化组织呈白色、灰白色

石头样坚硬的颗粒或团块样结构,用刀切时发出磨刀样的"沙沙"声。干涸样钙化沉着严重的组织,像石头样坚硬,很难切开。切片组织经 HE 染色,钙盐呈蓝色颗粒状,严重时呈蓝色不规则的大颗粒或团状块。在钙化初期,钙盐与细胞混在一起不易辨认,如需做进一步鉴别,可采用硝酸银染色法,用硝酸银溶液处理标本,暴光后钙盐所在部位呈黑色。

7.1.3　病理性钙化的结局和对机体的影响

病理性钙化的结局和对机体的影响,取决于病理性钙化的性质、部位和范围的大小。一般情况下,少量的钙化可被机体溶解吸收而消失。较大钙化灶或钙化物较多,溶解吸收困难,对机体是一种异物,刺激纤维结缔组织增生形成包囊。

营养不良性钙化多为组织损伤的结局,是机体的一种防御适应性反应。通过钙化,可以修补损伤组织,防止病变坏死灶继续对机体的损害和致病菌的繁殖。如结核灶的钙化结节,可固定致病菌,防止扩散,对机体是有利的;但钙化严重时,常导致组织器官功能下降,掩盖病情。如患结核病时,一旦机体抵抗力下降,钙化灶被破坏,被抑制的结核菌可再度繁殖而发病。发生转移性钙化的组织器官出现明显的功能减退或功能丧失。如动脉血管壁钙化,使血管壁的弹性降低,脆性增加,血管内壁粗糙或缺损,血液运行阻力增大,易形成血栓,导致血压升高,严重时引起血管壁破裂和心血管功能障碍。脑动脉血管壁发生钙化时,可导致脑血管破裂而出现脑溢血,引起死亡或瘫痪。

7.2　痛　风

痛风即尿酸盐沉着,指由于血液中尿酸盐浓度过高,在体内一些组织器官内尿酸盐沉着所引起的疾病。痛风属代谢性疾病,多种动物均可发生,但以鸡最多见。

7.2.1　痛风发生的原因和机理

尿酸来自动物体内的嘌呤类物质代谢过程,尿酸的排出主要经过肾脏。正常时,体内大部分尿酸以尿酸盐的形式存在,其生成和排泄相对平衡,在血液中的含量始终保持一定水平。任何原因引起的体内组织细胞核酸分解,释放过多或摄入含嘌呤类食物过多,造成尿酸生成过量,或因肾脏病变而影响肾血流量或抑制肾小管尿酸分泌等因素使尿酸排出受阻,均可导致高尿酸血症,引起痛风。

1)遗传性因素

人类、禽类(主要指鸡)的原发性痛风与遗传有关。在人医临床中,痛风具有明显的家族遗传倾向。兽医临床中,一些品系的鸡特别容易发生痛风,其原因是先天性肾尿酸排出减少(主要为肾小管分泌减少)或嘌呤代谢有关酶的缺陷引起尿酸生成增多,致使出现高尿酸血症。

2)蛋白饲料,特别是核蛋白饲料食入过多

蛋白饲料,尤其是鱼粉、肉粉、动物内脏等动物性饲料和豆类,在体内分解代谢过程中产生大量的戊糖、嘌呤和嘧啶类化合物,嘌呤类化合物在体内代谢后形成尿酸,使体内尿酸含量升高形成高尿酸血症。禽类不但能将黄嘌呤合成尿酸,而且还可将蛋白质代谢过程中产生的氨合成尿酸,因此,鸡痛风的发生率较其他动物高。

3)感染性疾病和恶性肿瘤

肾型传染性支气管炎、鸡白痢、大肠杆菌病、白血病等传染性疾病会引起肾功能不全,尿酸的排出障碍。一些导致大范围内组织损伤的恶性肿瘤,细胞内核蛋白分泌释放增多,均可导致尿酸的生成增多而引起高尿酸血症。

4)药物等中毒性因素

噻嗪类、乙胺丁醇、碳酸氢钠、磺胺类药物使用过多时,容易造成肾脏损伤。肾脏损伤时,一方面尿酸的排出减少而蓄积于体内,另一方面肾脏本身组织的损伤造成核蛋白生成增多,尿酸的生成随之增多。

5)维生素 A 缺乏

饲料中维生素 A 和 D 缺乏、矿物质配合不当,尤其是维生素 A 缺乏,可引起食管、肾小管、输尿管等黏膜上皮细胞角化甚至脱落,使尿酸盐易沉着而排出困难。特别是鸡缺乏维生素 A 时,输尿管和肾小管尿酸盐沉着尤为严重。

7.2.2 痛风的病理变化

根据体内尿酸盐沉着的部位,痛风分为内脏型和关节型,有时两者也可同时发生。

1)内脏型

尿酸盐主要沉着在肾脏,其次也可在心脏、胸腔、腹腔的浆膜面沉着,严重时,心、肝、脾、肠系膜等都有沉着,鸡最为多见。眼观,肾脏肿大,色淡,切面上可见白色尿酸盐小点和小条。输尿管扩张,管内含有大量灰白色沉积物,表面有白色或白褐色花纹。胸腔、腹腔和心脏表面有白色粉末状物。病变严重时,心、肝、肾和肠系膜表面完全被白色粉末状物覆盖,可见尿酸盐沉积呈干硬结石状。镜检,经酒精固定的组织切片,可见尿酸盐呈针尖状或菱形结晶,被尿酸盐沉着被覆的组织器官,局部出现变性坏死,巨噬细胞和其他炎症细胞浸润,慢性痛风还可见增生的纤维结缔组织。经 HE 染色,可见致密、均匀、粉红、大小不等呈结节状结构的痛风结石。因尿酸盐极易溶于水,在福尔马林固定的 HE 染色切片中,不能显示尿酸盐沉淀物,但仍能发现炎性浸润、组织细胞坏死等组织学变化。

2)关节型

尿酸盐沉着在关节及其周围组织中,其病变特征是脚趾和腿关节因尿酸盐沉着和炎性浸润而肿大,关节软骨、关节周围结缔组织、滑膜、腱鞘、韧带及骨骺均有灰白色的尿酸盐沉着,尤其以趾关节多见而严重,常形成致密而坚硬的痛风结石使关节变形而行走异常。镜检与内脏型相同,尿酸盐沉着部位组织细胞变性坏死,炎性浸润,严重时结缔组织增生,尿酸盐晶体形成痛风石。

7.2.3 痛风的结局和对机体的影响

痛风的结局和对机体的影响与痛风的性质、原因、程度和发生的部位有关。一般情

况下,轻度外源性痛风可随病因消除而好转;重度痛风可造成组织细胞变性坏死、器官功能障碍,继发其他疾病而预后不良。如肾脏尿酸盐沉着可发展为慢性肾炎、肾盂肾炎,最后导致肾功能衰竭、尿毒症等。

7.3 结石形成

动物体液中的有机成分或无机盐类在囊腔器官(如肠道、肾盂、膀胱、胆囊及胆管)或排泄管(如唾液腺、胰腺的排泄管)内形成固体物质的过程,称为结石形成,所形成的固体物质称为结石。

7.3.1 结石形成的原因和机理

一般认为,结石形成过程与体内多种物质代谢过程障碍、囊腔器官或排泄管的局部炎症有关。结石种类多种多样,成分各不相同,发生的原因和机理不尽一致,目前还不完全清楚,有待进一步研究。

1)胶体状态的改变

结石形成是溶解状态的盐类逐渐析出沉淀的结果。在正常生理状况下,分泌排泄物中的盐类成分受到胶体物质保护,即使呈过饱和状态,也不会发生沉淀析出。但这种保护是非常局限的,容易被破坏,一旦这种平衡被破坏,便会发生盐类结晶析出。盐类结晶析出发生的根本原因是溶液中盐类浓度增高或胶体浓度降低。感染、异物刺激引起囊腔或排泄管壁炎症时,可使局部胶体浓度降低,对盐类的保护作用减弱;同时炎性渗出物可形成结石的核,促使结石形成。

2)有机核的形成

炎性渗出物、变性坏死脱落细胞、细菌团块或异物和因胶体状态紊乱使溶胶变成凝胶,形成胶体性凝胶,这些都易成为结石的核,它们的表面可吸附矿物盐类和凝胶状态的胶体。结石本身又是一种异物,刺激管腔或囊腔壁发生炎症,炎性渗出物又在结石的表面形成一层有机质,再吸附矿物盐沉着,如此循环反复,结石逐渐增大,呈同心轮层状结构。

3)排泄通道阻塞

排泄管阻塞,内容物滞留,水分被吸收,分泌物浓缩,盐类浓度升高,胶体的保护性降低或被破坏,促进盐类结晶析出。当动物运动不足或粗饲料缺乏时,胃肠蠕动减弱,肠内容物在肠道内滞留、浓缩,盐类成分浓度升高而易于析出。肿瘤、寄生虫压迫或炎性增生等使胆管变窄或阻塞,胆汁排出困难而滞留、浓缩,也是胆结石形成的重要因素。

4)矿物质代谢障碍

矿物质代谢障碍是在一些致病因素作用下,使体内钙、磷代谢紊乱,钙盐浓度升高而结晶析出形成结石。常见于甲状旁腺机能亢进,饲料中磷过高,磷酸不平衡时,维生素 D 中毒等。

5)pH 值的改变

pH 值的变化对肾结石形成具有重要影响。主要是体内物质代谢障碍或药物使用不当

（如磺胺类药物），尿液 pH 值升高或降低而使钙、磷或药物在肾脏结晶析出，阻塞肾小管，引起炎症而形成结石。尿液 pH 值降低，有利于尿酸结石、胱氨酸结石和磺胺类药物结石形成；尿液 pH 值升高，有利于磷酸钙结石（pH > 6.6）和磷酸铵镁结石（pH > 7.2）形成。

7.3.2 结石的种类和病理变化

1）肠结石

肠结石主要发生于马的大肠，为一种有核的轮层状结构的坚硬物，又称为肠石。眼观，结石呈深灰色、圆形、卵圆形、多面形或不规则形，表面光滑。因病例不同而重量、大小和数量差异较大，质地坚硬，切面为轮层状结构，中心为石片、木棒等异物和浸透钙盐的胶体结构物，包围其外的是层数不等，有的多达几百层的轮层状矿物盐，多见于大肠内。

另外，在胃肠内还可形成毛结石和植物粪石两种假结石。毛结石主要见于反刍动物前胃，也见于猪的结肠以及单蹄动物的大肠。当饲料缺乏矿物质或矿物质不平衡时，羔羊可出现异食现象，舔食母羊被毛而在前胃形成毛结石。植物粪石见于马的大肠，这种结石主要由植物纤维和少量矿物质构成。毛结石和植物粪石外观多呈黑色或灰黄色，似干牛粪，质地松软、质轻。

2）尿石

尿石是指在肾盂、膀胱和尿道中形成的结石，多见于反刍动物和马，杂食动物和肉食动物极少见。其生成的数量和大小悬殊，小的尿石常为球形，大的尿石与所在囊腔器官一致，呈多种形状。

3）胆石

胆石是指在胆囊和胆管中形成的结石。多发于人类、牛和猪，绵羊、犬和猫等很少见。牛的胆石又称为牛黄，属名贵中药。眼观胆石的大小、数量和形状悬殊。大小从几毫米到几厘米，数量从几个到几千个不等，形状不一。

4）唾石

唾石是腮腺、舌下腺和颌下腺的排泄管中的结石，多见于马、驴、牛，其次为绵羊，其他动物少发。唾石色白，表面光滑，常单个存在，质地坚硬。眼观呈圆柱状，切面为轮层状结构，常有异物作为结石的核，多位于排泄管出口处。重量大小不等，从零点几克到两千克以上，主要成分为碳酸钙。

7.3.3 结石对机体的影响

结石对机体的影响因结石的性质、大小、数量、形状和结石形成的原因和部位不同而异。一般体积小、数量少、表面光滑、邻近排泄口的结石易于排出，对机体影响小。如较小的输尿管结石，可通过药物、大量饮水将其排出。体积过大的结石，压迫周围组织或其他囊腔器官，引起变性坏死、炎症、功能障碍。如肠结石可压迫肠壁，引起肠壁坏死、溃疡甚至肠穿孔，也可使肠腔狭窄，引起肠梗阻；肾盂结石可引起肾盂肾炎、肾萎缩甚至尿毒症；胆结石可使胆管阻塞，胆汁排泄障碍，引起消化不良、黄疸、肝功能障碍等。细菌团块或恶性肿瘤引起的结石一般危害较大，易造成继发性感染、全身衰弱性综合征。

7.4　病理性色素沉着

病理性色素沉着是指组织中的色素增多或原无色素的组织有色素沉着。根据沉着色素的来源分为内源性色素沉着和外源性色素沉着，不同类别的病理性色素沉着发生的原因、机理、病理变化以及对机体的影响不完全相同，各有特点。

7.4.1　内源性色素沉着

内源性色素是指体内自身产生的色素。种类较多，包括胆红素、含铁血黄素、卟啉、黑色素、脂褐素等。

1）胆红素沉着

参见黄疸一章。

2）含铁血黄素沉着

含铁血黄素是一种由巨噬细胞吞噬红细胞后，由血红蛋白衍生形成的、含铁的、棕黄色或金黄色血红蛋白源性色素，是由铁蛋白微粒集结而成的非结晶性颗粒，大小不等，形状不一。正常时肝、脾和骨组织内有少量存在，若出现存在量过大时则是病理过程。

全身性含铁血黄素沉着称为含铁血黄素病，主要是由于循环血液中红细胞被大量破坏溶解所致；局灶性含铁血黄素沉着主要见于局部性出血，是巨噬细胞吞噬局部组织中的红细胞所致。如慢性心力衰竭或纤维素性肺炎时，肺泡中的红细胞被肺尘埃细胞吞噬后，在尘埃细胞内形成黄色或金黄色颗粒的心衰细胞，呼吸道分泌物呈淡棕色或铁锈色，严重时肺脏因含铁血黄素沉着过多而使整个肺脏呈淡棕色。

3）卟啉症

卟啉又称为无铁血红素，是血红素中不含铁的部分，属动物体内的一种正常色素。但当血液、尿液和粪中的卟啉色素升高并在组织内沉着时，则称为卟啉症。

卟啉症的病理特征是尿液、粪便和血液中含有卟啉色素，尿液呈红棕色至葡萄色，患病动物易患光敏性皮炎，皮肤红肿甚至形成水泡、坏死、结痂和大片脱落，其中以牛和鸭最明显，猪不敏感。骨骼、牙齿因多量卟啉色素沉着而呈棕色或棕褐色，软骨呈浅蓝色，骨膜、韧带及腱不着色，骨的结构无变化，因此，有"红牙病"之称，在猪又有"乌骨猪"之称，这有助于和其他色素沉着相区别。肝、脾、肾呈棕色或棕褐色，淋巴结肿大，切面中央部分呈棕褐色。光镜检查发现许多组织器官，如骨髓、肝、肾、脾等网状内皮细胞的胞浆中含有一种棕褐色颗粒状的卟啉色素，大小不等，形状不一。肝细胞、肾小管上皮细胞以及肾小管管腔内也有卟啉色素颗粒或团块。肾实质萎缩，间质增生，淋巴细胞和单核细胞浸润。

4）黑色素沉着

黑色素沉着是指正常不含黑色素的组织出现黑色素或正常存在黑色素的组织器官中黑色素含量增多的现象。常见的黑色素沉着有黑变病和黑色素瘤。

黑变病是指平时不存在黑色素的组织器官中异常沉着黑色素的现象，多见于幼畜。它的发生是由于胚胎期间成黑色素细胞异常出现于多种组织器官，出生后又不能自行消失。如胸膜、脑膜、肾或心脏等在胚胎时期出现局灶性黑色素沉着,这些部位的黑色素随动物年龄增长而逐渐消失,但如不消失或消失不完全则发生黑变病。眼观,黑变病组织器官呈黑色或褐色;镜检,黑色素颗粒为单个较小呈球形的棕色小体,大小不等。

黑色素瘤是由黑色素细胞所形成的良性肿瘤。多见于马和骡,也见于猪。多种组织均可发生,但多见于成黑色素细胞较多的皮肤、黏膜等组织。眼观,黑色素瘤呈黑色,圆形或椭圆形,切面呈烟灰色或黑色;镜检,见瘤细胞呈圆形、椭圆形或不规则形。瘤组织主要由黑色素瘤细胞团块构成,瘤细胞内含有大量分布不均的黑色素颗粒或黄褐色颗粒。瘤细胞核与黑色素颗粒混杂,不易区别。

5)脂褐素沉着

脂褐素是位于实质细胞胞浆内呈棕褐色颗粒状的一种不溶性脂类色素,是不饱和脂类由于过氧化作用而衍生形成的复杂色素。慢性消耗病和老龄人、动物的肝、肾、心肌细胞的胞浆中也有较多脂褐素出现,故有"消耗性色素"或"萎缩性色素"之称。

发生脂褐素沉着的器官常常发生萎缩和衰退,呈深棕色。镜检见胞浆内有棕褐色颗粒。发生这类色素沉着,一般认为是一种衰老的表现。

7.4.2　外源性色素沉着

外源性色素沉着是指矿物质或有机粉尘的化合物由体外经呼吸道、消化道和皮肤进入体内,在呼吸器官及其局部淋巴结沉着。这类物质包括碳末、硅末、铅末以及其他无机或有机的有色物质,人类的矽肺病、碳末沉着病、铁末沉着病、石末沉着病及石棉沉着病均是这些物质被人体长期吸入肺脏并沉着而引起的肺脏结构和功能障碍。

碳末沉着是家畜常见的一种外源性色素沉着病,多见于工矿区和城市的牛和狗,在组织器官中肺脏和有关淋巴结多发。空气中微小(直径小于 $5~\mu m$)的碳末或尘埃通过上呼吸道的防御屏障进入肺泡内,被肺尘埃细胞吞噬并沉积于细支气管周围和肺泡隔等肺间质中,部分被转运至肺门淋巴结。病变严重时,眼观可见肺脏的大片区域或全部均呈黑色,病变较轻时肺脏表面或切面有黑褐色纹理,肺门淋巴结呈不同程度的黑褐色或黑色。光镜下可见小的细支气管周围和肺泡隔中积聚大量黑色颗粒,这些颗粒多位于巨噬细胞内或游离于肺间质中。淋巴结碳末沉着常位于髓质和皮质淋巴窦的巨噬细胞内;肺淋巴结碳末沉着的巨噬细胞常密积成团块或连成片,严重时淋巴组织几乎被内含碳末的大量巨噬细胞所代替,甚至淋巴组织纤维化。

复习思考题 ▶

1. 名词解释:转移性钙化、营养不良性钙化、痛风、结石形成。
2. 叙述病理性钙化的分类、特点和病理变化。
3. 简述痛风发生的原因和机理以及痛风的病理变化。
4. 叙述病理性色素沉着的分类、病理变化。
5. 简述结石形成的原因、机理和动物常见性结石的主要特点。

第8章

缺　氧

本章导读:本章主要就缺氧的知识作相关阐述,内容包括缺氧的原因和类型、缺氧时机体的机能代谢变化及缺氧对机体的影响。通过学习要求掌握缺氧的概念、原因、类型和缺氧时机体代谢变化,熟悉缺氧对机体的影响。

机体组织器官氧供应不足或氧的利用过程发生障碍,引起代谢、机能和形态结构变化的病理过程称为缺氧。

缺氧是许多疾病过程中常见的病理过程,只要外呼吸(氧气经肺脏弥散入血)、氧气的血液运输以及内呼吸(细胞的生物氧化)3个环节中任何一个环节发生障碍,就会引起缺氧的发生。

缺氧时,为标明血液中含氧情况,常用的血氧检测指标包括:

(1)血氧分压(PO_2)

血氧分压是指以物理状态溶解在血浆内的氧分子所产生的张力,又称氧张力。正常时动脉血氧分压(PaO_2)为13.3 kPa(100 mgHg),静脉(PvO_2)约为5.33 kPa(40 mgHg)。PaO_2高低反映吸入气体中的氧分压和肺呼吸功能,当外界空气中氧分压下降,或呼吸障碍导致气体弥散入血降低时,PaO_2变小。PvO_2高低反映内呼吸的状态,取决于组织摄取氧和利用氧的能力。

(2)血氧容量

血氧容量是指在体外100 ml血液与空气充分接触后血红蛋白结合氧和溶解于血浆中氧的总量,即最大限度的氧含量。正常家畜的血氧容量为20 ml/dl。血氧容量取决于血液中血红蛋白的浓度和血红蛋白与氧结合的能力。

(3)血氧含量

血氧含量是指机体内100 ml血液内,血红蛋白结合氧和溶解于血浆中氧的实际总量。正常家畜动脉血氧含量约为19 ml/dl,静脉血氧含量约为14 ml/dl。血氧含量取决于动脉血氧分压和血红蛋白的质和量。

(4)血氧饱和度

血氧饱和度是指血氧含量与血氧容量的百分比。由于血氧含量与血氧容量均取决于血红蛋白结合的氧量,因此血氧饱和度即为血红蛋白饱和度。正常时动脉血氧饱和度约为95%,静脉血氧饱和度约为70%。

8.1 缺氧的类型、原因和主要特点

根据缺氧的原因和特点,可将缺氧分为以下 4 种类型。

8.1.1 外呼吸性缺氧(低张性缺氧)

当外界空气稀薄、厩舍通风不良等造成肺泡内氧分压不足或由于各种疾患,如肺脏疾患、呼吸道阻塞、呼吸肌麻痹、胸腔疾病、呼吸中枢抑制等造成呼吸功能障碍时都可引起外呼吸性缺氧。由于此型缺氧时,血液氧含量和血氧分压都低于正常水平,故又称低张性低氧血症,也称乏氧性缺氧。

外呼吸性缺氧的主要特点是:动脉血氧分压、氧含量及血氧饱和度均降低,故可视黏膜呈蓝色。静脉血氧分压、氧含量也降低,动静脉血氧含量差接近正常,但如动脉血氧分压太低,血氧弥散到组织内减少,可使动静脉血氧含量差缩小。血液中的 PCO_2 在空气中氧分压过低引起缺氧时降低,而在呼吸功能障碍引起的缺氧时则升高,在此型缺氧时血氧容量正常。

8.1.2 血液性缺氧(等张性缺氧)

血液性缺氧是由于血液携氧能力降低而引起的缺氧。多见于以下情况:

1)各种类型的贫血

由于血液内红细胞数和血红蛋白减少,结合氧的能力降低,致使血氧容量和血氧含量低于正常,携氧能力降低而引起缺氧。

2)血红蛋白结合氧的能力降低

这是指血红蛋白性质发生改变。常见于以下情况:

(1)一氧化碳中毒

一氧化碳与血红蛋白的亲合力比氧大 210 倍,一氧化碳中毒时,红细胞内的血红蛋白(Hb)与一氧化碳结合形成碳氧血红蛋白(HbCO),血红蛋白丧失与氧的结合能力,形成的碳氧血红蛋白比氧合血红蛋白解离速度慢 2 100 倍。一氧化碳还能抑制细胞内氧化酶,减少氧的释放,使组织不能利用氧,加重组织缺氧。

(2)高铁血红蛋白血症

高铁血红蛋白血症又称变性血红蛋白血症。当某些化学物质如亚硝酸盐、硝基苯化合物、氯酸钾或磺胺类药物中毒时,可使血红蛋白中的低铁(Fe^{2+})变成高铁(Fe^{3+}),形成高铁血红蛋白,致使血红蛋白失去携氧的能力,故血氧含量不足引起缺氧。

血氧变化特点:由于血红蛋白变性,结合氧减少,因此,动脉血氧分压正常,动脉血氧容量和血氧含量低于正常。由贫血所致的缺氧,血氧饱和度正常;由血红蛋白变性所致的缺氧,血氧饱和度降低。动、静脉氧差小于正常。碳氧血红蛋白呈樱桃红色,高铁血红蛋白呈咖啡色,这种变化对一氧化碳和某些化学物质中毒具有临床诊断意义。

8.1.3　循环性缺氧

当机体发生心力衰竭、休克或局部血管发生栓塞、痉挛、炎症及受到压迫,造成全身或局部血液循环障碍,组织的灌流量减少时,都可引起循环性缺氧。由于此型缺氧是因组织血流量减少所引起,故又称为低血流性缺氧。其中,因动脉血流入组织不足发生的缺氧称为缺血性缺氧,因静脉血回流受阻发生的缺氧称为瘀血性缺氧。

循环性缺氧的主要特点是:动脉血氧容量、血氧含量、血氧分压及血氧饱和度均正常。当血流缓慢、血液在毛细血管中停留时间长、组织从血管内摄取氧量增多,使静脉血的血氧含量、血氧分压和血氧饱和度都降低,动静脉血氧含量差变大。可视黏膜因毛细血管内氧合血红蛋白减少而发绀。

8.1.4　组织中毒性缺氧

当机体发生某些毒物中毒,使组织细胞的生物氧化过程发生障碍,不能充分利用氧时,可引起组织中毒性缺氧。例如,氰化物中毒时,氰化物中的氰基可迅速与氧化型细胞色素氧化酶中的三价铁结合为氰化高铁细胞色素氧化酶,后者不能还原成还原性细胞色素氧化酶,而失去传递电子的能力,使呼吸链中断,组织不能利用氧。再如,当某些参与生物氧化酶组成的维生素(如维生素 B_2 是黄素酶的组成成分,维生素 PP 是脱氢酶中辅酶的组成成分等)缺乏时,可导致相应的生物氧化酶合成减少,引起组织中毒性缺氧。此外,当机体组织发生水肿使氧气在组织内弥散障碍时,也可引起组织缺氧。

组织中毒性缺氧时的主要特点是:动脉血氧容量、血氧含量、血氧分压及血氧饱和度均正常,而静脉血氧含量、血氧分压和血氧饱和度明显高于正常,故动静脉血氧含量差变小。

在具体疾病过程中,上述 4 种类型的缺氧,往往是相互联系、相互影响或混合发生的,如心功能不全时,既可引起循环性缺氧,又可因肺瘀血、水肿而发生外呼吸性缺氧。

8.2　缺氧时机体机能与代谢变化

8.2.1　呼吸系统的变化

呼吸系统的变化因缺氧的类型和程度不同而异。低张性缺氧时,因血氧分压降低,刺激颈动脉体和主动脉体的化学感受器,反射性地引起呼吸加深、加快,肺通气量增大;同时,深快的呼吸使胸腔运动增强,可增加静脉回流量和肺血流量。这些均有利于氧弥散入血及氧在血中的运送,起到代偿作用。另一方面,呼吸深快又可排出较多的二氧化碳,导致呼吸性碱中毒,并通过反射作用抑制呼吸,使呼吸运动在增强之后又减弱。另外,在严重缺氧时,非但不引起通气增强,反而损害和抑制呼吸中枢,使呼吸运动减弱,出现周期性呼吸,甚至呼吸停止。

在因贫血、失血等原因引起的等张性缺氧时,由于血氧分压正常,故呼吸加强的变化不明显。

8.2.2 循环系统的变化

缺氧时心脏机能的变化：缺氧初期,交感—肾上腺髓质系统兴奋,肾上腺素、去甲肾上腺素分泌增多,作用于心肌细胞膜 β-肾上腺素能受体,可引起心肌兴奋性增高,使心肌收缩力加强,心率加快;同时呼吸运动加强和静脉回流增加,使心输出量增加,以进行代偿。当发生严重缺氧时,由于心肌氧供应不足和代谢性酸中毒的影响,可使心肌收缩力减弱,心输出量减少,甚至引起心力衰竭及心肌变性、坏死等形态学变化。

缺氧对血管机能的影响：在缺氧初期,由于动脉血 PO_2 降低,反射性引起交感神经兴奋,肾上腺素分泌增加,使皮肤和腹腔脏器血管收缩,放出贮血,以增加循环血量,而脑和心肌的血管则扩张,血流量增多,即发生血流重新分配,从而保证心、脑的血液供应。在慢性缺氧时,由于组织内酸性代谢产物增多,刺激毛细血管增生,增加毛细血管密度,从而改善组织的血氧供应。

此外,缺氧时肺血管的机能变化受肺泡气氧分压的影响,当肺泡气氧分压降低时,可引起该处肺小动脉收缩,这可使血液流向肺泡气氧分压较高的血管,有利于氧的弥散,具有适应意义。但如果发生较大范围的肺缺氧时,造成肺血管广泛而持久的收缩,使肺动脉压升高,就会增加右心负荷,导致右心肥大甚至衰竭。

8.2.3 血液系统的变化

（1）缺氧可使血液内红细胞数和血红蛋白含量增多

急性缺氧时,由于交感神经系统兴奋,可使脾脏等储血器官血管收缩,释放储存的血液入体循环,使循环血量增多。慢性缺氧时,由于动脉血 PO_2 降低,刺激肾脏产生和释放红细胞生成酶增多,它作用于血浆中肝细胞产生的促红细胞生成素原,使之转变为促红细胞生成素,后者可使骨髓内的原血细胞分化为原红细胞,并使之进一步增生和成熟,导致红细胞生成和释放入血增多。血液中红细胞数量增多,可提高血氧容量,具有代偿能力。但红细胞过多,又可增加血液的黏滞性,使血流阻力加大,增加心脏的负担。长期严重缺氧时,会抑制骨髓的造血机能,如同时有合并感染及营养不良等现象,血液中的红细胞不但不增多,甚至会减少。

（2）缺氧时氧离曲线右移

氧离曲线右移会使血红蛋与氧的亲和力降低,有利于在缺氧情况下供给组织较多的氧。这是由于在缺氧时,红细胞内 2,3-二磷酸甘油酸（它是红细胞内糖无氧酵解的中间产物）增多,它可与还原（脱氧）血红蛋白结合,降低血红蛋白与氧的亲和力。此外,如果缺氧时伴有高碳酸血症和代谢性酸中毒,则氧离曲线右移更显著。

（3）缺氧时皮肤和可视黏膜发绀

缺氧时,如果还原血红蛋白超过 5 g 就会在皮肤和可视黏膜呈现发绀现象。但在贫血或组织中毒性缺氧时,不出现发绀。另外,当皮肤、黏膜血管收缩时,由于血流量很少,虽有严重缺氧,发绀也不明显。

8.2.4 中枢神经系统的变化

中枢神经系统对缺氧最敏感,这是因为脑组织是需能多、耗氧量大的器官,脑血流量

占心输出量的15%,耗氧量占机体总耗氧量的23%,而且其生理活动所需能量的90%左右来自葡萄糖的有氧氧化。在缺血性缺氧的初期,脑血管扩张,使血流量增多,大脑皮层兴奋性增强,具有一定的代偿意义,但如果缺氧加重或发生急性缺氧时,可使中枢神经系统迅速出现功能紊乱和脑组织的病理形态学变化。功能紊乱表现为兴奋不安、运动失调、痉挛抽搐、肌肉无力、感觉迟钝、昏迷死亡。病理形态学变化除神经细胞变性、坏死外,还表现为因缺氧导致能量不足,神经细胞膜上的钠泵失灵,细胞内钠离子增加,吸水性增强和由于缺氧与酸中毒使毛细血管的通透性增高,而引起脑组织水肿。脑组织水肿的发生可引起颅内压升高压迫小血管,使血流量减少,从而使脑组织缺血、缺氧加重,形成恶性循环。在慢性缺氧时,动物表现为精神沉郁,肌肉乏力,反应迟钝等。

8.2.5 组织和细胞的变化

缺氧时,组织和细胞的变化取决于其对缺氧的敏感程度和缺氧的程度与持续时间。一般神经细胞对缺氧最敏感,其次为心肌细胞、肝细胞和肾小管上皮细胞。通常在慢性缺氧时,可使组织内开放的毛细血管数增多,以利于向组织细胞运送足够的氧。同时,细胞内线粒体数目和膜的表面积增加,氧化还原酶如琥珀酸脱氢酶的活性增高,可增强组织利用氧的能力。另外,缺氧时,骨骼肌的肌红蛋白含量增多,也有利于氧的储备和释放。但缺氧也可使细胞内的无氧酵解过程增强,乳酸生成增多,引起代谢性酸中毒。严重缺氧时,可引起组织细胞的代谢和机能紊乱,导致细胞变性、坏死。

机体对缺氧的耐受性,受缺氧的原因和类型、发生速度、严重程度、持续时间等因素的影响。例如,当氰化物中毒引起急性中毒性缺氧时,可迅速使细胞内的呼吸链中断,组织不能利用氧,几分钟内即可致动物死亡。而当发生慢性马传贫引起贫血性缺氧时,由于缺氧发生速度慢,机体通过红骨髓增生以及髓外造血现象进行代偿,缺氧症状往往不明显。另外,缺氧时机体本身的年龄、营养状况、机能代谢状态和有无并发证等差异,也会使机体对缺氧的耐受性各异。一般,老年动物由于肺部的通气量和氧的弥散量均减少,对缺氧的耐受力较低,而幼龄动物由于中枢神经系统代谢率低,心肌的糖原含量较高,缺氧时脑组织内糖代谢转变为无氧酵解的能力比较强,故对缺氧的耐受力较高。当动物处于兴奋状态,代谢机能活动亢进时,由于代谢率升高,耗氧量增大,患畜对缺氧敏感,耐受力低;而当中枢神经系统兴奋性降低或处于抑制状态时,则其对缺氧的耐受性较大。此外,经过驯化和锻炼的动物,对缺氧的耐受性增强。

复习思考题

1. 什么是缺氧? 缺氧的原因和类型有哪些?
2. 缺氧对机体的影响有哪些?

第9章
休 克

本章导读: 本章主要就休克的知识作相关阐述,内容包括休克的概念、原因、类型、分期、发生机制、临床表现、细胞和主要器官功能代谢变化及防治原则。通过学习要求掌握休克的概念原因、类型、分期、临床表现、防治原则,了解其发生机制、细胞和主要器官功能代谢变化。

9.1 休克的概念、原因、分类

9.1.1 休克的概念

休克是英语"shock"的音译,原意是震荡或打击。休克是机体在受到各种有害因子作用后发生的,以组织灌流量急剧降低为特征,并导致细胞功能障碍、结构损伤和各重要器官功能代谢紊乱的复杂的全身性病理过程。其典型的临床表现为可视黏膜苍白、四肢厥冷、血压下降、脉细速、呼吸加速和尿量减少,反应迟钝,甚至昏迷等。

9.1.2 病因与分类

(1)低血容量性休克

此症常见于大失血、严重创伤、烧伤、长期腹泻、严重呕吐等所致血浆或其他体液丧失。

(2)感染性休克

此症常见于细菌、病毒、立克次氏体等病原微生物感染,因常伴有败血症,故又称败血性休克。

(3)过敏性休克

此症常见于药物(如青霉素)、血清制剂或疫苗注射的过敏反应。

(4)急性心力衰竭

此症常见于心肌梗死、急性心肌炎、心脏压塞(心包填塞)及严重的心律失常。

(5)强烈的神经刺激

此症常见于剧烈疼痛、高位脊髓麻醉或损伤。

（6）创伤

创伤常见于严重的外伤，如骨折、挤压伤、战伤、外科手术创伤等。

9.2 休克的分期、发病机制、临床表现

按微循环障碍学说的观点，休克是由于有效循环血量减少，引起重要生命器官血液灌流不足和细胞功能紊乱。现以典型的失血性休克为例，根据血流动力学和微循环变化的规律，将休克的发生、发展过程分为3个时期（图9.1）。

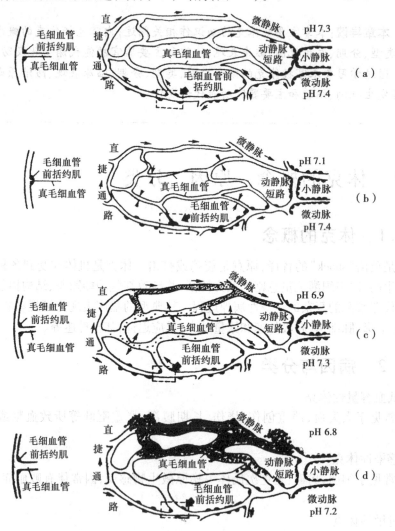

图9.1　休克各期微循环变化示意图

（a）正常；（b）缺血性缺氧期；（c）瘀血性缺氧期；（d）DIC期

9.2.1　休克早期（缺血性缺氧期——Ⅰ期）

1）微循环灌流变化

在休克早期微循环灌流变化的特点是以缺血为主。全身的小血管,包括小动脉、微动脉、后微动脉、毛细血管前括约肌和微静脉、小静脉都持续收缩或痉挛,口径明显变小,其中主要是毛细血管前阻力(由微动脉、后微动脉和毛细血管前括约肌组成)增加显著,微血管运动增强;同时大量真毛细血管网关闭,此时微循环内血流速度显著减慢,开放的毛细血管减少,毛细血管血流通过直捷通路,动—静脉吻合支回流。这样,组织灌流量减少,出现少灌少流、灌少于流的情况,因此该期为缺血性缺氧期。

2）微循环障碍的机制

引起微循环缺血的关键性变化是交感—肾上腺髓质系统兴奋。交感—肾上腺髓质系统兴奋,使儿茶酚胺大量释放入血,休克时血中儿茶酚胺含量比正常高几十倍甚至几百倍,这是休克早期引起小血管收缩或痉挛的主要原因。

但是对不同器官的血管,交感神经兴奋和儿茶酚胺增多的作用却有很大的差别。皮肤、腹腔内脏、骨骼肌和肾的血管,交感神经兴奋和儿茶酚胺增多时,这些部位的小动脉、小静脉、微动脉、微静脉和毛细血管前括约肌都发生收缩,其中以微动脉和毛细血管前括约肌的收缩最为强烈。结果是毛细血管的前阻力明显升高,毛细血管前、后阻力比值增大,微循环灌流量急剧减少,毛细血管的平均血压显著降低,只有少量血液经直捷通路和少数真毛细血管流入微静脉,该处的组织因而发生严重的缺血缺氧。脑血管在交感神经兴奋、儿茶酚胺增多时,脑血管的口径并无明显的改变。心脏冠状动脉在交感神经兴奋和儿茶酚胺增多时反而扩张。

3）微循环变化的意义

休克Ⅰ期各方面的变化,一方面引起了皮肤、肾、腹腔内脏、骨骼肌等许多器官的缺血缺氧,心脏活动加强也可使心肌耗氧量增加而引起相应的冠状动脉流量不足,以致心肌也可发生一定程度的缺氧;另一方面,却有重要的代偿意义,因此该期称为代偿期。代偿意义表现在以下几个方面:

(1)增加回心血量维持动脉血压

本期休克动物的动脉血压可不降低,甚至略有升高。

(2)微循环反应的不均一性导致血液重新分布

保证了心、脑重要生命器官的血液供应。

4）临床表现

患畜可视黏膜苍白、四肢冰凉、出冷汗、脉搏细速、血压正常或略升高、尿量减少、神志清楚、烦躁不安。

9.2.2　休克期（瘀血性缺氧期——Ⅱ期）

如果休克的病因未能及时除去,病情继续发展,交感—肾上腺髓质系统长期过度兴奋,组织持续缺血和缺氧,休克可发展到休克Ⅱ期,即瘀血性缺氧期或称休克期。

1）微循环及组织灌流改变

本期微循环的特征是瘀血。微动脉和毛细血管前括约肌的收缩逐渐减退甚至舒张，微静脉血流缓慢，红细胞聚集，白细胞滚动、贴壁嵌塞，血小板聚集，血黏度增高，微血流动态的改变，引起毛细血管的后阻力大于前阻力，组织血液供应灌入多而流出少。毛细血管中血流瘀滞，部分血管失去代偿性紧张状态，故又称为瘀血性缺氧期。研究发现，失血性休克持续一定时间，内脏微循环中毛细血管床对儿茶酚胺的反应性降低，微动脉和后微动脉痉挛也较前减轻，此时血液大量涌入真毛细血管网，内脏微循环血液灌流出现灌多而流少，处于瘀滞状态，组织严重缺氧。

2）微循环瘀血的机制及对机体的影响

（1）酸中毒

休克早期微循环的持续性缺血和缺氧引起组织 CO_2 和乳酸堆积，发生酸中毒。因为微动脉和毛细血管前括约肌对酸中毒的耐受性较差，所以对儿茶酚胺等缩血管物质的反应性首先丧失而开始松弛；微静脉、小静脉对酸中毒的耐受性较强，所以在缩血管物质的作用下继续收缩。结果毛细血管网大量开放，微循环处于灌多于流的状态，大量血液淤积在毛细血管中，回心血量急剧减少，再加上外周阻力因微动脉等阻力血管的扩张而降低，因而动脉血压显著降低。动脉血压的降低，一方面将使心、脑的血液供应严重不足；另一方面也将使全身各器官微循环的动脉灌流量进一步减少，因而缺氧、酸中毒更加严重，如此形成恶性循环，使病情不断恶化。

（2）局部扩血管产物增多

严重的缺血、缺氧及酸中毒刺激肥大细胞脱颗粒释放组胺增多；ATP 分解的产物腺苷增多；细胞分解时释出的 K^+ 增多，组织间液渗透压增高；激肽类物质生成增多，这些都可以造成血管扩张。

（3）内毒素作用

内毒素可激活机体释放多种生物活性物质，引起血管扩张，导致持续性低血压，从而进一步加重微循环障碍。

（4）血液流变学的改变

导致大量生物活性因子释放，加重微循环瘀血。

3）临床表现

血压进行性下降，心搏无力，因脑血流量不足，患畜神智由淡漠转入昏迷，肾血流量严重不足出现少尿甚至无尿，脉搏细弱频速。静脉塌陷，皮肤紫绀。

9.2.3　休克晚期（衰竭期）

1）微循环的变化

本期微循环中血流更加缓慢，血液进一步浓缩，血细胞聚集，血管内皮细胞严重受损，大量微血栓阻塞微循环（DIC）；随后由于凝血因子耗竭，纤溶活性亢进，而血流停止，组织得不到足够的氧气和营养物质供应，可出现多部位不同程度的出血，微血管麻痹性扩张，对血管活性物质失去反应，因此又称为 DIC 期或微循环衰竭期。

2）微循环改变的机制

休克晚期发生 DIC 的机制主要与以下因素有关：

（1）血液流变学的改变

微循环瘀血的不断加重，血液浓缩，血浆黏度增大，导致微循环中血流更加缓慢，使血小板和红细胞较易于聚集形成团块等。这些血液流变学的改变，不仅加重微循环障碍使组织缺氧，而且还促进 DIC 的发生。

（2）血管内皮细胞损伤

严重缺氧、酸中毒或内毒素等都可损伤血管内皮细胞，暴露胶原纤维，从而激活内源性凝血系统和外源性凝血系统。

（3）组织因子释放入血

创伤、烧伤等所致的休克，常有大量组织被破坏，使组织因子释放入血，激活外源性凝血系统；感染性休克时，内毒素也可使中性粒细胞合成并释放组织因子，因而也可启动外源性凝血系统。

（4）其他促凝物质释放

例如异型输血导致休克时，红细胞大量破坏而释放出的 ADP（二磷酸腺苷）可触动血小板释放反应，使血小板第三因子大量入血而促进凝血过程。

3）微循环改变的后果

（1）DIC 及其后果

休克一旦并发 DIC，将使休克病情进一步恶化，并对微循环和各器官功能产生严重影响，这是因为微循环的阻塞进一步加重微循环障碍，并使回心血量锐减。凝血物质消耗、纤溶系统被激活等因素引起出血，使循环血量更加减少而加重循环障碍。纤维蛋白（原）降解产物和某些补体成分增加血管通透性，加重了微血管舒缩功能紊乱。器官栓塞、梗死及出血，加重了器官急性功能衰竭。这样就给治疗造成极大的困难。

（2）重要器官功能衰竭

由于微循环瘀血的不断加重和 DIC 的发生，以及全身微循环灌流量的严重不足，全身性缺氧和酸中毒，使细胞受损乃至死亡，各重要器官包括心、脑、肝、胰、肾的功能、代谢障碍愈加严重，可出现多器官功能障碍甚至衰竭。

4）临床表现

此期主要表现为昏迷，全身皮肤有出血点或出血斑，四肢厥冷，血压极度下降，少尿、无尿，脉搏弱，呼吸不规则，各器官功能障碍等。

9.3　休克时细胞和主要器官的功能和代谢变化

9.3.1　细胞代谢障碍

休克时微循环严重障碍，细胞供氧不足，组织低血流和细胞供氧减少，导致细胞无氧酵解增强，乳酸生成显著增多，造成局部酸中毒。由于能量不足，钠泵及钙泵失灵，细胞内钠、水和钙增多，导致细胞水肿和高钾血症。休克时细胞代谢障碍引起细胞膜、细胞器

正常功能下降,酶活性改变,进一步刺激机体产生释放多种炎症介质、细胞因子,造成细胞损伤、变性、坏死、凋亡。

9.3.2　重要器官功能衰竭

(1)急性肾功能衰竭

各种类型休克常有伴发急性肾功能衰竭,称为休克肾。临床表现为少尿、氮质血症、高钾血症及代谢性酸中毒。休克肾是休克难治的重要原因之一。

休克时由于肾血液灌流不足,机体明显的少尿甚至无尿。最初没有发生肾小管坏死时,当恢复血液灌流后,肾功能仍可恢复;当持续时间过长,可引起急性肾小管坏死,此时即使纠正了休克,恢复了肾灌流,肾功能也很难恢复。

(2)急性呼吸功能衰竭

一般发生在休克后期。这是引起休克动物死亡的一个直接原因。由急性呼吸衰竭死亡动物的肺称休克肺。其形态特征是肺重量增加,呈红褐色,有充血、水肿、血栓形成及肺不张,可有肺出血和胸膜出血,肺泡内有透明膜形成。

(3)心功能障碍

除心源性休克外,其他类型休克早期,心脏功能一般无显著的影响。但是随着休克的发展,有可能伴发心功能障碍甚至急性心力衰竭,并可产生心肌局灶坏死和心内膜下出血。

(4)脑功能障碍

休克早期,由于血液的重分布和脑循环的自身调节,保证了脑的血液供应,因而除了因应激引起的烦躁不安外,没有明显的脑功能障碍表现。但是,随着休克的发展,脑的血液供应因全身动脉血压降低而显著减少,脑的血液循环障碍加重,脑组织缺血缺氧,患畜神志淡漠,甚至昏迷。有时,脑组织缺血、缺氧及合并酸中毒,使脑血管通透性增高,可以引起脑水肿和颅内压升高。

(5)消化道和肝功能障碍

休克时流经腹腔内脏的血流量减少,引起胃肠道和肝脏的缺血、缺氧、瘀血和 DIC 形成,发生功能紊乱。肠壁水肿,消化腺分泌抑制,胃肠运动减弱,黏膜糜烂,有时形成应激性溃疡,肠道细菌大量繁殖。在上述病理情况下,肠道屏障功能严重削弱,大量内毒素及细菌可以入血,引起大量炎症介质释放导致全身性炎症反应综合征,从而使休克加重。

休克时肝缺血,瘀血常伴有肝功能障碍,一方面由肠道入血的细菌内毒素不能被充分解毒,引起内毒素血症;另一方面乳酸也不能转化为葡萄糖或糖原,加重了酸中毒,这些改变促使休克恶化。

(6)多系统器官功能衰竭

多系统器官功能衰竭是休克患畜死亡的重要原因。各种类型休克中,感染性休克时多系统器官功能衰竭发生率最高。多系统器官功能衰竭体内病理性变化复杂,治疗比较困难,死亡率高。

9.4　休克的防治原则

9.4.1　病因学防治

积极防止促进休克的原发病,去除引起休克的原始病因。采取相应的有效措施以对抗感染、出血、疼痛等能促进并加重休克的因素。

9.4.2　发病学治疗

(1)扩充血容量

各型休克都存在有效循环血量绝对或相对不足,最终导致组织灌流量减少。因此,除了心源性休克外,补充血容量是提高心排血量和改善组织灌流的根本措施,而且强调及时和尽早,以免病情恶化。因为休克进入微循环瘀滞期,病情也更严重,需补充的量会更大。正确的输液原则是"需多少,补多少",采取充分扩容的方法。

(2)纠正酸中毒

由于休克时缺血和缺氧,导致乳酸蓄积,引起酸中毒,根据酸中毒的程度及时补碱纠酸可减轻微循环的紊乱和细胞的损伤。如酸中毒不纠正,由于酸中毒时 H^+ 和 Ca^{2+} 的竞争作用,将直接影响血管活性药物的疗效,也影响心肌收缩力。酸中毒还可以导致高钾血症。

(3)合理使用血管活性药物

在纠正酸中毒的基础上使用血管活性药物,以提高心功能、血容量和降低血管阻力。

(4)细胞损伤的防治

休克时细胞损伤有的是原发的,有的是继发于微循环障碍之后。改善微循环是防止细胞损伤的措施之一,此外尚可用稳膜和能量补充的方法治疗,如用糖皮质激素保护溶酶体膜;用山莨菪碱除了能保护细胞膜外,尚能抑制内毒素对细胞的损伤。

(5)防止器官功能衰竭

休克时出现 DIC 及重要器官功能衰竭,除采取一般的治疗外,还应针对不同器官衰竭采取不同的治疗措施。如出现急性心力衰竭时,除了停止和减少补液外,尚应强心、利尿,并适当降低前、后负荷;如出现休克肺时,则正压给氧,改善呼吸功能;如出现肾功能衰竭时,应尽早利尿,防止出现多系统器官功能衰竭。

复习思考题 ▸

1. 简述休克的概念及类型。
2. 简述休克的分期及微循环变化、各期临床表现。
3. 简述休克的防治原则及方法。

第10章
黄　疸

> **本章导读**：本章主要就黄疸的有关知识作阐述，内容包括胆色素的代谢机理、黄疸的原因、类型、发生机理。通过学习要求掌握黄疸的概念、原因和类型，熟悉胆色素正常的代谢及黄疸对机体的影响。

黄疸是由于胆红素代谢障碍，血液中胆红素含量过高，使机体组织（黏膜、体液、皮肤、巩膜、浆膜及实质器官）黄染的病理过程。黄疸作为一种症状可见于许多种疾病。有时血液中胆红素浓度已超过正常，而机体组织暂未出现黄染，称为隐性黄疸；有时却是由于皮肤出现黄染后消退较慢，常常血液中胆红素已恢复正常，而皮肤黄染仍然会持续一段时间。

10.1　胆色素的正常代谢

黄疸的发生与胆红素的代谢密切相关，要搞清楚黄疸的发生机理，首先应弄清楚胆红素的代谢过程。

1）胆红素的生成

胆红素主要来源于血红蛋白（占总来源的80%～90%）；其次来源于血红蛋白以外的物质。例如，骨髓中的有核红细胞、网状细胞在未进入血液循环前被破坏，以及细胞色素、肌红蛋白等含有血红素的色素蛋白被破坏所产生的胆红素。

正常动物红细胞的平均寿命为120 d，每天大约有1%的循环性红细胞衰老而发生破坏和更新。衰老、破坏的红细胞主要在脾脏、肝脏和骨髓内被单核巨噬细胞吞噬，然后释放出血红蛋白，血红蛋白进一步分解为珠蛋白和血红素。珠蛋白分解为氨基酸，可被机体重新利用。血红素在细胞内质网血红素氧化酶的催化下，脱去铁，降解生成胆绿素。其中铁也可被机体再利用；胆绿素在胆绿素还原酶作用下被还原成胆红素。这种在单核细胞体内形成的胆红素称游离胆红素。由于它未经肝细胞处理，在分子结构上没有与葡萄糖醛酸结合，又可称为非结合胆红素或非酯型胆红素；又因为在实验室做胆红素定性实验时，这种胆红素不能和重氮试剂直接反应，必须先用酒精处理后方能和重氮试剂反应，呈现紫红色，所以又称其为间接胆红素。间接胆红素具有脂溶性和易透过生物膜等特点，因此当其释入血液后，马上与血液中的白蛋白（少量与β-球蛋白）结合而变成易溶于水、不易透过生物膜的物质而溶于血清中，并随血液入肝进行代谢。存在于血液中的间接胆红素,由于与血浆蛋白结合牢固,难以从肾小球血管基底膜滤出,故尿中无间接胆红素。

2)肝脏对胆红素的处理

肝脏是胆红素代谢的主要场所,其代谢过程主要包括摄取、结合、排泄3个环节。

（1）摄取

与白蛋白结合的间接胆红素随血循入肝后,首先脱去白蛋白,然后经肝细胞表面的微绒毛而进入肝细胞内,经肝细胞内特殊的载体蛋白 Y 蛋白和 Z 蛋白,运载到滑面内质网进行处理。

（2）酯化

在肝细胞的滑面内质网内,胆红素在多种酶的作用下（主要是葡萄糖醛酸转移酶、硫酸转换酶）,绝大部分胆红素与葡萄糖醛酸结合形成胆红素葡萄糖醛酸酯,少部分与硫酸结合成胆红素硫酸酯,这种胆红素称为结合型胆红素或酯型胆红素;又因为结合型胆红素可以直接与重氮试剂反应而呈紫红色,所以又称为直接胆红素。直接胆红素具有水溶性和不易透过生物膜的特性,但它能透过肾小球毛细血管膜,因此入血后很快便经肾小球滤过而随尿排出。

（3）排泄

结合型胆红素形成后,便离开肝细胞的内质网移至毛细胆管与胆固醇、胆酸盐等胆汁成分一起排入肠腔。

3)胆红素在肠道内的转化

结合型胆红素入肠腔后,在肠道菌群的作用下被还原成无色的粪（尿）胆素原。粪（尿）胆素原大部分随粪便排出体外,遇空气后被氧化成粪胆素,呈黄褐色,构成粪的主要颜色;另一部分被肠壁再吸收入血,经门静脉入肝。后一部分入肝后又有两种归路:大部分在肝细胞内重新合成结合型胆红素,再随胆汁排出肠管,进行肠肝循环;另一小部分则不经肝处理而直接进入体循环,经肾小球滤过入尿,见空气后被氧化成尿胆素,使尿液呈微黄色（图10.1）。

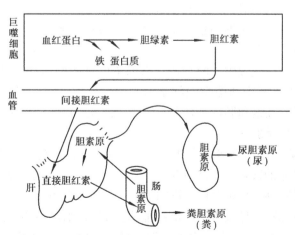

图10.1 正常胆色素代谢

在正常情况下,体内胆红素的生成和肝脏对胆红素的处理是一种动态平衡。因此,

血液中胆红素的含量是相对衡定的。但是在疾病过程中,胆红素代谢的某一或几个环节发生障碍,这样便破坏了胆红素代谢的动态平衡,导致血液中胆红素含量增高,当达到了一定浓度后便出现黄疸。

10.2　黄疸的原因、类型、发生机理

导致黄疸发生的原因很多,也很复杂,但就其本质来说有以下 3 个原因:

①胆红素生成过多。

②肝胆对胆红素处理障碍。

③胆红素排泄障碍。

本节依据胆红素蓄积的不同机理,以肝脏为中心把黄疸分为肝前性黄疸、肝性黄疸、肝后性黄疸 3 种类型。

1)肝前性黄疸

肝前性黄疸是由于胆红素生成过多所致,常见于红细胞破坏过多;偶见于"旁路性"胆红素产生过多。

(1)红细胞破坏过多

此型黄疸又称溶血性黄疸。主要是由于红细胞本身内在的缺陷(如缺乏一些酶类)、血红蛋白变性、红细胞受外源性因素(如烧伤、蛇毒、化学药品等)损害、免疫性因素(异型输血、溶血病、自身免疫性溶血、药物过敏)引起的溶血等,使红细胞大量破裂,释出大量血红蛋白,使血液中非酯型胆红素含量增多,若超出肝细胞处理能力时则发生黄疸。此外,脾脏功能亢进时,使红细胞的破坏增加,如肝脏不能及时处理,血液中间接胆红素浓度增高,也导致黄疸的发生。

(2)"旁路性"胆红素产生过多

主要原因是由于未成熟的红细胞被大量破坏或未参与造血的血红蛋白大量进入外周血液循环,导致"旁路性"胆红素在血液内浓度增高。当超过肝脏正常处理能力时则发生黄疸。本型黄疸常见于恶性贫血、再生障碍性贫血等。此外,肌红蛋白、过氧化氢酶、过氧化酶、细胞色素等含有卟啉的色素蛋白在肝内转化生成胆红素,也可引起血液中胆红素浓度增高,而发生黄疸。

肝前性黄疸的特点:血液中非酯型胆红素的浓度显著增高,血清胆红素定性实验呈间接反应阳性。由于血液中非酯型胆红素增多,肝脏对其处理的量也比正常时有所增加,排入肠管的酯型胆红素和肠内形成粪(尿)胆素原也增加,因此随粪尿排出的胆素原亦增加,导致粪尿的色泽加深。

肝前性黄疸一般来说病畜各部分组织的黄染程度相对较轻(相对其他类型黄疸而言)。如果机体红细胞的破坏并不严重时,一般对机体影响不大,但如果大量红细胞被破坏引起严重的溶血性黄疸时,则对机体影响很大。主要有以下两个原因:

①大量红细胞被破坏,导致机体严重贫血,组织缺氧,血红蛋白尿。

②浓度过高的非酯型胆红素有很大毒性,当缺氧过程损害了血脑屏障,便透过血脑屏障与神经细胞的线粒体结合,抑制神经细胞内氧化磷酸化过程,使脑组织能量产生障碍,从而影响脑组织的正常活动,进而影响机体其他器官的正常生理机能(图 10.2)。

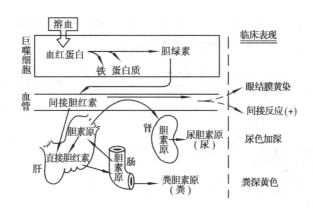

图10.2 溶血性黄疸机理与临床表现

2）肝性黄疸

肝性黄疸主要是指各种原因导致肝脏对胆红素的处理功能障碍。

（1）摄取障碍

导致肝细胞摄取障碍的原因很多，如肝细胞不易透过、肝细胞内载体蛋白功能差或载体蛋白数量不足可导致胆红素摄入量减少，使胆红素滞留在血液中，导致黄疸的发生。

（2）结合障碍

胆红素被摄入肝细胞后，在其滑面内质网上，在葡萄糖醛酸转移酶催化下与葡萄糖醛酸结合，形成直接胆红素。在某些病理条件下，如肝炎或肝中毒时，不仅肝细胞受损伤，有时还会抑制葡萄糖醛酸转移酶的活性或葡萄糖醛酸的生成。这些均会降低葡萄糖醛酸与胆红素的结合，影响肝脏对胆红素的处理功能。

（3）排泄障碍

胆红素在肝细胞内经过处理后排入毛细胆管，然后经过各级胆管逐步自肝内向肝外排泄。如果这一过程的任何一处发生胆汁的排泄障碍，便会导致酯型胆红素在肝内和血内的蓄积，进而导致黄疸的发生。机体是一个相互联系的统一整体，上述3个环节并非是孤立的，它们往往是相互联系的，黄疸的发生往往是3种原因相辅相成的结果。如当肝细胞由于生物性或化学性因素而受到损伤时，往往引起肝细胞的摄取障碍，而且肝细胞分泌胆红素的机能也发生障碍，通过反馈作用，又抑制了葡萄糖醛酸转移酶的活性，引起了结合障碍；同时通过肝细胞内溶酶体的作用使酯型胆红素发生解离，导致血液中非酯型胆红素含量升高，引起黄疸。

肝性黄疸的特点：血液中结合型胆红素和非结合型胆红素浓度均升高，血清胆红素定性试验呈双相反应阳性。由于血清内结合型胆红素可通过肾小球膜直接由尿排出，加之随胆汁进入肠腔的胆红素以尿（粪）胆素原的形式被吸收入血后，大部分不经肝细胞处理而直接由尿排出，因此尿的颜色加深；但此时因排入肠管内的胆汁减少，肠内的粪胆素原形成量减少，所以粪便的色泽变淡。

肝性黄疸时，由于肝细胞变性、坏死及毛细胆管的破损，常有部分胆汁流入血液，病畜常有轻度兴奋、血压稍降低、消化不良等症状，也往往因肝脏的解毒机能降低而引起自体中毒（图10.3）。

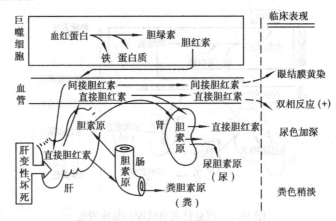

图 10.3　实质性黄疸机理与临床表现

3）肝后性黄疸

肝外胆管因各种原因（如结石、寄生虫等）而发生完全或不完全阻塞后，整个胆道系统内压就因胆汁淤积而显著升高，胆红素因而返流入血所引起的黄疸，称肝后性黄疸，又叫阻塞性黄疸。

胆红素返流的原因有两个：一是因为胆道内压升高时，连接毛细胆管与细胆管的闰管发生机械性破裂，胆红素便直接流入淋巴，然后进入血液；二是胆道内压升高使肝细胞的胆汁排泄障碍，胆红素通过肝细胞返流入血。肝后性黄疸时，除胆红素返流入血外，胆汁酸盐、胆固醇和碱性磷酸酶等胆汁的其他成分也返流入血，使它们在血清中的浓度显著升高。

肝后性黄疸随胆管阻塞的程度及阻塞后病程长短的不同，其变化也有差异。阻塞早期，由于酯型胆红素不断随尿排出，因此血清胆红素含量在相当一段时间内可以波动于较高水平而不继续升高。胆管阻塞早期虽有黄疸出现，但肝脏对胆红素的摄入、运载、酯化以及分泌功能多无明显影响，肝细胞也无明显的病理变化。如胆汁瘀滞持续时间过久，胆管系统将出现不可恢复的断裂性变化，严重者可引起肝脏结缔组织增生而发生胆汁瘀滞性肝硬变。此时，血清中胆红素及各种胆汁成分浓度明显升高。

肝后性黄疸的特点：发生完全阻塞性黄疸时，血清中酯型胆红素显著增多，故血清胆红素定性试验呈直接阳性反应，尿中出现胆红素。由于胆汁完全不能进入肠道，大便颜色变浅，严重者呈白陶土色；由于肠内无尿胆原，尿中亦无尿胆原。阻塞性黄疸持续一定时间后，血清中非酯型胆红素也可增多。其原因之一可能是肝细胞功能受到一定影响，因而不能充分摄取、运载和酯化非酯型胆红素；原因之二可能是酯型胆红素被许多组织中的 β-葡萄糖醛酸苷酶脱酯后而形成非酯型胆红素。

肝后性黄疸胆汁成分全部进入血液循环，因此黄疸症状特别明显，对机体的影响也较肝性黄疸与肝前性黄疸严重，由于胆酸盐在体内大量蓄积，可引起下述一系列的变化：

（1）对心血管系统的影响

阻塞性黄疸时，整个心血管系统对一些血管活性物质，特别是去甲肾上腺素的反应性降低，同时对交感神经兴奋的反应性亦随之降低，动物心动徐缓，血压下降。

（2）对肾脏的影响

黄疸后期往往继发明显的肾功能衰竭，组织学检查，肾脏有纤维蛋白沉着及肾小管发生急性坏死，其发生机制多认为是细菌内毒素作用的结果。由于正常时胆汁酸盐能抑制革兰氏阴性细菌的生长，因而阻塞性黄疸时肠道细菌可能过度生长，产生和被吸收的内毒素因而增多，加上胆汁酸盐和胆红素的直接损害作用，从而引起急性肾功能衰竭。

（3）凝血障碍和维生素缺乏

凝血因子 X、XI、VII 和凝血酶原在肝内合成时，均需维生素 K 参与。肝后性黄疸时，脂溶性维生素 K 不能正常吸收。维生素 K 吸收不足将导致上述凝血因子合成不足，这与肝后性黄疸时的出血倾向有密切关系。此外，肝后性黄疸时的胆道感染和内毒素血症还可导致弥散性血管内凝血，从而也可引起出血。

肝后性黄疸时，其他脂溶性维生素 A,D,E 的吸收也不足，从而引起一系列维生素缺乏病变。

（4）对消化系统的影响

肝后性黄疸时，由于胆汁不能进入肠道，脂肪的消化、吸收都发生障碍，食肉动物及杂食动物则可发生脂肪痢。此外，因失去了胆汁促进胃肠蠕动的刺激作用，黄疸动物容易发生腹胀与消化不良；由于肠道细菌大量繁殖，产生大量内毒素，内毒素可刺激胃黏膜发生糜烂，这样的动物在应激状态时易发生应激性溃疡。

（5）对中枢神经系统的影响

胆酸盐刺激感觉神经末梢，引起皮肤瘙痒，表现为皮肤脱毛。对中枢神经系统的影响，动物先兴奋，狂躁不安，以后转变为抑制，精神沉郁（图10.4）。

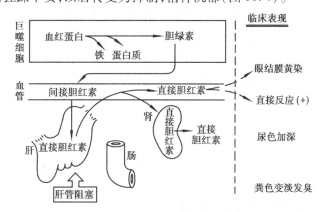

图10.4　阻塞性黄疸机理与临床表现

复习思考题

1.什么是黄疸？其原因和类型有哪些？

2.简述胆色素的正常代谢过程。

3.黄疸对机体的影响有哪些？

第11章
发　热

本章导读：本章主要就发热的概念、原因和机理，发热的过程和热型，发热时代谢和机能的变化以及发热的生物学意义进行阐述。重点掌握发热的基本概念、热型和发热的处理原则，了解发热的原因、机理以及发热时机体代谢和机能的变化。

发热是指机体在内生性致热原的作用下，体温调节中枢的"体温调定点"上移而引起的调节性体温升高（超过正常值0.5 ℃）。其特征是产热和散热的相对平衡被破坏，产热增多，散热减少，体温升高，并伴有全身各器官系统改变和物质代谢变化。发热并不是一个独立的疾病，而是许多疾病（尤其是传染和炎症性疾病）发病过程中重要而常见的病理临床症状。

很早以前 Du Bois 提出，发热不是体温调节障碍，而是体温调节中枢的"体温调定点"调节到较高水平所致。好像恒温箱或水浴锅的温度调控旋钮一样，温度升高时减少或停止加热而出现散热增加，温度下降时出现加热增多而散热减少或停止。如37 ℃是符合人体需要的正常体温，但在致热原的作用下，37 ℃不再是人体温调节的分界线，出现"体温调定点"上移，此时高于正常体温的41 ℃则是适宜的刺激，37 ℃是冷刺激，引起产热增多，散热减少，到达41 ℃时才出现产热和散热的相对平衡。

值得注意的一点是，体温升高并不一定都称为发热，应将发热与体温过高或体温过热区别开来。1979 年 Berhein 提出，把因"体温调定点"上移导致的发热，叫作真性发热，即发热。而体温过高或体温过热仅仅是由于外界环境温度升高而引起的体温升高，属于外界高温激起的外控过程。如中暑时的体温升高，主要是由于外界温度过高，散热困难，并非产热增加，从本质上不属于发热。另外，皮肤病变（疤痕）时，汗腺破坏致散热困难。甲状腺机能亢进等产热增多，亦能引起体温过高或体温过热，在临床上诊断疾病过程中应注意区别（图11.1）。

图11.1　体温升高的分类

90

11.1 发热的原因和机理

11.1.1 发热的原因

凡能引起机体发热的刺激物均称为致热原,根据致热原的性质和来源分为传染性致热原和非传染性致热原。

1)传染性致热原

主要的传染性致热原有细菌、病毒、支原体、衣原体、螺旋体、真菌等致病微生物,它们引起各种各样的传染性疾病,发热是其重要而常见的临床症状之一。传染性致热原中的革兰氏阴性菌释放的内毒素和革兰氏阳性菌释放的外毒素,使患病动物血液内出现大量循环性内生致热原都可引起机体发热。病毒、真菌、血液原虫(焦虫)致热作用虽不及细菌,但作用也较强。如急性猪瘟引起的稽留热,马锥虫病引起的间歇热。内毒素致热有 3 个特点:

①双相热,即在致热过程中,体温上升后又一时下降,但降不到正常水平又上升,出现两个热峰。

②习惯性或耐受性,即对同剂量内毒素发热减弱或不出现发热。

③耐热性,内毒素需经 160 ℃干热 2 h 才能灭活,一般煮沸消毒、流通蒸气灭菌不能清除。

临床上输液、输血出现的寒战、发热等输液反应,多数是由于内毒素污染所致。

2)非传染性致热原

非传染性致热原主要有类固醇(如胆烷醇酮)、蛋白质、激素(如肾上腺素)、炎灶激活物(如硅酸结晶、尿酸结晶)、抗原抗体复合物、恶性肿瘤产物等,一般与传染无关。非传染性致热原与其他致热原一样,主要通过多种途径刺激机体产生内生致热原而致热。

11.1.2 发热的机理

对于发热机理还未彻底清楚,目前存在两种学说,即内生致热原学说和神经反射学说。

1)内生致热原学说

内生致热原(Ep)是 1948 年 Besson 用排除内毒素污染的严密技术(160 ℃干热 2 h,并对洗涤液做细菌性致热原检查)从家兔无菌性腹腔渗出液的白细胞中提取的一种物质,曾被称为白细胞致热原。但后来许多学者发现,无论是传染性或非传染性发热动物的血清中和各种动物不同类型炎症的渗出物中,都有这类可以引起机体发热的物质,它是机体内自身产生的物质,称之为内生致热原。各种类型发热最后都是通过内生致热原起作用。

经多年的研究,发现除嗜中性白细胞外,单核细胞、巨噬细胞、内皮细胞、星状细胞、

尘埃细胞、淋巴细胞和肿瘤细胞等都能产生内生性致热原,这些能产生内生性致热原的细胞称为产致热原细胞。常见的内生性致热原包括白细胞介素-1、肿瘤坏死因子、干扰素、白细胞介素-6、巨噬细胞炎症蛋白-1 等。

内生性致热原的形成过程十分复杂。在内生性致热原作用下,下丘脑体温调节中枢"体温调定点"上移,此时,体温调节中枢在较高水平上对体温进行调节,机体产热增多,散热减少,体温升高。内生性致热原如何作用于下丘脑还不完全清楚,但内生性致热原并不是引起"体温调定点"改变的最终物质。引起"体温调定点"上移的主要物质有前列腺素、单胺类物质、环磷酸腺苷、Na^+/Ca^{2+} 等正调节介质和精氨酸加压素、黑素细胞刺激素等负调节介质。

发热过程中,动物体温升高到一定范围,达到一定水平后,再增加致热原剂量,发热效应也不增强,此现象称为热限。如哺乳动物极少超过 42.5 ℃。内生性致热原的致热强度随注射剂量增多而发热效应加强,且体温上升快而下降缓慢,但注射剂量达一定量后,增加剂量也不引起发热效应的改变,出现热限。

2)神经反射学说

目前只有极少数学者支持神经反射学说(图 11.2)。

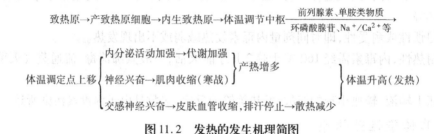

图 11.2　发热的发生机理简图

11.2　发热的临床经过和热型

11.2.1　临床经过

根据发热的临床经过、产热与散热的关系,可以将发热相对地分为增热期、高热期、退热期 3 个阶段。

1)增热期

增热期亦称体温上升期,属发热初期阶段。是致热原侵入机体作用于体温调节中枢,体温调定点上移,此时血液温度低于体温调定点温度,产热增多,散热减少,体温升高。体温上升的速度与致热原的质和量以及机体的机能状态有关,体温上升过程中以交感神经兴奋为主,体表血管收缩,血流量减少,皮温下降,反射性引起肌肉收缩和紧张度增加,竖毛肌收缩,故出现寒战怕冷,被毛粗乱,唇鼻部干裂等临床症状。

2)高热期

高热期是体温上升到体温调定点阈值,产热和散热在较高水平上保持相对平衡,不再继续上升并维持在较高水平上,故又称为高温持续期或热极期。由于体温处于较高水平,体内代谢加强,产热仍起主导作用。但由于血液温度增高,又激起散热反应,体表血管扩张,血流量增加,故临床上出现皮温升高,出汗增多,眼结膜潮红,兴奋不安或神昏嗜睡。

3)退热期

经历高热期后,机体防御机能增强或药物治疗后,致热原和热介质减少或消除,体温调定点恢复到正常水平,体温逐渐下降到正常范围,故又称为体温下降期。此期血液温度仍高于正常体温,通过体温调节中枢的调节,交感神经的紧张性降低,体表血管进一步扩张,散热增多,产热减少,汗液排出增加,唇鼻部湿润多汗,体温下降。体温下降的速度,因病因和机体的机能状况不同而有差异。体温下降迅速,在几小时或短暂时间内即消退,称为热骤退;体温下降缓慢,需1日或数日才能恢复正常,称为热渐退。因在发热过程中,交感神经兴奋,体表血管收缩,心跳加快,在热骤退时,体表血管迅速扩张,回心血量急剧减少,血压下降,以及发热时氧化不全产物增多。因此,临床上当年老体弱多病的动物,发生热骤退时往往是预后不良的先兆。

11.2.2　热　型

对发热性疾病,将其体温按一定时间记录下来,绘制成曲线图,这个曲线图称为热型。热型有助于临床诊断和疾病防治。临床上常有以下几种热型:

(1)稽留热

稽留热是指体温稳定持续地处于高热状态,一昼夜间的体温变化不超过1 ℃,见于犬瘟热、急性猪瘟、猪附红细胞体病、猪丹毒等(图11.3)。

(2)弛张热

弛张热是指体温升高后,昼夜间的摆动幅度较大,超过1 ℃以上,甚至2~3 ℃,但最低点又不能达到正常水平,它是机体与致热原进行激烈斗争的表现。见于化脓性肺炎、卡他性肺炎、败血症等(图11.4)。

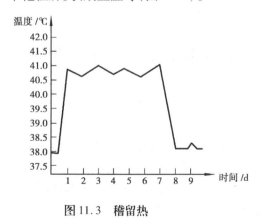

图11.3　稽留热

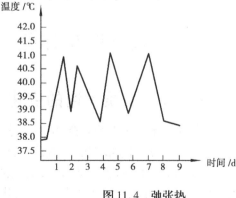

图11.4　弛张热

(3)间歇热

间歇热是指发热期与无热期有规律的相互交替出现,但间歇时间短并重复出现的一种热型。见于马传染性贫血、马锥虫病、马焦虫病等(图11.5)。

（4）回归热

回归热发热的特点与间歇热相似，但发热期和无热期间隔的时间较长，且发热期与无热期出现的时间大致相等。见于亚急性和慢性马传染性贫血等（图 11.6）。

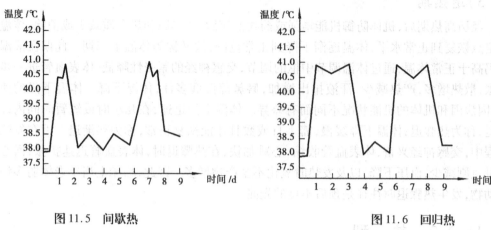

图 11.5　间歇热　　　　　　　　　　图 11.6　回归热

（5）暂时热

暂时热是指体温短时升高，一般升高 1~1.5 ℃，为短时性发热。见于分娩后的发热，牛轻度消耗性疾病和结核菌素反应等。

（6）消耗热

消耗热又叫衰竭热，指病畜长期发热，昼夜间波动范围很大，可达 4~5 ℃。见于慢性或严重消耗性疾病，如脓毒败血症、严重结核病等。

在临床诊疗和实践过程中，某些疾病的热型不是单独出现的，常伴有两种或两种以上的热型合并存在，随疾病的发展过程，热型也有改变。如稽留热可以转变为弛张热，回归热可以转变为间歇热或其他热型等。另外，热型还受年龄、个体、治疗情况和机体状况的影响，尤其是解热镇痛药的使用，往往会掩盖疾病发热的真实过程，在临床上出现不典型热型，给正确诊断和治疗带来困难，应引起重视并注意区别。

11.3　发热时机体物质代谢和主要机能的变化

11.3.1　物质代谢的变化

发热时由于交感神经兴奋，甲状腺素和肾上腺素分泌增多，体温升高，糖、脂肪和蛋白质三大物质分解代谢增强（一般认为，体温每升高 1 ℃，基础代谢提高 13%）。同时，副交感神经相对抑制，胃肠蠕动减弱，消化液分泌减少，食欲减退，营养物质摄入、吸收、消化不足，从而使体内营养物质大量消耗，代谢紊乱。

1）糖代谢的变化

发热时由于交感神经兴奋，肾上腺髓质激素分泌增多，糖元分解代谢加强，血糖升高，在急性高热时可出现糖尿。由于氧供应不能满足糖元的过多分解，糖元无氧酵解加强，乳酸生成增多。因此，发热时常出现肌肉痛、肌无力等病症。但在饥饿、机体衰弱或消耗性疾病时的发热,血糖不一定升高或升高不明显。

2)脂肪代谢的变化

发热时脂肪的分解代谢加强,由于氧供应不足而氧化不全,血液中脂肪酸和酮体大量增加,引发酮血症和酮尿症。长期反复性发热的病畜,体内脂肪被大量分解消耗而逐渐消瘦。

3)蛋白质代谢的变化

发热时蛋白质的分解代谢加强,引起血液、尿液中非蛋白氮含量增高,随尿排出,出现蛋白尿。同时,消化紊乱,蛋白质的消化、吸收和合成障碍,引起负氮平衡。故长期持续反复性发热的病畜,大量组织蛋白分解,引发肌肉和实质器官萎缩、变性,抵抗力降低,组织修复能力减弱,出现衰竭现象,预后不良。

4)维生素代谢的变化

发热时由于代谢增强,引起维生素过度消耗,而吸收、合成又严重不足,病畜维生素缺乏,尤其是维生素 C 和维生素 B 族的缺乏更为多见和严重。

5)水、电解质代谢的变化

在增热期和高热期,交感—肾上腺髓质系统兴奋,肾血流量减少,体表血管收缩,排尿、排汗减少,引起水、钠潴留。但在高热持续期,由于皮肤、呼吸道蒸发和出汗增加,易引起脱水。在退热期,汗腺分泌增加,汗液增多,尿量增多,此时,如排汗排尿过多而又未及时补充水分,易导致高渗性脱水。

11.3.2　主要机能的变化

1)神经机能的变化

在发热初期,有的动物兴奋不安,显示神经系统兴奋性增高,有的动物精神抑郁,显示神经系统的兴奋性降低,对周围环境的各种刺激反应迟钝。在高热期,由于高温血液和有毒代谢产物的影响,中枢神经系统呈现抑制,病畜精神沉郁,喜卧嗜睡,呈昏迷或半昏迷状态。在增热期和高热期,交感神经始终处于兴奋状态。在退热期,交感神经相对抑制,副交感神经兴奋。

2)心血管机能的变化

发热时,由于交感—肾上腺髓质系统兴奋和高温血液对心脏窦房结的刺激,使心脏的收缩力加强,心输出量增加,心跳加快(一般来说,体温每升高 1 ℃,心跳每分钟增加10次)。同时,外周血管收缩,血压升高。如果发热时间过长,体温过高,心动过速,不仅增加心脏的负荷,耗氧量增加,而且可使心冠状血管扩张而血流量减少,引起血液供应不足,产生缺血缺氧,从而导致心肌收缩力减弱,严重时导致心力衰竭。在退热期,外周血管扩张,汗腺分泌加强,排汗增多,特别是在体温骤退的情况下,可引起血压下降,严重时出现休克。

3)呼吸机能的变化

发热时特别是高热持续期,由于高温血液和酸性代谢产物对呼吸中枢的刺激以及呼

吸中枢对二氧化碳的敏感性增强,反射性引起呼吸加深加快,其结果有利于吸收氧气,排出二氧化碳和散热。但持续高温和有毒代谢产物又可使呼吸中枢抑制,兴奋性降低,呼吸变浅变慢,甚至出现不规则呼吸,加重机体缺氧和酸性代谢产物的产生。

4)消化机能的变化

发热时由于交感神经兴奋,副交感神经抑制,胃肠蠕动减弱,消化液分泌减少,各种消化酶活性下降,病畜出现消化不良、食欲下降、腹胀、便秘或腹泻等。严重时胃肠内容物发酵、腐败、胀气,引起自体中毒。

5)肾功能的变化

在增热期和高热期,交感—肾上腺髓质系统兴奋,肾小球入球动脉收缩,肾血流量下降,原尿生成减少。与此同时,肾远曲小管重吸收加强,因此临床上出现尿量减少,尿的比重增加,尿色加深甚至浑浊。在退热期,随着体温逐渐下降,交感神经兴奋性降低,肾血管扩张,血流量增加,尿量也随之增多。

11.4 发热的生物学意义及处理原则

发热是动物在种系进化过程中所获得的一种以抗损伤为主的防御适应性反应,在本质上属于哺乳动物所具有的生理性抗病免疫措施。但对机体究竟有多大作用,有多少利和害,目前还没有完全统一的定论。一般说来,中低度发热,机体血循环加快,物质代谢加强,酶活性提高,单核巨噬细胞系统功能增强,促进抗体形成和增强肝脏的解毒功能,有助于消灭病原微生物和对局部有毒代谢物质的排出,加快组织修复。但是,过度高热或者发热持续时间过长,机体糖元、脂肪、蛋白质等分解消耗过多,食欲下降,消化不良,吸收障碍,造成机体消瘦衰竭,各器官系统功能下降,实质器官变性坏死,免疫力减弱,对各种致病因子抵抗力降低,这些对机体都是非常有害的,重症者危及动物生命。

对于发热性疾病,在临床诊疗过程中,一般应遵循以下原则:

(1)在没有完全弄清病因之前,只要不是高热,一般不应立即退热

只有在充分了解病情、病史的情况,针对病因采取适当措施对体温进行控制。忽视病因,强行退热,易掩盖和加重病情,造成不良后果。特别对于重症性持续高热,如猪超过42.5 ℃、牛超过42 ℃,一般才首先考虑退热降温,同时针对病因进行治疗。否则,长期高热,对机体神经系统、心血管系统、免疫系统和物质代谢等均易造成严重损伤,产生衰竭或休克。

(2)加强护理,补充营养

由于发热时机体能量消耗过多,抵抗力下降,容易发生继发感染和加重病情,加强护理和补充营养是治疗过程的组成部分,是不可忽视的重要内容。对缓解病情,提高抵抗力,促进动物尽早康复有良好作用。

(3)防止虚脱

发热时有的病畜兴奋性提高,神经敏锐,心功能不全,加上氧气、营养物质供应不足和过度消耗,易引起虚脱。特别是年老、体弱、多病的动物发生热骤退时,应引起足够重视。

（4）减少或禁止外源性铁及其制剂的使用

Kampschmidt 等发现内生致热原本身有降低血清铁,抑制病原菌运铁蛋白合成的作用。Grieger 等发现低铁血症时,感染性发热动物的死亡率降低,而注射外源性铁时,死亡率明显增加。由于铁是病原体在动物体内生长、繁殖所必需的微量元素,血清铁的减少必然抑制病原菌在体内的生长、繁殖。因此,对于感染性发热,一般应减少或禁止使用高铁性饲料或注射、喂服各种含铁性制剂。

复习思考题

1. 名词解释:发热、稽留热、弛张热、间歇热、回归热。
2. 简述发热的阶段及热型。
3. 叙述发热的生物学意义及处理原则。

第12章

炎　症

> **本章导读**：本章主要就炎症知识进行阐述，通过学习要求掌握炎症的概念、基本病理过程、局部表现、全身反应，能够识别各种炎症的病变，掌握炎症的生物学意义。

12.1　概　述

炎症是指机体对各种致炎因素的局部损伤所产生的以防御为主的复杂的综合性应答反应。

炎症是一种最常见的基本病理过程，是许多疾病的重要组成部分，正确认识掌握炎症发生发展的基本规律和基本理论，对于防治各种炎症性疾病有着重要实践意义。

12.2　炎症的原因及其影响因素

12.2.1　炎症的原因

凡能引起组织损伤的致病因素都可成为炎症的原因，称为致炎因素或致炎因子。炎症的原因包括外界致炎因素和体内致炎因素。

1）外界致炎因素

（1）生物性因素

这是最常见的致炎因素，包括各种病原微生物和寄生虫等。

（2）物理性因素

包括机械力、高温、低温、放射线、紫外线等，当它们达到一定作用强度时，均可造成组织损伤而引起炎症。

（3）化学性因素

外源性化学物质如强酸、强碱、刺激性物质、腐蚀剂、有毒物质等，在其作用部位造成组织损伤而引起炎症。

（4）某些抗原性因素

一些抗原物质作用于致敏机体可引起超敏反应和炎症。

2）体内致炎因素

主要是机体内部产生的具有致炎作用的因子,如坏死组织分解产物（肽类、胺类）、代谢产物（胆酸盐、尿素）、免疫复合物等。

12.2.2　影响炎症过程的因素

影响炎症过程的因素包括致炎因素和机体因素两个方面。

（1）致炎因素

属于外因,对炎症发生而言,它是重要条件和必需因素。致炎因素特别是生物性因素,其性质与炎症表现之间有一定的联系。例如,牛感染结核杆菌后,可在肺部、胸膜等处形成具有特殊形态变化的结核性炎。

（2）机体因素

属于内因,是炎症发生的基础,包括机体的免疫状态、营养状态、内分泌系统功能状态等。对生物性因素和抗原物质而言,免疫状态起着决定性作用。例如,某些抗原性因素仅对致敏个体有作用,病原微生物对处于免疫状态的机体不能引起炎症和疾病。

动物的营养状态对致炎因素作用的反应,特别是对损伤组织的修复有明显影响。例如,机体营养不良、缺乏某些必需氨基酸和维生素时,引起蛋白质合成障碍,使修复过程缓慢甚至停滞。

内分泌系统的功能状态对炎症的发生、发展也有一定影响。例如,激素中肾上腺盐皮质激素、生长激素、甲状腺素对炎症有促进作用,肾上腺糖皮质激素则对炎症反应有抑制作用。

12.3　炎症介质

炎症介质是指在炎症发生、发展过程中,由细胞释放或由体液中产生、参与或引起炎症反应的化学物质。炎症介质按其来源可分为细胞源性炎症介质和血浆源性炎症介质。

12.3.1　细胞源性炎症介质

1）血管活性胺类

（1）组织胺

主要储存于肥大细胞、嗜碱性粒细胞、血小板中,各种致炎因素均可引起组织胺释放。主要作用是使小血管扩张,毛细血管通透性升高,导致渗出增加,引起炎性水肿、血压下降。此外,引起支气管、胃肠道、子宫、平滑肌收缩,导致哮喘、腹泻、腹痛等。

（2）5-羟色胺

主要存在于胃肠道黏膜的嗜铬细胞、神经元以及嗜碱性粒细胞、肥大细胞、血小板中。在变态反应中这些细胞受损,使5-羟色胺大量释放。主要作用类似组织胺,可引起多数脏器微血管扩张和血管壁通透性增高,并能促进组织胺释放,还能引起痛觉敏感。

2）前列腺素（PG）

前列腺素广泛存在于机体组织和体液中，是花生四烯酸的代谢产物。炎灶内的前列腺素主要来自血小板和白细胞。主要作用是使血管强烈扩张，能致痛和参与发热过程，并有加强组织胺和缓激肽效应的作用。

3）细胞因子

细胞因子主要由激活的淋巴细胞和单核巨噬细胞释放，在免疫和炎症反应中有广泛的生物学活性，包括趋化、激活、促进增殖分化等。参与炎症的细胞因子主要包括白细胞介素、肿瘤坏死因子、造血生长因子、淋巴因子、单核细胞趋化蛋白质1等。

此外，细胞源性炎症介质还包括白细胞产物、血小板活化因子及其他介质。

12.3.2 血浆源性炎症介质

（1）激肽

存在于血浆中，炎症时大量释放，在炎区中，激肽能使血管壁通透性升高、血管扩张、平滑肌收缩，引起疼痛。

（2）补体

补体是血清中的一组蛋白，具有酶活性，平时以非活性状态存在，当受到某些物质激活时，补体各成分便按照一定顺序出现连锁的酶促反应而被激活，参与机体的防御功能，并作为一种炎症介质，促进机体的炎症反应。

此外，血浆源性炎症介质还包括凝血系统和纤溶系统。

12.4 炎症的基本病理过程

炎症的基本病理过程包括局部组织损伤、血管反应和细胞增生，通常概括为变质、渗出和增生。在炎症早期一般以变质和渗出为主，后期则以增生为主，三者相互联系、相互影响，构成炎症局部的基本病理变化。

12.4.1 变 质

变质是指炎症局部组织的变性和坏死。炎症轻时，炎灶局部实质细胞可发生细胞肿胀、脂肪变性，严重时间质和实质可发生不同类型的坏死。例如，实质发生凝固性坏死、液化性坏死、坏疽；间质发生黏液样变性和纤维素样坏死，如变质性心肌炎。

1）组织损伤的类型

发炎组织的物质代谢障碍和在此基础上引起的局部组织细胞发生变性和坏死，称为组织损伤。

（1）原发性组织损伤

创伤、中毒、缺血、缺氧等引起的炎症，其组织损伤在炎症初期就出现了，这是由于致炎因素干扰、破坏细胞代谢，直接损害组织的结果，称为原发性组织损伤。

（2）继发性损伤

有些损伤性改变,是在炎症过程中逐渐形成的,如化脓性炎症、病毒性肝炎等,致炎因素可进一步引起局部血液循环障碍,组织细胞崩解形成多种病理性分解产物或释放一些酶类物质,在它们的共同作用下继续引起炎症局部的损伤,称为继发性损伤。

2）变质时的病理变化

（1）组织和细胞的变性、坏死

炎症时组织的损伤在形态结构上可表现为各种变性（颗粒变性、脂肪变性）和坏死。

（2）组织代谢紊乱和理化性质变化

炎症初期,分解代谢亢进,组织耗氧量增加,氧化过程增强。以后由于局部循环障碍引起缺氧,致使糖、脂肪、蛋白质的代谢产物大多不能完全氧化,堆积于炎区组织,导致组织理化性质一系列改变,其中以酸中毒最为常见。

在炎症发生、发展过程中,变质即可作为炎灶组织遭受损伤的结果,同时又是炎症应答的诱因。由于代谢不全和组织细胞的坏死与崩解,可产生一些具有生物活性的物质（即炎症介质）堆积在炎区内,促进血管渗出、白细胞游出和周围组织细胞增生,使得炎症呈现出一环套一环的链式发展过程。

12.4.2 渗 出

渗出是指炎区血管内血浆和白细胞进入组织间隙的现象。炎症过程中机体的应答十分复杂,是一个多细胞、多系统作用的多环节的过程,而渗出则是整个炎症应答的核心。综观起来,渗出可分为血管反应和细胞反应两部分。

1）血管反应

在致炎因素的作用下和组织损伤的基础上,炎区组织血液动力学改变,出现充血、瘀血甚至瘀滞,同时血管通透性明显升高,血液中液体成分和细胞成分渗出,白细胞吞噬作用加强以清除病原因素或有害病理产物,这些变化共同构成了作为炎症发生中心环节的血管反应。血管反应是急性炎症的主要变化,其中包括血液动力学改变、血管壁通透性升高、白细胞游出和吞噬作用等。发生部位主要在微循环血管,特别是微静脉和毛细血管中。

（1）血液动力学改变

首先表现为微动脉短暂收缩使局部组织缺血,持续几秒至几分钟不等。其后微循环血管扩张血流加速,局部血容量增多（充血）,是急性炎症血液动力学变化的标志,持续时间不等,长的可达几小时。随着炎症的发展,由于炎症介质的作用,血管进一步扩张,血管壁通透性升高,血管内血浆渗出,造成血液浓缩,血流变慢（瘀血）。此时轴流加宽,白细胞进入边流并贴壁,阻碍血液流动;同时由于渗出液对血管壁的压迫,血流进一步减慢,最终发展为血流停滞（瘀滞）。

（2）血管壁通透性升高

在炎症过程中,由于小血管受损和炎症介质的作用,局部组织瘀血、酸中毒,使血管壁通透性升高。这是炎症应答的主要特征之一,在炎症早期即可明显地表现出来,是造成炎性水肿的主要机理。血液的液体成分通过血管壁渗出到血管外而进入组织内称为

渗出,渗出的液体成分称为渗出液。

（3）炎性水肿

微循环血管通透性升高的结果是导致血浆成分的渗出并形成炎性水肿。炎性水肿与非炎性水肿有所不同,其主要区别体现在水肿液上。炎性水肿液为渗出液,非炎性水肿液为漏出液。临床上鉴别渗出液和漏出液,对于疾病的诊断有一定帮助(表12.1)。

表 12.1　渗出液与漏出液的比较

项　目	渗出液	漏出液
外观	浑浊,白色、黄色或红色	澄清,同正常血浆颜色
性状	浓厚,含有组织碎片	稀薄,不含组织碎片
比重	>1.018	<1.015
蛋白含量	高,超过3%	低,少于3%
细胞数	$>0.50 \times 10^9/L$	$<0.50 \times 10^9/L$
凝固性	易发生凝固	不易凝固
醋酸沉淀试验	阳性	阴性
原因	与炎症有关	与炎症无关

炎性水肿的发生是血管通透性升高的结果,但其发展过程中,血液中大分子物质渗出和炎区组织细胞裂解所引起的管壁两侧渗透压的改变也起到了推波助澜的作用。

炎症渗出液中含有盐类和小分子白蛋白、球蛋白、纤维蛋白,具有重要防御作用。它可稀释局部毒素和炎症病理产物,以减轻对局部组织的损伤作用;又可带来抗体、补体、葡萄糖、氧等物质,有利于局部浸润的炎症细胞杀灭病原微生物。渗出液中的纤维蛋白原在凝血酶的作用下形成纤维素,它交织成网可限制病原微生物扩散;同时有利于吞噬细胞发挥吞噬作用。在炎症后期,纤维素网架还可成为修复的支架,并有利于成纤维细胞产生胶原。

渗出液对机体也可产生不利作用,如影响邻近组织和器官的功能,纤维素被肉芽组织机化引起组织粘连等。例如,肺泡内渗出液可影响气体交换;脑膜炎症时渗出液使颅内压升高,引起头痛等神经症状。

2）细胞反应

对于致炎因素的作用,机体在炎灶中所出现的细胞反应主要是白细胞的渗出,它们构成了炎症细胞的主要来源。炎症时,白细胞穿过血管壁进入组织间隙并发挥吞噬作用,称为炎性细胞浸润。

（1）白细胞渗出

在炎症过程中,伴随着局部组织血流减慢及血浆成分的不断渗出,白细胞也主动通过微血管壁游出到血管外的炎区内,这一现象称为白细胞渗出。渗出的白细胞在炎区内聚集的过程称为白细胞浸润,炎区内浸润的白细胞称为炎性细胞。白细胞渗出并吞噬和降解病原微生物、免疫复合物及坏死组织碎片,构成炎症反应的主要防御环节,同时白细胞释放的酶类、炎症介质等可加剧组织损伤。白细胞渗出是一个复杂的过程,包括边移、贴壁、游出、浸润等阶段,受趋化作用的影响才能到达炎区中心,发挥其吞噬作用(图12.1)。

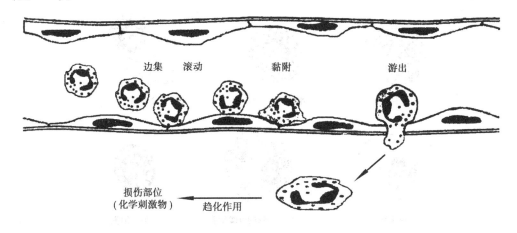

图12.1 急性炎症时中性粒细胞的游出和聚集过程模式图

①边移 随着动脉性充血转向炎性瘀血,血流减慢时,血浆成分渗出,血液浓缩,轴流加宽,血浆层变薄或消失,这时嗜中性粒细胞从血液的轴流进入边流,似滚动状前进并靠近血管壁,称为边移。白细胞边移是由选择素介导的。致炎因素特别是病原微生物感染,导致炎症介质释放,它们可刺激血管内皮细胞上选择素的表达,引起白细胞滚动、流速变慢并向血管内皮细胞靠近。

②贴壁 继边移之后,大量的白细胞与血管内皮细胞发生紧密黏附,逐渐黏在血管内膜上,称为贴壁。白细胞贴壁是由整合素介导的。白细胞翻滚中产生的信号将整合素激活。整合素的表达阻止了白细胞的翻滚,并引起白细胞与内皮细胞间的紧密黏附。

③游出 贴壁的白细胞沿内皮细胞表面缓慢移动,在内皮细胞连接处伸出伪足插入其中,然后整个白细胞体逐渐挤到内皮细胞与基底膜之间停留片刻,借助本身的阿米巴运动穿过内皮交界处,最后穿过基底膜与血管外膜到达血管外,称为游出。

④浸润 游出的白细胞最初围绕在血管周围,由于趋化作用沿组织间隙做阿米巴运动,逐渐向炎区移动、集中,发挥其吞噬作用和免疫反应,这种现象称为白细胞浸润。

(2)趋化作用

白细胞在某些化学刺激物的作用下所做的单一定向运动,称为趋化作用。能诱导白细胞做定向运动的化学刺激物称为趋化因子,趋向因子保证白细胞渗出后能朝向炎区移动。

研究证明,趋化因子有特异性,即有些趋化因子只能吸引中性粒细胞,另一些趋化因子能吸引单核细胞或嗜酸性粒细胞等。此外,不同细胞对趋化因子的反应能力也不同,粒细胞和单核细胞对趋化因子反应较显著,而淋巴细胞反应较弱。

(3)炎性细胞的种类和功能

炎区中渗出的白细胞统称为炎性细胞,主要包括嗜中性粒细胞、嗜酸粒细胞、嗜碱性粒细胞、单核巨噬细胞、淋巴细胞等(图12.2),这些细胞可经内皮细胞间隙到达血管外,是一个主动的过程。不同性质的炎症及炎症发展的不同阶段,游出的炎性细胞的种类及

数量有所差异。检查炎性细胞的种类与数量对于了解炎症原因,控制炎症的发展具有一定参考价值。

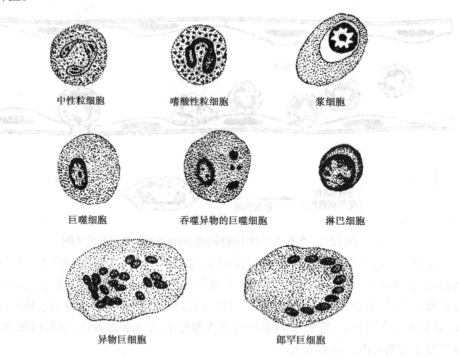

中性粒细胞　　嗜酸性粒细胞　　浆细胞

巨噬细胞　　吞噬异物的巨噬细胞　　淋巴细胞

异物巨细胞　　　　郎罕巨细胞

图12.2　几种常见炎症细胞

①嗜中性粒细胞　中性粒细胞直径 10~12 μm,胞浆中含有丰富的中性颗粒(溶酶体),胞核形态多样,成熟的中性粒细胞胞核分叶(2~5 叶),叶间由染色质细丝相连,幼稚的胞核呈杆状。中性粒细胞具有活跃的运动能力和吞噬功能,主要吞噬细菌和细小的组织碎片;崩解后释放蛋白溶解酶溶解坏死组织;释放血管活性物质和趋化因子,促进炎症的发生、发展。嗜中性粒细胞构成了机体防御的主要成分,往往是炎灶中最早渗出的白细胞,其出现在各种炎症早期和化脓性炎的全过程。

②嗜酸性粒细胞　细胞直径 12~17 μm,胞浆内充满粗大的嗜酸性颗粒。成熟的嗜酸性粒细胞胞核分为两叶,中间有细丝相连,幼稚的核呈椭圆形。嗜酸性粒细胞吞噬抗原抗体复合物,调整限制速发型变态反应,同时对寄生虫有直接杀伤作用。嗜酸性粒细胞主要见于速发型变态反应性炎、寄生虫性炎以及其他炎症的恢复期。

③嗜碱性粒细胞和肥大细胞　嗜碱性粒细胞直径 10~12 μm,胞浆丰富,内含稀疏而粗大的嗜碱性颗粒。嗜碱性粒细胞直接参与 I 型超敏反应。肥大细胞和嗜碱性粒细胞在功能形态上非常相似。

④单核巨噬细胞　单核细胞直径 15 μm,胞浆丰富微嗜碱性,内含细小的嗜天青颗粒,胞核为肾形或马蹄形,扭曲折叠。单核细胞由血液进入组织之后,其胞体增大,细胞器更丰富,酶解能力更强,称为巨噬细胞。巨噬细胞也可来源于组织(枯否氏细胞、组织细胞、肺泡巨噬细胞和淋巴组织的网状细胞)。单核巨噬细胞可吞噬中性粒细胞所不能吞噬的病原体、异物和组织碎片,甚至整个细胞。主要见于急性炎症后期和慢性炎症过程中,在一些特异性(结核、副结核、鼻疽、布氏杆菌病)炎灶内,单核巨噬细胞在吞噬消化

病原体过程中,细胞形态发生改变,转变为上皮样细胞和多核巨细胞。

⑤淋巴细胞 淋巴细胞有小、中、大之分,小淋巴细胞直径 5 μm,胞核多为圆形,有小缺痕,染色质密集浓染,胞浆很少,嗜碱性。中淋巴细胞直径 10 μm,大淋巴细胞直径 15 μm,核圆形,胞浆较丰富。炎灶中的淋巴细胞来自血液和局部淋巴组织,主要参与免疫反应。T 淋巴细胞具有调节功能和效应功能;B 淋巴细胞可产生抗体参与体液免疫;K 细胞能杀伤被抗体覆盖的靶细胞;NK 细胞能直接杀伤肿瘤细胞、病毒感染细胞等。淋巴细胞主要见于病毒性炎、霉形体性炎、慢性炎和迟发性变态反应性炎症过程中。

(4)吞噬作用

白细胞渗出并在趋化因子的作用下到达炎症区,吞噬和消化病原体、抗原抗体复合物、各种异物以及组织坏死崩解产物的过程,称为吞噬作用。机体具有吞噬作用的细胞称为吞噬细胞,主要有中性粒细胞、嗜酸性粒细胞和单核巨噬细胞等。吞噬过程基本相同,大体可分为黏附、摄入和消化 3 个阶段。

①黏附 被吞噬的物质首先黏附在吞噬细胞的细胞膜上。细菌在黏附前必须先经调理素(一类能增强吞噬细胞作用的血清蛋白)处理。

②摄入 细菌等异物黏附在吞噬细胞表面,吞噬细胞伸出伪足将细菌或异物包围,进而将异物包入细胞浆并形成由吞噬细胞包围异物的泡状小体,称为吞噬体。吞噬体逐渐脱离细胞膜进入细胞内部,并与溶酶体相融合,形成吞噬溶酶体,完成异物的摄入过程。

③消化 吞噬溶酶体形成之后,通过溶酶体酶(如溶菌酶、杀菌素、酸性水解酶、乳铁蛋白等)的酶解作用及吞噬细胞代谢产物(如氧代谢活性产物和酸性代谢产物)两条途径来杀伤和降解被吞入的细菌和其他异物(图 12.3)。

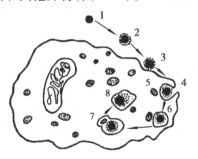

图 12.3 吞噬过程示意图

1—异物或细菌;2—被调理素包被;3—附着;4—包围吞入;
5—溶酶体;6—吞噬体;7—吞噬溶酶体;8—杀伤降解

12.4.3 增 生

从致炎因素作用于组织而出现炎症的炎症过程开始,伴随着组织损伤、血管反应,即可见到炎区内细胞的增生现象。增生的特点是开始于炎症早期,明显于炎症后期。一般说来,常常被渗出和变质过程所掩盖,随着机体抵抗力的增强和疾病好转,或由急性炎症转变为慢性炎症时,增生过程则往往成为炎症的主要表现。

炎区内多种类型的细胞成分都可以出现增生,主要是巨噬细胞、成纤维细胞、淋巴细

胞和血管内皮细胞。炎症早期即可见血管外膜细胞活化,胞体变圆并分裂增殖,与来自血液的单核细胞及其转化的巨噬细胞一起具有强大的吞噬能力,清除病原体和局部病理产物。少数炎症早期也有其他细胞增生,如急性肾小球肾炎早期,可见肾小球毛细血管内皮细胞和系膜细胞增生。

炎症后期,以成纤维细胞和毛细血管内皮细胞增生为多见。成纤维细胞由纤维细胞和未分化间叶细胞活化、增殖而来,多位于炎区周围,在其成熟过程中产生前胶原,后者释放后转化、聚合成胶原纤维。血管内皮细胞的增殖可构建新的毛细血管。成纤维细胞和新生毛细血管共同构成肉芽组织,修复组织缺损。在炎症后期某些器官、组织的实质细胞也可发生增生。

细胞增生具有限制、清除病原和病理产物的作用,也有利于炎灶部位损伤的修复过程。但增生也可造成局部组织结构改变,引起组织器官不同程度的功能障碍。

12.5　炎症的局部表现和全身反应

12.5.1　炎症的局部表现

组织发炎,特别是体表组织的急性炎症时,炎症部位往往表现出红、肿、热、痛和机能障碍5大症状。

(1)红

由于炎灶局部充血所致,常是炎症早期的症状。初期呈现鲜红色,这是动脉性充血时局部氧合血红蛋白增多的结果;以后转为暗红色或紫褐色,这是静脉性充血时还原血红蛋白增多的结果。

(2)肿

主要由于渗出形成炎性水肿所致。在某些慢性炎症,也可以是细胞增生的结果。

(3)热

由于动脉性充血所致。一般皮肤温度低于血液温度,当大量动脉血液流入时,就可提高炎症局部的温度。此外,炎区物质代谢增强,局部产热增多,也是一个因素。

(4)痛

由于局部组织肿胀,压迫或牵引感觉神经末梢,以及代谢产物和炎症介质刺激感受器所致。在有感觉神经支配的部位发生急性炎症时,常有疼痛;而在植物性神经支配的内脏发炎时,往往没有明显的疼痛,除非炎症波及内脏的被膜(如胸膜、腹膜)才会发生疼痛。张力过高,在组织紧密的区域,如胫骨前方等发生炎性水肿及炎性浸润时,疼痛尤为明显。某些化学物质刺激神经感受器,也可产生疼痛。实验证明,5-羟色胺、核酸代谢产物及炎区钾离子浓度升高,都可引起疼痛。

(5)机能障碍

局部组织肿胀、疼痛、物质代谢障碍、细胞变性坏死等,均可引起炎症组织或发炎器官的机能障碍。如关节炎时的关节肿胀、疼痛,可影响关节机能,引起跛行。

12.5.2　炎症的全身反应

作为一个完整的机体,在炎灶局部出现病理变化的同时,全身也会表现相应变化。在炎症局部病变严重,或机体抵抗力低下出现炎症全身化时,全身反应表现得更为明显。常见的炎症全身反应主要有:

1)发热

发热是机体的一种防御反应。炎症性疾病常伴有发热,主要原因在于:致炎因素特别是生物性致炎因素均有外生性致热原的作用,炎症反应时炎症细胞分泌物,炎症局部坏死组织,被吞噬细胞吞噬后,产生释放内生性致热源,引起机体发热。

炎症时一定程度的体温升高,能加强机体的物质代谢,促进抗体形成和单核巨噬细胞的吞噬机能。同时发热还能促进血液循环,提高肝、肾、汗腺等器官和组织的生理机能,加速对炎症有害产物的处理和排泄。因此,适度发热对机体有一定的抗损伤作用。

若有严重而广泛的炎症而无发热,往往提示可能预后不良(表示机体抵抗力低下);若发热持续过久或体温过高,则引起体内大量营养物质(如糖、脂肪、蛋白质等)分解,能量储备严重消耗,动物消瘦,使机体抵抗力下降。由于体温过高和有害代谢产物的影响,可导致中枢神经系统抑制,甚至发生昏迷,必须及时处理。

2)白细胞增多

炎症时,外周循环血液中白细胞数量往往发生变化,常出现白细胞增多。在多数急性炎症特别是急性化脓性炎症时,外周循环血液中白细胞总数升高,尤以中性粒细胞增多更为明显。而且有时发生幼稚型中性粒细胞比例升高,即出现白细胞核左移现象。在过敏性炎症和寄生虫性炎症时,外周循环血液中常见嗜酸粒细胞增多。慢性炎症和病毒感染时则多见淋巴细胞增多。

白细胞增多是机体的一种重要防卫反应,是机体防御机能增强的表现。随病程发展,如果外周血中白细胞总数及白细胞分类比例逐渐趋于正常,可看作是炎症转向痊愈的一个指标。反之,在炎症过程中,如外周血中白细胞总数显著减少或突然减少,则表示机体抵抗力降低,往往是预后不良的征兆。

3)单核巨噬细胞系统机能加强

炎症时尤其是生物性因素引起的炎症,常见单核巨噬细胞系统机能加强,表现为细胞活化增生,吞噬和杀菌机能加强。例如,急性炎症时,炎灶周围淋巴通路上的淋巴结肿胀、充血,淋巴窦扩张,窦内巨噬细胞活化、增生,吞噬加强。如果炎症发展迅速,特别是发生全身性感染时,则脾脏、全身淋巴结以及其他器官的单核巨噬细胞系统的细胞都发生活化、增生。这些都是机体抗炎反应的表现。

4)内脏器官的中毒性变化

严重炎症向全身播散时,由于发热,细菌及其毒素或体内某些分解产物的作用,重要内脏器官的实质细胞可因此发生代谢障碍,继而表现为变性或坏死;严重时,内脏功能受损,主要见于心、肝、肾。

12.6　炎症的分类

根据发生速度和临床经过,炎症可分为急性炎症和慢性炎症。根据炎症的性质,又可分为变质为主的炎症、渗出为主的炎症和增生为主的炎症等。这两种分类有一定的联系,通常急性炎症是指起病急、症状明显、病程短的炎症,其性质常以变质或渗出为主。而慢性炎症是指发展缓慢、症状缓和、病程经过长,且有反复,有的自急性炎症转变而来,也可在起病时就具有慢性过程的特点,其性质常以增生为主。现将常见炎症类型介绍如下。

12.6.1　变质性炎

变质性炎是指炎灶内组织或细胞出现明显的变性、坏死,而渗出和增生过程很轻微的一类炎症。常见于各种实质性器官,如肝、心、肾等,也可见于骨骼肌。常由中毒或一些病原微生物的感染所致,如黄曲霉毒素中毒引起肝脏的变质性炎。

常见的有变质性肝炎和变质性心肌炎。例如,兔出血症导致的变质性肝炎,眼观可见肝脏体积肿大、变黄、粗糙易碎,严重时肝细胞坏死;犊牛口蹄疫导致的变质性心肌炎,在心肌的表面和切面上散布着黄白色、大小不等、形态不规则的斑块与条纹状坏死性炎灶。此时,虽有炎性细胞的浸润和炎性渗出,或同时存在少量细胞的增生,但仍然以变质为主,脏器的功能不同程度地受到损伤,严重时可危及生命。

变质性炎多为急性过程,其结局取决于实质细胞的损伤程度。一般炎症损伤较轻时,病因消除后可完全修复。如果实质细胞大量受到损伤,引起器官功能急剧障碍,可造成严重后果,甚至发生死亡。但有时也可转为慢性,迁延不愈,此时局部损伤多经结缔组织增生来修复。

12.6.2　渗出性炎

渗出性炎是指发炎组织以渗出性变化为主,以炎灶内形成大量渗出物为特征,同时伴有不同程度的变质和轻微增生过程的一类炎症。根据渗出物的性质及病变特征,渗出性炎又分为浆液性炎、纤维素性炎、化脓性炎和出血性炎等。

1)浆液性炎

浆液性炎是以渗出大量浆液为特征的炎症。浆液呈淡黄色,含3%~5%的白蛋白和球蛋白,同时因混有白细胞和脱落的上皮细胞成分而呈轻度浑浊。

(1)原因

各种理化因素(机械力、低温、电流、化学毒物等)和生物性因素等都可引起浆液性炎。浆液性炎是渗出性炎的早期表现。如猪巴氏杆菌病可引起浆液性肺炎。

(2)病理变化

浆液性炎常发生于皮肤、黏膜、浆膜或其他疏松结缔组织。发生在皮肤,则形成水泡(如皮肤Ⅱ度烧伤、水痘)(图12.4);发生在浆膜腔(胸腔、心包腔),可引起浆膜腔积液。

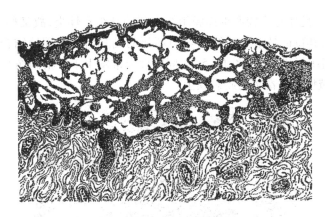

图12.4 皮肤浆液性炎
表皮层内有一大水疱形成,其内含多量浆液

皮下疏松结缔组织发生浆液性炎时,发炎部位肿胀,严重时指压皮肤可出现面团状凹陷,切开时肿胀部可流出淡黄色浆液,疏松结缔组织本身呈淡黄色半透明胶冻状。黏膜发生浆液性炎时,又称为浆液性卡他。常发生于胃肠道黏膜、呼吸道黏膜、子宫黏膜等部位。眼观,黏膜表面附有大量稀薄透明的浆液渗出物,黏膜肿胀、充血、增厚。浆膜发生浆液性炎时,浆膜腔内有浆液蓄积,浆膜充血、肿胀,间皮脱落。

(3)结局

浆液性炎一般呈急性过程,随着致炎因素的消除和机体状况的好转,浆液性渗出物可被吸收消散,局部变性、坏死组织通过再生可完全恢复。若病程持久,可引起结缔组织增生,器官和组织发生纤维化,从而导致相应的机能障碍。

2)纤维素性炎

纤维素性炎是以渗出液中含有大量纤维素为特征的炎症,常发生在黏膜、浆膜和肺。纤维素即纤维蛋白,来自血浆中的纤维蛋白原。

(1)原因

常见于病原微生物感染,如大肠杆菌、猪霍乱沙门氏菌病、牛恶性卡他热、鸡传染性喉气管炎、支原体病等。由于细菌或毒物等引起血管壁通透性显著提高,使大分子的纤维蛋白原得以渗出,在组织中发生凝固,转变成为不溶性的纤维蛋白。

(2)病理变化

根据发炎组织受损伤程度的不同,纤维素性炎可分为浮膜性炎和固膜性炎两种。

①浮膜性炎 是组织坏死性变化比较轻微的纤维素性炎。常发生于浆膜(胸膜、腹膜、心包膜)、黏膜(气管、肠黏膜)和肺脏等处。其特征是渗出的纤维素形成一层淡黄色、有弹性的膜状物被覆在炎区表面,易于剥离,剥离后,被覆上皮一般仍保留,组织损伤较轻。

发生在肠黏膜表面的浮膜性炎,可以在黏膜上形成一个管状物,并可随粪便排出。纤维素性肺炎渗出的纤维素聚积在肺泡中,使得肺组织变实。如肝脏样,称之为肝变。心外膜上的纤维素炎,随心脏跳动,沉着于心包膜上的纤维蛋白可形成无数绒毛状物,称为绒毛心。肝、脾等器官表面渗出的纤维素常形成一层白膜附着于器官的浆膜面。胸膜处发生这种炎症,纤维蛋白沉积于两层胸膜上,呼吸时两层胸膜相互摩擦,听诊有胸膜摩擦音。

②固膜性炎　是伴有比较严重黏膜组织坏死的纤维素性炎,故又称纤维素性坏死性炎。常见于黏膜,其特征是渗出的纤维素与坏死的黏膜组织牢固地结合在一起,不易剥离,剥离后黏膜组织形成溃疡(图12.5)。固膜性炎常发生于仔猪副伤寒(弥漫性)、猪瘟(局灶性)、鸡新城疫等病畜禽的肠黏膜上。

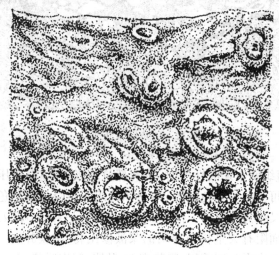

图12.5　猪瘟:肠淋巴滤泡性溃疡(钮扣状溃疡)

(3)结局

纤维素性炎一般呈急性或亚急性过程,结局主要取决于组织坏死的程度。浮膜性炎时,纤维素受白细胞释放的蛋白分解酶的作用,可被溶解、吸收而消散,损伤组织通过再生而修复。有时浆膜面上的纤维素发生机化,使浆膜肥厚或与邻近器官发生粘连,肺泡内纤维素被结缔组织取代可引起肺组织的肉变。固膜性炎因组织损伤严重,不能完全修复,常因局部结缔组织增生而形成瘢痕。

3)化脓性炎

化脓性炎是以大量嗜中性粒细胞渗出为特征,并伴有不同程度的组织坏死和脓液形成的炎症。脓液是由细胞成分、细菌和液体成分所组成。镜检,脓液中的细胞成分主要是嗜中性粒细胞,除少数继续保持吞噬能力外,大部分已发生变性、坏死和崩解。这种变性坏死的中性粒细胞称为脓细胞。脓液的液体是坏死组织受到中性粒细胞释放的蛋白分解酶的作用溶解液化而成的。形成脓液的过程称为化脓。

(1)原因

主要由于化脓菌如葡萄球菌、链球菌、绿脓杆菌、棒状杆菌等感染所引起。某些化学物质如松节油、巴豆油等,或机体自身的坏死组织如坏死骨片,也能引起无菌性化脓性炎。

(2)病理变化

由于病原菌不同和动物种类的不同,脓液在外观上有较大差异。感染葡萄球菌和链球菌生成的脓液,一般呈黄白色或金黄色乳糜状;感染绿脓杆菌生成的脓液为青绿色。化脓过程如混有腐败菌感染,则脓液呈污绿色并有恶臭。犬中性粒细胞的蛋白分解酶有极强的分解能力,故形成的脓液稀薄如水;而禽类的脓液含抗胰蛋白酶,故常呈干酪样。根据发生原因和部位的不同,化脓性炎又有几种不同的表现形式。

①脓性卡他 是黏膜表面的化脓性炎。外观上黏膜表面出现大量黄白色、黏稠浑浊的脓性渗出物,黏膜充血、出血和肿胀,重症时浅表坏死。镜检,嗜中性粒细胞主要向黏膜表面渗出,深部组织没有明显的炎性细胞浸润。见于化脓性脑膜炎、化脓性支气管炎等。

②积脓 浆膜发生化脓性炎时,脓性渗出物大量蓄积在浆膜腔内称为积脓。见于牛创伤性心包炎、化脓性胸膜炎、化脓性腹膜炎。

③脓肿 是组织内发生的局限性化脓性炎,表现为炎区中心坏死液化而形成含有脓液的腔(图12.6)。急性过程时,炎灶中央为脓液,其周围组织出现充血、水肿及中性粒细胞浸润组成的炎性反应带。慢性经过时,脓肿周围出现肉芽组织,包围脓腔,并逐渐形成一个界膜,称为脓肿膜。后者具有吸收脓液、限制炎症扩散的作用。

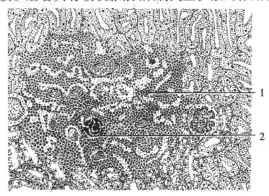

图12.6 肾脓肿
1—脓肿内肾组织坏死、液化,大量脓细胞聚集;2—脓肿内的细菌集落

如果病原菌被消灭,则渗出停止,小的脓肿内容物可逐渐被吸收而愈合;大的脓肿通常见包囊形成,脓液干涸、钙化。如果化脓菌继续存在,则从脓肿可向表层发展,使浅层组织坏死溶解,脓肿穿破皮肤或黏膜而向外排脓,局部形成溃疡。深部的脓肿有时可以通过一个管道向体表或自然管腔排脓,在组织内形成的这种有盲端的管道,称为窦道。如慢性化脓性骨髓炎时,可见窦道形成并向体表皮肤排脓。有时深部脓肿既向体表皮肤穿破排脓,又向自然管腔排脓,此时形成一个沟通皮肤和自然管腔的排脓管道,称为瘘管。

④蜂窝织炎 是皮下和肌间疏松结缔组织的一种弥漫性化脓性炎(图12.7)。蜂窝织炎发生发展迅速,炎区内大量中性粒细胞弥漫性地浸润于细胞成分之间,其范围广泛,与周围正常组织间无明显界限。蜂窝织炎的早期也可称为脓性浸润,主要由溶血性链球菌引起。链球菌能分泌透明质酸酶,降解结缔组织基质中的透明质酸,还能分泌链激酶溶解纤维素。因此,细菌易于通过组织间隙扩散,造成弥漫性化脓性炎症。

(3)结局

化脓性炎多为急性过程,轻症时随病原的消除,及时清除脓液,可以逐渐痊愈。重症时需通过自然破溃或外科手术来进行排脓,较大的组织缺损常由新生肉芽组织填充并导致瘢痕形成。若机体抵抗力降低,化脓菌可随炎症蔓延而侵入血液和淋巴并向全身播散,甚至导致脓毒败血症。

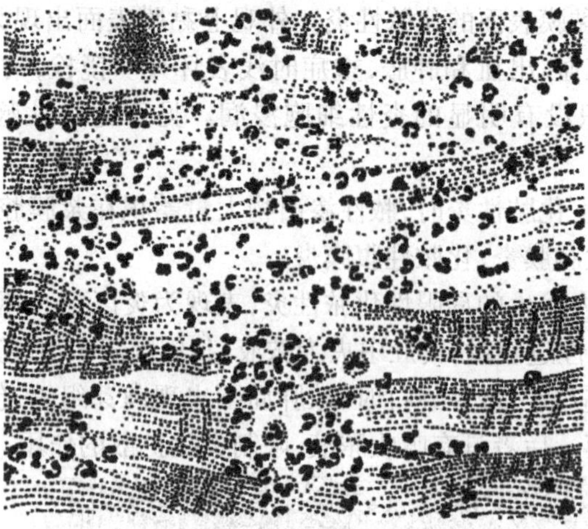

图12.7 横纹肌蜂窝织炎

横纹肌纤维之间有大量中性粒细胞浸润,部分肌纤维有变性坏死

4)出血性炎

出血性炎是渗出液中含有大量红细胞的一类炎症。多与其他类型的炎症合并发生,如浆液性出血性炎、化脓性出血性炎等。

(1)原因

见于毒性较强的病原微生物感染,如猪瘟、炭疽、鸡新城疫、鸡传染性法氏囊病等。这些病原微生物能严重损伤血管壁,引起血管通透性升高,以至红细胞随同渗出液被动地从血管内逸出。

(2)病理变化

大量红细胞出现于渗出液内,使渗出液和发炎组织被染上血液的红色。如胃肠道的出血性炎,眼观,黏膜显著充血、出血,呈暗红色,胃肠内容物呈血样外观。镜检,炎性渗出液中红细胞数量多,同时也有一定量的中性粒细胞;黏膜上皮细胞发生变性、坏死和脱落,黏膜固有层和黏膜下层血管扩张、充血、出血和中性粒细胞浸润。

在实际工作中,要注意区分出血性炎和出血,前者伴有血浆液体和炎性细胞的渗出,同时也见程度不等的组织变质性变化;后者则缺乏炎症的征象,仅具有单纯性出血的表现。

(3)结局

出血性炎一般呈急性过程,其结局取决于原发性疾病和出血的严重程度。

上述4种类型的渗出性炎,是依据炎性渗出物的性质来划分的,但它们之间联系密切,而且有些是同一炎症过程的不同发展阶段。例如,浆液性炎往往是渗出性炎的早期变化,当血管壁受损加重有多量纤维素渗出时,就转化为纤维素性炎了。而且在疾病发展过程中,两种或两种以上的炎症类型也可同时存在,如浆液性—纤维素性炎或纤维素性—化脓性炎等。

5)卡他性炎

卡他性炎是黏膜组织发生的一种渗出性炎症。"卡他"一词是拉丁语"catarrhus"的译音,本意是"向下滴流"(或"流溢")。黏膜组织发生炎症,渗出物溢出于黏膜表面,故称卡他性炎。

依渗出物性质不同,卡他性炎又可分为多种类型。以浆液渗出为主的称为浆液性卡他;以黏液分泌亢进,使得渗出物变得黏稠者称为黏液性卡他;黏膜的化脓性炎症称为脓性卡他。如感冒早期的鼻液,多为鼻腔黏膜发生渗出性炎(卡他性炎)的结果,一般会经历一个浆液、黏液到脓液的发展过程。

12.6.3 增生性炎

增生性炎是指以细胞增生过程占优势,而变质和渗出性变化比较轻微的一类炎症。增生的细胞成分主要包括巨噬细胞、成纤维细胞等。一般为慢性过程,但也可呈急性过程。根据致炎因素和病变特点,一般可分为非特异性增生性炎和特异性增生性炎两种。

1)非特异性增生性炎

非特异性增生性炎是指增生的组织不形成特殊结构的增生性炎。包括急性增生性炎和慢性增生性炎。

（1）急性增生性炎

呈急性过程,是以细胞增生为主,渗出与变质变化为辅的炎症。例如,急性传染病时,淋巴组织的增生性炎症;急性与亚急性肾小球肾炎时,肾小球毛细血管内皮与球囊上皮的显著增生;仔猪副伤寒时,肝脏淋巴样细胞的增生,形成细胞性"副伤寒结节";病毒性脑炎中小胶质细胞增生所形成的胶质细胞结节等。

（2）慢性增生性炎

呈慢性过程,以间质结缔组织增生为主,并伴有少量组织细胞、淋巴细胞、浆细胞和肥大细胞等浸润的炎症,增生的结缔组织包含有成纤维细胞、血管和纤维等成分。多为损伤组织的修复过程,常导致器官组织硬化。慢性增生性炎主要表现为组织和器官的间质成分增生,故又称为慢性间质性炎,如慢性间质性肾炎。

2)特异性增生性炎

特异性增生性炎是由某些特定病原微生物(如结核杆菌、布氏杆菌、鼻疽杆菌)引起的一种以特异性肉芽组织增生为特种的炎症,故又称为肉芽肿性炎。

炎症局部形成主要由巨噬细胞增生构成的界限清楚的结节状病灶,称为肉芽肿。常见的引起肉芽肿性炎的病因有结核杆菌、鼻疽杆菌、异物等。例如,典型的结核结节中心是干酪样坏死,内含坏死的组织细胞和钙盐,还有结核杆菌;周围即为巨噬细胞大量增生以及由巨噬细胞转化而来的上皮样细

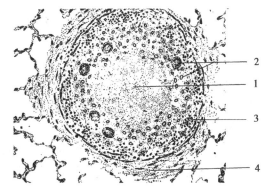

图12.8 结核结节

1—干酪样坏死及钙化;2—上皮样细胞及多核巨细胞;
3—淋巴细胞;4—纤维组织

胞和多核巨细胞,在外围常有大量的淋巴细胞积聚和纤维组织包裹(图12.8)。

增生性炎多为慢性过程,伴有明显的结缔组织增生,故病变器官往往发生不同程度

的纤维化而变硬,器官机能出现障碍。

12.7 炎症的结局

在炎症过程中,致炎因素不同、机体抵抗力的差异以及治疗措施是否及时得当等因素,均可影响炎症的经过和结局。当机体的抵抗力强,经适当治疗时,炎症可痊愈。相反,机体的抵抗力弱,病原的毒力强、数量多,治疗不适当或不及时,则炎症可扩散蔓延,并引起败血症导致动物死亡。当病原的损伤和机体的抗损伤相持时,炎症则转为慢性过程。

12.7.1 痊 愈

大多数炎症能痊愈。痊愈的过程可分为以下两种:

(1)完全痊愈

致炎因素消除,病理产物和渗出物被溶解吸收,组织的损伤通过炎区周围健康细胞的再生而得以修复,局部组织的结构和功能完全恢复正常。常见于短时期内能吸收消散的急性炎症。

(2)不完全痊愈

通常发生于组织损伤严重的炎症中,虽然致炎因素已经消除,但病理产物和损伤的组织是通过肉芽组织取代修复,局部形成瘢痕,局部组织的结构和机能未完全恢复正常。

12.7.2 迁延不愈,转为慢性

在某些情况下,急性炎症可逐渐变成慢性过程并表现为不愈状态。主要原因是机体抵抗力降低,或治疗不彻底,致炎因素未被彻底清除,致使炎症持续存在,表现时而缓慢、时而加剧,造成炎症过程迁延不愈,急性炎症转为慢性炎症。

12.7.3 蔓延扩散

由生物性致炎因素引起的炎症,在机体抵抗力低下、病原微生物数量多、毒力强时,病原微生物可不断繁殖,并沿组织间隙向周围组织、器官蔓延,或通过淋巴管、血管向全身扩散。主要方式有以下几种:

1)局部蔓延

炎症局部的病原微生物可经组织间隙或器官的自然管道向周围组织扩散,使炎区扩大。例如,心包炎引起心肌炎,支气管炎引起肺炎,尿道炎引起膀胱炎、输尿管炎和肾盂肾炎等。

2)淋巴道蔓延

病原微生物从炎区局部侵入淋巴管,随淋巴液流动而扩散至淋巴管及淋巴结,进而引起淋巴结炎,并可再经淋巴液继续蔓延扩散。例如,急性肺炎可继发引起肺门淋巴结炎,淋巴结呈现肿大、充血、出血、渗出等炎症变化;后肢的炎症,腹股沟淋巴结也出现相应的变化。淋巴结的变化有时可限制感染的扩散,但严重时,病原体可通过淋巴道进入血液。

3）血管蔓延

炎区的病原微生物或某些毒性产物，有时可突破局部屏障而进入血液，随血液循环向全身蔓延，引起菌血症、毒血症、败血症和脓毒败血症。

（1）菌血症

菌血症是细菌进入血液的现象。一般情况下，细菌在血液中短暂存在，不引起全身病变。细菌可被血液中的白细胞和脾、肝等器官的巨噬细胞吞噬消灭，但也可能在适宜细菌生长的部位停留下来建立新的病灶。有时菌血症可发展为败血症。

（2）毒血症

毒血症是病原微生物侵入机体后在局部繁殖，细菌毒素或炎区的各种有毒产物被吸收进入血液，引起全身中毒的现象。患病动物出现高热、寒战、抽搐、昏迷等全身中毒症状，并伴有心、肝、肾等实质器官细胞发生严重变性或坏死。

（3）败血症

败血症是病原微生物进入血液并持续存在，大量繁殖，产生毒素，引起机体严重物质代谢障碍和生理机能紊乱，呈现全身中毒症状并发生相应的病理形态学变化。此时，病原微生物的损伤作用占据明显优势，而机体的抵抗力低下。败血症的发生标志着炎症局部病理过程的全身化，如治疗不及时或全身病变严重，往往引起动物死亡。

（4）脓毒败血症

这是由化脓菌引起的败血症。化脓菌团随血流运行在多个器官形成栓塞，引起全身多数器官形成多发性小化脓灶。除具有败血症的一般性病理变化外，突出病变是器官的多发性脓肿，后者通常较小，比较均匀地散布在器官中。镜检，脓肿中央和尚存的毛细血管或小血管内常见细菌团块，说明脓肿是由栓塞于毛细血管的化脓菌性栓子所引起。

12.8　炎症的本质及生物学意义

综前所述，炎症是致炎因素引起的组织损伤和机体发动的抗损伤之间复杂斗争的局部表现。炎症本质上是动物机体的一种重要的防御反应。

致炎因素的损伤作用可表现为炎区组织出现物质代谢障碍，并在此基础上引起细胞的变性和坏死；瘀血和瘀滞使炎灶局部营养物质和氧的供应减少，加重组织损伤的程度；炎区感觉神经末梢敏感性升高，加之某些炎症介质和病理产物的致痛作用而引起局部的疼痛；发炎组织正常结构和代谢过程的破坏，可引起相应的机能障碍。

机体的抗损伤反应主要表现在：充血和血浆渗出，有利于给炎区输送抗体和补体成分，也有利于稀释毒素；白细胞渗出和吞噬活动增强，有利于清除病原微生物和组织坏死崩解产物；炎区内巨噬细胞、血管内皮细胞和成纤维细胞增生，能防止病原扩散，使炎症局限化。在炎症过程中还出现不同程度的全身性反应，机体呈现发热、白细胞增多、单核巨噬细胞系统机能加强以及血清急性期反应物等，这些都可以提高机体的抵抗力，限制炎区损害性变化的发展，促进炎区受损组织的修复。

损伤与抗损伤这对矛盾，贯穿于炎症发展的始终。但是，损伤与抗损伤的区分是相对的，在一定条件下它们是可以相互转化的。在评价炎症的生物学意义时，要坚持一分为二的辩证唯物主义观点，做到具体问题具体分析。例如，炎性渗出液具有稀释、中和毒

性产物,阻止病原菌扩散和促进吞噬的作用,在一般器官、组织发炎时是一种抗损伤反应;但在肺炎时大量炎性渗出液充塞于肺泡,却可影响气体交换而导致呼吸功能不全。炎区中白细胞渗出和吞噬作用是炎症防御反应的重要一环,但炎灶中白细胞崩解,其溶酶体释出的多种酶类可造成局部组织的损伤。炎症时出现的全身反应对机体是有利的,有时也给机体带来不良影响,如发热体温过高,持续过久,引起机体分解代谢加强,消化吸收障碍,机体消瘦,抵抗力下降。

在兽医临床实践中,我们对炎症应作具体分析,要根据炎症的发展规律和机体情况采取适当措施,既不能盲目抑制炎症(如滥用皮质激素类药物),又要对炎症的发展作适当的控制,充分发挥和调动机体的抗损伤作用,促进炎症的痊愈。

附录1　败血症

败血症是病原微生物侵入机体所引起的一种急性全身性病理过程。在病原微生物侵入机体后,突破机体的防御机构,进入血液循环,在血液中大量而持久地存在并散布到各器官组织内,产生大量毒性产物,造成广泛的组织损害,使机体处于严重中毒状态。

一、败血症的原因和机理

1)传染性病原体

几乎所有的细菌性、病毒性传染病,都能发展为败血症,特别是一些急性传染病往往以败血症的形式表现出来,如炭疽、猪丹毒、巴氏杆菌、猪瘟、马传染性贫血、鸡新城疫等。一些慢性传染病(如鼻疽、结核),虽然以局部炎症过程为主要表现形式,但在机体抵抗力显著降低的情况下,也可以出现急性败血症。

病原体侵入机体的部位称为侵入门户或感染门户,病原体常在侵入门户增殖并引起炎症。当机体以局部炎症的形式不能控制或消灭病原微生物时,病原体则可沿着淋巴管或血管扩散,引起相应部位的淋巴管炎或静脉炎以及淋巴结炎。因此,在侵入门户的炎症灶不明显时,通过局部淋巴管炎或静脉炎以及淋巴的病变也可以查明感染门户。但当机体的防御能力显著降低时,往往不经过局部炎症过程,就直接进入循环血液内,并引起败血症。

2)非传染性病原体

某些非传染性病原体也能引起败血症如葡萄球菌、链球菌、肺炎球菌、绿脓杆菌等。其发生机制是机体某部发生局部损伤,继发感染了细菌,引起局部炎症,在局部炎症基础上发展为败血症。此种败血症并不传染其他动物,故不属于传染病范畴。

二、败血症的类型和病变特点

根据引起败血症的病原体的不同,将败血症分为传染病型败血症和非传染病型败血症。

1)传染病型败血症

如前所述,能引起传染病的病原体,几乎都能引起败血症。传染病型败血症具有重要特征,主要表现为:患畜多呈菌血症,机体处于严重中毒状态,出现一系列全身性病理过程,患畜严重中毒和物质代谢障碍,各器官组织都发生不同程度的变化(变性和坏死)。

由于机体内大量微生物存在和死前组织变性坏死,故在动物死后常呈尸僵不全,早期可发生尸腐现象。而全身毒血症,组织变性坏死和物质代谢障碍,致氧化不全的代谢产物和组织分解产物在体内蓄积,引起缺氧和酸中毒,动物死后血液往往凝固不全。败血症时多有早期溶血现象,从而导致心内膜、血管内膜被血红蛋白污染,在尸体中呈玫瑰色,并在脾脏、肝脏和淋巴结等器官内有血源性色素(如含铁血黄素)沉着。溶血和肝脏机能障碍的结果,可造成胆色素沉积、可视黏膜及皮下组织呈黄染现象。

败血症比较突出而又易于发现的病理变化是出血性素质。这主要是因微生物和毒素的作用使血管壁遭到损伤,血管通透性增高,而发生多发性、渗出性出血。表现为在各部浆膜、黏膜、各器官的被膜下和实质内,有点状或斑状的出血灶,皮下、浆膜下和黏膜下的疏松结缔组织中有浆液性、出血性浸润,体腔(胸腔、腹腔及心包腔)内有积液。

脾脏的病变是特征性的,通常可肿大2~4倍。表面呈黑紫色,边缘钝圆,质地松软,触之有波动感,易碎。切面含血量多,呈紫红或黑紫色,脾髓结构模糊不清,髓质膨隆,用刀背轻轻擦过切面时,可刮下大量血粥样物,有时脾髓呈半流动状,镜检可见脾窦显著扩张充血,甚至出血,并有中性白细胞浸润,红髓和白髓内有不同程度的增生,有时还出现局灶性坏死,脾小梁和被膜的平滑肌呈变质性变化。呈现上述变化的脾脏,通常也称之为"败血脾"。

淋巴组织(淋巴结、扁桃体中淋巴滤泡)可发生肿胀,淋巴结呈现各种各样的急性淋巴结炎的变化,如充血、出血、水肿、嗜中性粒细胞浸润。有时淋巴组织可有明显的增生。

实质器官(心、肺、肾)发生颗粒变性和脂肪变性。心脏因心肌变性而松软脆弱,无光泽,心脏扩张,心内、外膜下常见有出血点,心脏内积有少量凝固不良的血液,这是机体发生心力衰竭的表现。肝脏肿大,呈灰黄色或黄色,往往有中央静脉瘀血。肾脏变性肿胀,断面皮质增厚,呈灰黄色,髓质为紫红色。肺脏瘀血水肿。

2)非传染病型败血症

非传染病型败血症又称为感染创伤型败血症,其特点是在机体发生局灶性创伤的基础上,有细菌感染引起炎症,进而发展为败血症。例如,体表创伤、手术创伤(包括去势创伤)、产后的子宫及新生畜的脐带等损伤,因护理不当或治疗不及时造成细菌感染并引起败血症。

感染创伤性败血症除具上述败血症的病理变化外,不同的感染创性败血症又各有其原发病灶的变化特点,可分为以下几种:

(1)创伤败血症

原发病灶在于各种创伤(如鞍伤、蹄伤、去势创、火器伤等)。原发病灶多呈浆液性化脓性炎或蜂窝织炎。由于病原体多沿淋巴管扩散,致使病灶附近的淋巴管和淋巴结发炎。淋巴管肿胀、变粗,呈条索状,管壁增厚而管腔狭窄,管腔内积有脓汁或纤维素凝块。淋巴结为单纯淋巴结炎或为化脓性淋巴结炎。病灶周围静脉管,有时可呈静脉炎,此时,静脉管壁肿胀,内膜坏死和脱落,管腔内积有血凝块或脓汁。

(2)产后败血症

母畜分娩后,当子宫黏膜损伤或子宫内遗有胎盘碎片时,易感染化脓性或腐败性细菌,引起化脓性子宫炎或腐败性子宫炎,往往因继发败血症而死亡。此时,子宫肿大,压之有波动感,子宫内蓄积多量污秽不洁并有臭味的脓样液体。子宫黏膜瘀血、出血及坏死,坏死的黏膜脱落后,形成糜烂或溃疡。

（3）脐败血症

由于新生幼畜断脐消毒不严,致使细菌感染并引起败血症。此时脐带根部可见有出血性化脓性炎,肝脏往往发生脓肿。

此外,感染创伤型败血症有时因化脓性细菌从原发病灶或淋巴或血流转移,而在机体的其他组织、器官内形成转移性化脓灶,这种现象可称为脓毒败血症。

附录 2　免疫病理

免疫是动物机体识别并清除抗原性异物即区分自身与异己,从而保持机体内、外环境平衡的一种特异性生理学反应。因此,正常的免疫反应对维持动物的健康和进行生命活动具有重要的意义,而免疫反应的异常则是许多疾病发生的基础。凡是由免疫应答引起的病理过程都属免疫病理学的研究范畴。免疫病理反应主要包括变态反应、自身免疫病和免疫缺陷病。变态反应请参阅《微生物学》有关内容,本章重点介绍自身免疫病和免疫缺陷病。

一、自身免疫病

自身免疫反应是指机体对自身抗原形成自身抗体或致敏淋巴细胞。一定限度的自身免疫反应对清除体内衰老退变的成分、维持机体生理功能的稳定具有重要作用。自身免疫反应达到一定强度并能破坏自身组织结构,引起特定的临床症状,则称自身免疫病。

正常机体之所以能将自身免疫反应控制在恰到好处的状态,目前认为是免疫系统对自身抗原的"自我耐受"所致。任何破坏自我耐受的原因,均可诱导自身免疫病的发生。自身免疫病的主要特有:①自发地发病,往往找不到外因;②发病率随年龄而增高,有遗传倾向;③体内能查到较高滴度的自身抗体/和致敏淋巴细胞;④许多自身免疫病病情迁延反复,有的成为终身病疾;⑤几种自身免疫病可出现在同一个体,即自身免疫病具有重叠性;⑥用免疫抑制剂有一定疗效。

动物的自身免疫病分为主要影响一种器官组织的器官特异性自身免疫病和影响多种器官或组织的全身性自身免疫病。

1）全身性自身免疫病

（1）全身性红斑狼疮（SLE）

人、犬和猫均有发生。发病犬中75%是雌性。其特点为:血清有针对多种自身细胞成分的抗体,最主要的是抗DNA的自身抗体。因此,可以引起溶血性贫血、皮肤血管炎、狼疮性肾炎及关节炎等一系列症状。本病的发病机理尚不清楚,但与遗传因素有重要关联,往往伴有家族发病率高和与某些组织相容性抗原基因相连锁的现象。此外,病毒感染等外界环境因素也能启动本病的发生。据推测,至少有两种基本的免疫学机理参与SLE的发生,一是免疫复合物沉积在肾小球及其他器官,引起Ⅲ型变态反应;二是特异的抗组织细胞抗体或抗核抗体通过Ⅱ型变态反应对组织细胞产生损伤作用,如抗红细胞抗体引起溶血等。

（2）类风湿性关节炎

这是一种广泛地侵犯结缔组织系统的炎症性疾病,最明显的病变发生于关节及其周围组织。主要病理学改变是皮下类风湿小结、滑膜炎和血管炎。各种动物都可发生,但以犬最常见。

本病的发生原因仍不清楚。有大量资料表明,遗传因素、传染因子、免疫系统功能异常及结缔组织的生理缺陷在本病的发生中都起一定的作用。产生自身抗体是本病的特征,这些自身抗体称类风湿因子。据认为,本病对组织造成损伤的过程包括:存在于关节液及滑膜组织中的免疫复合物激活补体→吸引嗜中性白细胞到达局部→吞噬免疫复合物→释出各种酶→损伤组织,加剧炎症反应。

2)器官特异性自身免疫病

(1)自身免疫性甲状腺炎

犬和鸡均可自然发生,发病有家族性。病畜体内可查到抗甲状腺球蛋白抗体,表现为甲状腺机能低下、肥胖、不活动等症状。目前认为,引起甲状腺损伤的原因主要是抗体依赖细胞介导细胞毒作用。

(2)自身免疫性溶血性贫血

常见于犬和猫,牛和马也有发生的报道。本病主要由病毒感染、药物等原因引起。由于这些因素能使红细胞膜抗原发生改变,从而生成特异的抗红细胞抗体,使红细胞遭到大量破坏,发生贫血。红细胞破坏可以由补体参与的血管内溶血引起,也可由肝和脾中的巨噬细胞清除抗体被覆的红细胞引起。自身抗体为 IgG 或 IgM。

二、免疫缺陷病

免疫缺陷病是指由各种原因所引起的、以机体免疫功能不足为基本特征的疾病。免疫缺陷病一般分为二类,由遗传缺陷或子宫内发育异常所致的免疫缺陷病,称为原发性免疫缺陷病;由后天原因所致的免疫缺陷病,称为继发性免疫缺陷病,临床上以后者常见。免疫系统的各个部分都可能发生缺陷。例如:补体缺陷和吞噬细胞的数量减少或功能障碍,属非特异性免疫缺陷;在特异性免疫方面则可有细胞免疫缺陷或/和免疫球蛋白缺乏。免疫系统各个部分之间密切相关,因而某一部分的缺陷也往往会引起另一些部分的功能低下。免疫缺陷病的共同临床表现是容易发生微生物感染和恶性肿瘤,这是引起死亡的主要原因。

1)原发性免疫缺陷病

原发性免疫缺陷病较为少见,主要是遗传因素所致。原发性免疫缺陷病可分为特异性(包括体液免疫缺陷、细胞免疫缺陷、联合免疫缺陷)、非特异性(包括吞噬细胞缺陷、补体缺陷)两类。动物的原发性免疫缺陷病主要见于下述两种:

(1)马联合免疫缺陷病(CID)

这是一种原发性的、不能产生 B,T 淋巴细胞的联合免疫缺陷,仅发生于阿拉伯驹,是一种常染色体隐性遗传病。病驹生下时表现正常,但当其体内从母体被动转移来的免疫球蛋白水平降低时,驹很容易发生感染,常在 2～4 周龄时出现发热、肺炎等呼吸道感染症状。用抗菌素治疗无效。往往在 4～5 月龄死亡。这种病曾在阿拉伯养马事业中造成了很大威胁,与儿童的联合免疫缺陷病极为相似。

大多数病驹有显著的淋巴细胞减少症。成熟 T 细胞数相应减少。病理学的特征性变化见于胸腺。眼观可见胸腺萎缩,几乎都是脂肪组织。镜下可见,胸腺系由未成为淋巴样细胞的内皮细胞小巢和小岛所组成。淋巴结无生发中心,淋巴细胞数目减少,无浆细胞。

（2）Chediak-Higashi 病（CHD）

本病为一种常染色体隐性遗传病,在人、牛、猫、鼠、貂和鲸都可发生。主要临床表现为眼球震颤、畏光和皮肤白化病及反复发生感染。本病的主要缺陷是嗜中性粒细胞、组织巨噬细胞中含有巨大的溶酶体颗粒。粒细胞不能生成初级溶酶体颗粒,故缺乏过氧化物酶、溶菌酶和某些水解酶。吞噬细胞杀菌能力极弱。因此,患者易发生金黄色葡萄球菌、链球菌、肺炎双球菌等细菌的感染。此外,嗜中性白细胞减少,趋化反应也有障碍。临床上可出现发热、口腔溃疡、皮肤及呼吸道的化脓性病变,肝、脾及淋巴结肿大。

2）继发性免疫缺陷病

继发性免疫缺陷病多由后天因素引起,这些后天因素既可导致非特异性免疫缺陷,也可引起特异性免疫缺陷。引起继发性免疫缺陷病的常见原因有以下几种:

（1）感染免疫缺陷病

是传染病得以发生的重要体内因素,但是感染本身又可继发地引起免疫缺陷,如许多急性传染病常伴有一慢性的免疫缺陷。雏鸡早期感染传染性法氏囊病可造成体液免疫功能降低,而鸡马立克病毒感染对细胞免疫功能有强烈的抑制作用。

（2）恶性肿瘤

恶性肿瘤特别是淋巴样组织的恶性肿瘤（如牛的淋巴肉瘤、禽白血病等）,由于构成免疫系统的细胞发生恶变,故免疫功能必然受到影响。其他恶性肿瘤也可引起免疫缺陷,如肿瘤抗原或抗原抗体复合物可与致敏淋巴细胞表面的特异受体结合而抑制 T 细胞功能,肿瘤细胞分泌的免疫抑制因子,既能抑制 T 细胞的功能,又能抑制 B 细胞的功能和T-B细胞的协作,这是肿瘤患畜免疫功能全面下降的因素之一。

（3）免疫球蛋白大量丢失、消耗或合成不足

慢性肾炎、急性或慢性肠道疾患、大面积烧伤等,免疫球蛋白可分别经泌尿道、消化道或皮肤创面大量丢失。慢性消耗性疾病时,蛋白的消耗增加;消化道吸收不良和营养不足时,蛋白合成不足。凡上述种种因素均可使免疫球蛋白减少,体液免疫反应减弱。

（4）其他

某些治疗传染病的药物有免疫抑制作用,如利福霉素可以抑制动物的体液免疫反应及细胞免疫反应;氟烷等麻醉药可使淋巴细胞的运动减弱,抑制淋巴细胞对 PHA 的转化反应。

衰老与细胞免疫功能衰退之间存在着明显的相关性。衰老小鼠除伴有自身抗体生成和自身免疫病外,常出现免疫调节功能紊乱。

复习思考题

1. 炎症局部的基本病理变化有哪些?
2. 简述渗出液与漏出液的区别。
3. 简述炎性细胞的种类及其功能。
4. 简述炎症的局部表现及其原因。
5. 简述渗出性炎症的类型及其特点。

第13章

肿　瘤

本章导读:本章主要阐述动物肿瘤的概念、形态结构、生长与扩散,肿瘤的命名与分类,肿瘤的病因学,动物部分常见肿瘤的结构特点以及动物肿瘤的诊断与防治。重点掌握肿瘤概念,肿瘤的命名方法,良性肿瘤与恶性肿瘤的区别。了解动物肿瘤发生的原因与机理,动物常见肿瘤的结构特点和肿瘤的诊断与防治。

13.1　肿瘤的概念

机体在某些致瘤因素作用下,局部组织细胞发生质变而呈现异常增生,这种异常增生的细胞群称为肿瘤。多数异常增生的细胞群常在局部形成形状多样的肿块,肿瘤因此而得名。但个别恶性肿瘤呈弥漫性生长,在局部不形成明显的肿块,直接侵害周围组织或发生转移。肿瘤的生长必须依赖机体提供营养物质,肿瘤组织夺取患病动物的营养,产生有害物质,引起组织器官功能障碍,甚至危及动物生命。

在正常情况下或在炎症、组织损伤等病理状态下也存在细胞分裂增生,这种增生称为非肿瘤性增生,它们与肿瘤性增生具有本质的区别。

肿瘤细胞是从正常细胞转化而来,它具有异常的形态、代谢和功能。它生长迅速,呈相对无止境状态,与机体极不协调。恶性肿瘤还呈幼稚型细胞形态,即使致瘤因素被消除,它也能够过度无止境地快速生长,以特有的方式掠夺机体营养,破坏周围组织器官,代谢产物毒害机体,引起动物死亡。病理性再生、炎性增生等非肿瘤性增生虽也形成细胞团,但它与机体协调一致,一旦病因消除即可停止生长。它是针对一定刺激或损伤的防御、修复性反应,填补创伤,对机体是有益的。

13.2　肿瘤的形态结构

13.2.1　肿瘤的一般形态

1)肿瘤的外形

肿瘤的形状各种各样,有乳头状、菜花状、息肉状、结节状、分叶状、绒毛状、弥漫状、

囊状、溃疡状等(图13.1)。

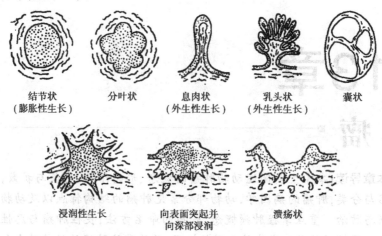

结节状	分叶状	息肉状	乳头状	囊状
(膨胀性生长)		(外生性生长)	(外生性生长)	

浸润性生长	向表面突起并 向深部浸润	溃疡状

图13.1　肿瘤的外形和生长方式

2)肿瘤的大小和数目

肿瘤的大小极不一致,与它生长的时间、速度、部位以及本身的性质有关。小的只有几克乃至零点几克,有的甚至只能在显微镜下才能发现;大的很大,可达数千克乃至数十千克,如牛子宫平滑肌瘤可达170 kg。一般情况下,生长在体表、腹腔、子宫等部位的肿瘤体积较大,生长在颅腔、椎管等狭窄管道内的肿瘤体积较小。良性肿瘤对机体破坏作用相对较小,多数只起挤压作用,一般体积较大;而恶性肿瘤对机体有明显的破坏作用,未达到巨大体积之前即导致动物死亡,一般体积较小。

3)肿瘤的颜色

肿瘤的颜色主要与肿瘤的组织来源、含血量多少、有无变性坏死和有无特殊色素沉着有关。如血管瘤因含血量多呈暗红色或紫红色,脂肪瘤含较多脂色素呈黄色,黑色素瘤内含有较多黑色素而呈黑色或灰褐色,淋巴肉瘤呈灰白色。另外,肿瘤的颜色也与肿瘤的性质有关。癌的切面多呈灰白色颗粒;肉瘤的切面则为淡灰红色,质地均匀,尤似鱼肉;纤维瘤、子宫平滑肌瘤呈灰白色;软骨瘤切面呈半透明的淡蓝色。

4)肿瘤的硬度

肿瘤的硬度取决于肿瘤组织的种类,即肿瘤的性质、实质与间质的比例和有无变性坏死等。单从实质与间质的比例看,间质多则硬,间质少则软;一般癌、瘤硬,肉瘤软,瘤组织变性坏死时变软,有钙盐沉着(钙化)或骨质形成(骨化)时则变硬。

13.2.2　肿瘤的组织结构

肿瘤的组织结构可以概括地分为两部分。一部分是肿瘤的实质,即瘤细胞,决定肿瘤病理学特征和临床特点,也是肿瘤命名的主要依据;另一部分为肿瘤的间质,主要由结缔组织和血管构成,是肿瘤的非特异性部分,对肿瘤的实质起支持和营养作用。

1)肿瘤的实质

肿瘤的实质是肿瘤细胞的总称,是肿瘤的主要成分。一般情况下,一种肿瘤只由一种瘤细胞组成,如脂肪瘤由脂肪瘤细胞构成,纤维肉瘤由纤维肉瘤细胞组成,肝癌由肝癌细胞组成。但也有少数肿瘤由两种瘤细胞组成,如鳞腺癌是由鳞癌细胞和腺癌细胞组成。

(1)瘤细胞的同型性

肿瘤细胞与原来的组织细胞在形态结构上很少有差别,极为相似,称为瘤细胞的同型性。肿瘤细胞及核的大小、形态基本相同,极少核分裂象,只是有些组织细胞排列紊乱,分化度较高,与原组织细胞极为相似,这类肿瘤大多属良性肿瘤。如脂肪瘤起源于脂肪组织,脂肪瘤细胞与正常的脂肪组织细胞在大小、形状、结构等方面基本一致,HE 染色呈圆形或椭圆形空泡,锇酸染色呈黑色。纤维瘤来源于纤维结缔组织,纤维瘤细胞与纤维结缔组织细胞的结构、形状、大小相似。

(2)瘤细胞的异型性

肿瘤细胞与原来组织细胞的形态、大小、排列、结构很少相似,各不相同,差别极大,称为瘤细胞的异型性。肿瘤细胞的体积大小不一,一般比正常细胞大,形状多样,极不一致,呈多形性,有时出现奇形怪状的瘤巨细胞。但有极个别恶性肿瘤的瘤细胞体积较小,细胞形状较一致,多呈圆形。瘤细胞核体积较大,核的大小、形状和染色质多少不一,分布不均,多呈蓝色深染的粗颗粒状,常堆积在核膜下,出现核分裂象,可发现巨核、双核、多核等多种形状(图13.2)。胞质少,核与胞浆比例不等,接近 1∶1(正常为1∶(4~6))。核膜增厚,核仁肥大,数目增多(可达3~5个)。瘤细胞的分化程度不一,有高分化、低分化和未分化等不同阶段的瘤细胞,有的不向成熟方向发展,而是朝着相反方向发展,甚至返回到胚胎阶段。具有这种异型性的肿瘤大多属恶性肿瘤,如纤维肉瘤虽然起源于纤维组织,但纤维肉瘤细胞与纤维细胞完全不同,出现嗜碱性深染,多见核分裂象,且纤维肉瘤细胞之间呈多形性,大小不一,着色深浅不一,核的多少不一。

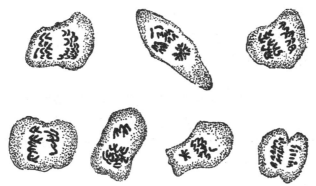

图 13.2 瘤细胞的异常核分裂象

肿瘤细胞胞浆的变化因不同肿瘤而有差异,多呈深浅不一的嗜碱性染色,尤其是一些恶性肿瘤细胞胞浆多呈蓝色深染状态。如 HE 染色时,纤维肉瘤细胞的胞浆完全失去原纤维细胞胞浆呈粉红色着染而变成蓝色或深蓝色着染,肝癌细胞胞浆完全失去粉红色着染而呈着色不均的嗜碱性蓝染。同时,胞浆变化还与胞浆内有无异常代谢产物或分泌物沉着有关,如黑色素瘤胞浆内出现黑色颗粒、腺癌胞浆有空泡等。

2)肿瘤的间质

肿瘤的间质是肿瘤的非特异性部分,一部分来源于原有组织,但大多数则随肿瘤组

织增生而增生形成,对瘤细胞起支持和营养作用。一般生长迅速的肿瘤,血管丰富而结缔组织较少;生长缓慢的肿瘤,结缔组织多而血管少。间质内还有不同程度的淋巴细胞浸润,它是机体对肿瘤组织的免疫反应。

13.3 肿瘤的生长与扩散

肿瘤的生长主要靠瘤细胞的分裂增殖,有许多肿瘤在其发生之前有一个前驱的病变过程,出现病理性核分裂象。甚至有些肿瘤直接是由病理性损害转变而来,出现癌前状态,如胃溃疡可继发胃癌,肝硬化可转化为肝癌。这部分肿瘤是组织器官长期在炎症、再生和组织器官损伤等病理性刺激的基础上转变而来。但肿瘤的这种前期变化,对肿瘤的发生没有必然的因果关系,有的可以发生肿瘤,有的根本不出现任何的肿瘤迹象。

13.3.1 肿瘤的生长

1)肿瘤的生长速度

各种肿瘤的生长速度有极大差异,主要取决于肿瘤组织的分化成熟程度。一般情况下,成熟程度高、分化良好的肿瘤生长缓慢,几年甚至几十年都不见明显增长,这类肿瘤多属良性肿瘤,如人体表皮肤上的各种"痣"。成熟程度低、分化差的肿瘤生长迅速,短期内可形成明显的肿块,部分因血管形成和营养供应相对不足而发生坏死和出血,这类肿瘤多属于恶性肿瘤。如果一个多年不见明显生长的肿瘤,生长突然加快,就要考虑其已经转变成恶性肿瘤的可能。

2)肿瘤的生长方式

肿瘤的生长方式主要与肿瘤的性质和生长部位有关,主要有膨胀性生长、突起性生长、浸润性生长和弥漫性生长4种。

(1)膨胀性生长

肿瘤生长缓慢,逐渐增大并挤压周围组织,与周围组织形成明显的分界,有完整的包膜,呈结节状或囊状。手术易摘除,且不易复发,对机体组织仅有挤压作用,不明显破坏组织器官的功能和结构,位于皮下时触诊有移动感。这种生长方式多见于良性肿瘤,但个别恶性肿瘤也呈膨胀性生长。

(2)突起性生长

突起性生长又称为外生性生长。发生在体表、体腔表面或管道器官(如输尿管、子宫、阴道)内表面的肿瘤向其表面生长,形成乳头状、息肉状或菜花状突起。良性肿瘤或恶性肿瘤均可形成突起性生长。恶性肿瘤在突起性生长的同时,在其基底部往往也呈现浸润性生长,其突起部分表面往往不光滑,甚至有坏死或出血,呈菜花状或溃疡状;而良性肿瘤呈突起性生长时,表面光滑,生长缓慢,常呈乳头状或息肉状。

(3)浸润性生长

肿瘤细胞生长,不仅挤压周围组织,而且不形成包膜,像树根一样侵入周围组织间隙、血管或淋巴管内,与周围组织没有明显的分界线,甚至相互交错或融合,紧密连接在一起。其病变范围比肉眼可见范围要大得多,手术难以摘除,强行摘除后易复发,不仅破坏周围组织的结构和功能,而且很容易转移扩散到机体其他组织器官,形成不良后果。这种生长方式多数为恶性肿瘤的生长方式。

(4)弥漫性生长

瘤细胞不集中,单个或一群向周围组织间隙、血管或淋巴管扩散,多数为恶性肿瘤的生长方式,如大多数造血组织肉瘤、未分化的神经细胞瘤等。

13.3.2　肿瘤的扩散

恶性肿瘤细胞不仅可在原发部位呈浸润或弥漫性生长,还可以通过直接蔓延和转移侵入到其他组织器官,引起其他组织器官结构和功能的破坏,特别是转移,将对机体产生严重后果。

1)直接蔓延

浸润或弥漫性生长的肿瘤由其原发部位不断沿着组织间隙、淋巴管或血管侵入邻近组织或器官内,并继续分裂增生,称为直接蔓延。如晚期的子宫颈癌的癌细胞可经组织间隙直接蔓延到直肠,引起直肠癌;胃癌晚期可直接蔓延到十二指肠引起十二指肠癌。

2)转移

恶性肿瘤细胞脱离原发部位,经淋巴道、血道或其他途径迁移到其他组织器官继续生长,形成与原发瘤同样类型的"子瘤",这个过程称为转移,所形成的"子瘤"称为继发瘤或转移瘤。良性肿瘤一般不发生转移,转移是恶性肿瘤的特征之一。

(1)淋巴道转移

癌主要经淋巴道转移。癌细胞首先经周围组织浸润,蔓延至淋巴管,形成淋巴渗透。肉眼观察可见淋巴管呈灰白色条索样,称为"癌性淋巴炎",在淋巴管和淋巴结内形成"子瘤",并可继续转移到其他淋巴结,或经胸导管入血继发血道性转移。如肺癌首先到达肺门淋巴结,人类乳腺癌首先侵入到同侧腋窝淋巴结。淋巴结是否能阻碍癌细胞蔓延侵入,视其特性和机体免疫状态而定。

(2)血道转移

肉瘤主要经血道转移。瘤细胞首先从静脉侵入血管,随血流到达其他组织器官,并继续生长繁殖,形成"子瘤"。血道转移虽然在许多组织器官可形成"子瘤",但临床上主要见于肺,其次是肝。"子瘤"往往在组织器官内形成边界清楚、散在分布的结节。

(3)种植性转移

种植性转移分为浆膜腔种植性转移和手术性种植性转移。浆膜腔(如胸腔、腹腔、盆腔等)内肿瘤细胞脱离后,可发生细胞接种现象,在其他内脏器官表面形成转移瘤,称为浆膜腔种植性转移。它多见于腹腔器官的恶性肿瘤,瘤细胞脱落后,在肠、肝、大网膜、腹膜表面形成肿瘤。如牛膀胱癌破坏膀胱壁侵入到浆膜后,可在大网膜、腹膜、腹腔及其他器官表面形成转移性肿瘤;鸡卵巢癌细胞脱落后,可在腹腔器官的浆膜面形成广泛的种植性转移瘤,并伴有大量的腹水。有的复发瘤就在手术切口疤痕处、在针吸通道、胃和结肠癌切除术的吻合口处,甚至在操作不慎的活检处发生,这类转移称为手术性种植性转移或称为医源性种植性转移。种植性转移主要是由于从瘤块上脱落的肿瘤细胞具有自

由运动能力,就像播种一样,虽与炎症时的巨噬细胞、中性细胞游走十分相似,但机理完全不同。

13.4 肿瘤的命名与分类

13.4.1 肿瘤的命名

一般而言,肿瘤的命名主要根据肿瘤的组织来源、发生部位以及良性与恶性的不同而命以不同的名称。

1)良性肿瘤的命名

各种组织来源的良性肿瘤都称为"瘤",命名时通常在组织或器官名称之后加一个"瘤"字,即"组织或器官+瘤"。如由纤维组织发生的良性肿瘤称为纤维瘤,由脂肪组织发生的良性肿瘤称为脂肪瘤,来源于腺上皮的良性肿瘤称为腺瘤。有时为了进一步区别,还加上肿瘤发生的部位、形状,如膀胱乳头状瘤、子宫平滑肌瘤、皮肤乳头状瘤。由两种组织发生,均以两种组织为基础,如纤维黏液软骨瘤、纤维腺瘤。

2)恶性肿瘤的命名

恶性肿瘤的命名十分复杂,既有规律性的命名原则,也有习惯性的命名方式。根据组织来源不同主要有以下几种命名方式:

①来源于上皮组织的恶性肿瘤统称为癌,命名时在其来源的组织或器官名称之后加一个"癌"字,即"组织或器官+癌"。如来源于食管上皮细胞的恶性肿瘤称为食管癌,来源于鼻黏膜上皮细胞的恶性肿瘤称为鼻咽癌,来源于肝脏组织的恶性肿瘤称为肝癌。

②来源于间叶组织(包括骨、肌肉、结缔组织、血管、淋巴、脂肪及造血组织)的恶性肿瘤统称为肉瘤,命名时在其来源的组织或器官名称之后加"肉瘤"二字,即"组织或器官+肉瘤"。如来源于淋巴组织的恶性肿瘤称为淋巴肉瘤,来源于脂肪组织的恶性肿瘤称为脂肪肉瘤,来源于纤维结缔组织的恶性肿瘤称为纤维肉瘤。

③来源于未成熟的胚胎组织和神经组织的一些恶性肿瘤,在其组织之前加一个"成"字、在组织器官之后加一个"瘤"字,即"成+组织或器官+瘤"。如成肾细胞瘤、成髓细胞瘤。也可以在来源的组织器官后面加"母细胞瘤",即"组织或器官+母细胞瘤"。如肾母细胞瘤、神经母细胞瘤。

④有些来源尚有争论,成分复杂的肿瘤,往往在其前面加"恶性"二字。如恶性畸胎瘤、恶性黑色素瘤等。另有些恶性肿瘤仍然使用习惯命名或人名和形状命名,如白血病、劳斯氏肉瘤、马立克氏病等。

13.4.2 肿瘤的分类

根据肿瘤的生物学特性及其对机体的危害程度分为良性肿瘤和恶性肿瘤,根据肿瘤的组织来源又将肿瘤分为上皮组织肿瘤、间叶组织肿瘤、神经组织肿瘤和其他类型肿瘤(表13.1)。

表 13.1 肿瘤的分类

类 别	组织来源	良性肿瘤	恶性肿瘤
上皮组织肿瘤	1.被覆上皮 2.腺上皮	乳头状瘤 腺瘤	鳞状上皮癌 腺癌
间叶组织肿瘤	1.纤维结缔组织 　纤维组织 　脂肪组织 　黏液组织 　软骨组织 　骨组织 2.血液淋巴组织 　淋巴组织 　血管 　造血组织 　淋巴管 3.肌组织 　平滑肌 　横纹肌 4.间皮、滑膜组织	纤维瘤 脂肪瘤 黏液瘤 软骨瘤 骨瘤 淋巴瘤 血管瘤 淋巴管瘤 平滑肌瘤 横纹肌瘤 滑膜瘤	纤维肉瘤 脂肪肉瘤 黏液肉瘤 软骨肉瘤 骨肉瘤 淋巴肉瘤 血管肉瘤 白血病 淋巴管肉瘤 平滑肌肉瘤 横纹肌肉瘤 间皮肉瘤
神经组织肿瘤	1.神经纤维 2.神经鞘细胞 3.胶质鞘细胞	神经纤维瘤 神经鞘瘤 神经胶质瘤	神经纤维肉瘤 恶性神经鞘瘤 恶性胶质母细胞瘤等
其他组织肿瘤	1.生殖细胞 2.三胚组织 3.黑色素细胞	精原细胞瘤 畸胎瘤 黑色素瘤	胚胎性癌 恶性畸胎瘤 恶性黑色素瘤

　　良性肿瘤与恶性肿瘤可根据其外形、生长方式、生长速度、组织分化程度、核分裂象、转移与复发以及对机体的影响进行区别和判断(表 13.2)。

表 13.2 良性肿瘤与恶性肿瘤的区别

区别要点	良性肿瘤	恶性肿瘤
外形	多呈结节状、囊状或乳头状,表面光滑,几乎无出血现象,与周围组织分界清楚,常有包膜	呈多种形态,表面不光滑,常有出血现象,与周围组织分界不清,没有明显的包膜
生长方式	多呈膨胀性生长,生长缓慢甚至不见眼观性生长	呈浸润或弥漫性生长,生长较快,极少生长停止
转移与复发	无转移,手术摘除后不易复发	常有转移,手术后常复发
肿瘤细胞形态	分化良好,同型性大,与正常细胞相似	分化极差,异型性大,与正常细胞差别极大,甚至完全不同
核分裂象	极少核分裂象	多见核分裂象,呈多极不规则核分裂

续表

区别要点	良性肿瘤	恶性肿瘤
对机体的影响	影响较小。对周围组织主要为压迫和阻塞作用,极少有破坏现象,但发生于脑、脊髓、心脏等重要器官,则后果严重	影响大。除压迫周围组织外,还能破坏其他组织器官,引起其他组织器官出血坏死,于远处形成转移瘤,常以死亡告终

13.5 肿瘤发生的原因和机理

13.5.1 肿瘤的病因学

肿瘤的病因分为内外和外因。

1)肿瘤的外因

在外因方面,家畜和人不同,人的肿瘤 60% ~90% 是环境致瘤因素所致,且多数是由化学性致瘤因素造成;而家畜肿瘤多数由病毒所致,其次为化学性致瘤因素。

(1)化学性致瘤因素

现在已知的化学性致瘤因素上千种,广泛分布于空气、土壤、水、食物或饲料、住宅(或圈舍),多数为前致瘤因子。常见的化学性致瘤因素有以下几种类型:

①芳香胺类与氨基偶氮染料 芳香胺及偶氮染料被广泛用于食品、印染等工业系统。这类化学物质主要有染料、人工色素、橡胶、杀虫剂、煤焦油等,常用的有二甲基氨基偶氮苯(奶油黄)、联苯胺、4-硝基联苯等。

②亚硝胺类 这是一类致癌作用较强的物质,广泛存在于土壤、肥料、谷物中,同时它也是肉食品增色剂。我国已基本搞清华北地区食管癌高发与亚硝胺较高有关。

③霉菌毒素 霉菌毒素能使多种动物致癌,其中以黄曲霉素 B_1 致癌作用最强,其次是 G_1 和 B_2。它们是强烈的肝毒素,既可引起中毒性肝炎,又可引起肝癌。另外,杂色曲霉素、灰黄霉素、冰岛青霉素等亦能致癌。

④多环芳香烃类 煤焦油、烟草燃烧物、烟熏食品、沥青燃烧物、工厂煤烟等含有多环芳香烃类,它们是由多个苯环缩合而成的化学物质及其衍生物,对人和多种动物有致癌作用。如皮肤鳞状上皮癌的发生多与此类物质有关。此类化合物致癌性强的有 3,4-苯并芘,1,2,5,6,-苯并蒽,3-甲基胆蒽等。

(2)物理性致瘤因素

物理性致瘤因素只是一个促瘤因素,而不是直接致瘤。目前已经证实电离辐射、紫外线、热辐射和一些物理慢性刺激能致瘤。

①电离辐射 主要是指电磁波很短的 X 射线、γ 射线和带亚原子微粒(β 粒子、质子、中子)的辐射。如长期接触 X 射线及镭、铀、氡等放射性同位素可以引起多种不同种类的癌症,其中以白血病、皮肤癌、肺癌多见。第二次世界大战期间,美国在日本广岛、长崎投放原子弹后,幸存者中癌的发生率比一般人群高 4 ~20 倍。地鼠、大鼠及猴用 X 射线、铀及氡照射后可引起皮肤、骨、肺或造血组织肿瘤。

②紫外线 紫外光谱对动物和人皮肤有致癌作用,如长期过度受紫外线照射,易发生皮肤鳞状上皮癌、黑色素瘤等。现在已证实,赤道附近、高原地带属皮肤癌高发区,主要是长期受紫外线照射之故。白种人或照射不增加色素的有色种人最易发生,主要见于面部、手及手臂等身体裸露部位,类似的情况也见于山羊的会阴部皮肤癌。

③热辐射和慢性刺激 长期饮过热食物或受高温辐射能使胃、皮肤发生溃疡或灼烧疤痕而逐渐转化为癌。如阿富汗克什米尔人的"怀炉癌",主要是因为长期习惯怀中放一个热炉。我国西北、东北人冬日长期坐炕,臀部皮肤癌较高。

(3)生物性致瘤因素

目前认为,动物肿瘤多数是由病毒引起的,现在发现约有 150 种病毒有致瘤性。早在 1908 年 Ellernan 和 Bang 用鸡白血病的细胞滤液接触鸡而发病,证明鸡白血病由病毒引起。1911 年 P. Rous 成功发现鸡肉瘤病毒和小鼠乳腺癌病毒,复制了鸡的肉瘤。特别是 1951 年 Gross 应用新生的 C_3 系乳鼠作为试验动物,证明小鼠白血病也是由病毒引起的。现已证明鸡、小鼠、大鼠、豚鼠、猫、牛和猿猴等的白血病、小鼠乳腺癌、绵羊肺腺瘤、兔、鹿的纤维瘤等的发生均与病毒密切相关。对病毒性肿瘤的病理学研究,特别是一些危害较大的病毒性肿瘤,如牛白血病、牛乳头瘤、鸡马立克氏病、鸡白血病的研究已取得一定成果。同时,一些病毒性肿瘤疫苗的成功应用(如鸡马立克氏疫苗)对肿瘤的防治开拓了新的方向。

寄生虫和霉菌本身也有致瘤作用。埃及人膀胱癌主要发生于血吸虫感染者,癌变的机理主要是虫卵和虫体的慢性刺激与其分泌物的化学作用所致。霉菌感染除其霉菌毒素的作用外,霉菌本身可引起局部炎症,促使上皮增生,使癌症发生率增大。

(4)营养性因素

肿瘤细胞的增殖必须依靠机体供给营养物质,机体的营养情况和食物营养成分的好坏在很大程度上直接影响肿瘤的发生与发展。实验证明,饲料中维生素 A 缺乏,易使某些化学致癌原致癌;维生素 C 为一种抗氧化剂,可阻断亚硝胺在体内合成而有效预防某些肿瘤的形成(如食管癌);维生素 E 为一种抗氧化剂,能阻止自由基的形成,抑制脂质的过氧化作用或者抑制某些前致癌物质的激活。如西欧人食物中含高脂高糖低纤维素,结肠癌大大高于饮食中含低脂低糖高纤维素的非洲人。

2)肿瘤的内因

肿瘤的发生和发展非常复杂。过去人们一直重视外界的各种致瘤因素,现在认为内因也起着十分重要的作用,但许多问题至今不甚了解,还需长期做艰苦细致的研究工作。肿瘤的内因可以分为如下几个方面:

(1)遗传性因素

1972 年日本引进杜洛克和汉普夏种猪,用这些种猪与本地猪杂交后仔代猪群中黑色素瘤特别多,认为这与遗传有关。20 世纪 30 年代对 200 余种纯系动物进行研究,发现小鼠的 C_3H 系、A 系、昆明系等自发性乳腺癌发生率特别高,而 C_{57} 纯系则极少发生,这说明小鼠乳腺癌的发生与其基因型有关。国内外有"癌家族"记载,如家族性乳腺癌、家族性腺瘤性息肉病(结直肠癌)。人的肾母细胞瘤也具有遗传性。

(2)年龄与性别

肿瘤的发生具有明显的年龄和性别差异,一般情况下,老龄动物远比幼龄动物高。

如老龄鸭的原发性肝癌特别高。但一些母细胞瘤(如肾母细胞瘤)、造血和淋巴组织肿瘤(如白血病)多见于幼龄动物。性别不同、机体内某些激素不同,原发性肿瘤也就不同。如母畜易患乳腺癌,母鸡白血病比公鸡高得多(母鸡患病率高达30%,而公鸡仅为9.1%);人类中女性的胆囊癌、甲状腺癌、膀胱癌明显高于男性,生殖器官肿瘤及乳腺癌女性为男性的100倍,而肝癌、肺癌、胃癌、结肠癌则以男性多见。

(3)品种与品系

不同种属动物对肿瘤的易感性有明显的差异和不同,即使是同种动物,因其品种与品系的不同,肿瘤的发生率和肿瘤的种类也有很大区别。如黑色素瘤多发于阿拉伯狗,甲状腺癌多见于金猎狗。不同品种或品系的鸡对鸡白血病病毒的敏感性存在明显差异,其死亡率有的高达58.7%,有的则降至3.17%;来亨鸡比本地鸡易患白血病;骡比马的肿瘤发生率高。

(4)机体的免疫状态

肿瘤细胞由于具有肿瘤特异抗原而易被机体免疫细胞所识别,通过免疫监视和免疫抑制恶变细胞,避免肿瘤的形成。当机体免疫力降低时,对肿瘤间变细胞、肿瘤恶变细胞的监视力、杀伤力、清除力下降而使肿瘤的发生率增大,容易发生肿瘤。如免疫缺陷者和接受免疫抑制治疗的病人中,恶性肿瘤的发病率大大增加,先天性免疫缺陷病人恶性肿瘤发病率比正常人高出200倍,艾滋病(AIDS)患者淋巴瘤的发生率明显增高。实验动物切除胸腺或注射免疫抑制剂后再使用致癌物质,不仅肿瘤发生率高,而且诱发肿瘤产生的时间也大大地缩短。各种恶性肿瘤病症的晚期,机体免疫已被肿瘤摧毁,免疫力严重下降。

13.5.2 肿瘤的发生机理

由于致瘤因素的多样性,不同的致瘤因素可引起不同或相同的肿瘤,同一种致瘤因素所致肿瘤又不一定相同。因此,肿瘤的发生机理十分复杂,不同的致瘤原有不同的致瘤机理,同一种致瘤原对不同的个体或同一个体的不同组织器官的作用机理又不完全相同,虽然进行了大量的生物医学研究,但目前对肿瘤的发生机理还不完全清楚,有待进一步探索,一旦这个难题被攻克,人类将获得彻底根除肿瘤的方法。现简介以下两种学说,供学习参考。

1)体细胞突变学说

体细胞突变学说认为细胞癌变是由于体细胞突变的结果,即由致癌物质引起细胞基因的改变(DNA碱基顺序的改变)或由外来基因(如肿瘤的致癌基因)加入细胞的基因组而导致细胞癌变。

2)基因表现失调学说

基因表现失调学说认为癌变的原因不是基因本身的改变,而是由于致癌物质的作用引起基因表现的调控失常。如核分裂、核分化的调控失常而导致细胞持续分裂,并失去分化成熟的能力,从而发生癌变。

近年来,对癌细胞是否能逆转为正常细胞进行了广泛的研究。越来越多的实验证明,癌细胞可以逆转为正常细胞,为探索肿瘤的机理及防治提供了新的途径。

13.6　动物常见的肿瘤

13.6.1　良性肿瘤

1）纤维瘤

纤维瘤是来源于纤维结缔组织的一种常见的良性肿瘤。马、骡、牛、羊、猪、鸡、鸭、鹅、犬、猫、兔等各种动物均可发生,其中以马属动物、牛多见。机体内凡是有结缔组织的部位均可发生,多见于皮下、黏膜下、肌间隙、黏膜腔等处,由纤维瘤细胞、胶原纤维、纤维细胞和血管组成。眼观,多呈结节状外观,质硬,有包膜,表面光滑,分界明显,切面多呈灰白色或淡红色,体积大小与生长部位、生长时间和不同动物种类有关。镜检,胶原纤维粗细不等,纤维束可平行、可交叉或呈旋涡状,与正常纤维组织相似。其区别在于瘤组织内结缔组织细胞和纤维的比例发生变化,细胞成分分布不均,纤维束排列不规则,相互交织,纤维束粗细不等(图13.3)。

图13.3　纤维瘤

根据纤维素瘤内瘤细胞与胶原纤维的比例不同,将纤维瘤分为硬性纤维瘤和软性纤维瘤两种。硬性纤维瘤的特点是瘤组织内胶原纤维多而瘤细胞少,纤维排列致密而质地坚硬,有纤维结缔组织的任何部位均可发生,但以皮下多见,在肌膜、筋膜和黏膜下也可发生。软性纤维瘤特点是瘤组织内胶原纤维少而瘤细胞多,体积小,多呈息肉状肿块,质地较柔软,切面湿润呈水肿样,多发于皮肤、黏膜、浆膜面。

2）脂肪瘤

脂肪瘤是来源于脂肪组织的一种良性肿瘤。马、骡、牛、猪、宠物和家禽均可发生,可发生于机体的任何部位,但以皮下多见,大网膜、肠壁等处也时有发生。眼观,呈结节状,切面常有大小不等的分叶,有包膜,与周围组织分界明显,有移动感,多呈黄色,质地柔

软,和正常脂肪组织十分相似。镜检,瘤组织分化成熟,与正常的脂肪组织类似。经 HE 染色后脂肪瘤细胞呈圆形或椭圆形空泡,经苏丹Ⅲ染色后脂肪瘤细胞呈橘红色,经锇酸染色后脂肪瘤细胞呈黑色。瘤细胞之间有较多结缔组织条索将瘤细胞分隔成不规则的小叶,如含纤维结缔组织多,则称为纤维脂肪瘤;如含血管丰富,则为血管脂肪瘤。

3)乳头状瘤

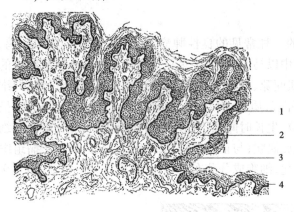

图 13.4　皮肤乳头状瘤
1—向皮肤表面生长的乳头状瘤细胞,和正常表皮极相似;
2—乳头的结缔组织中轴;3—角化层;4—正常表皮

乳头状瘤是来源于表皮或黏膜上皮异常增生所形成的、向外呈乳头状、指状突起的良性肿瘤。各种动物均可发生,十分多见,特别是牛有群发现象。肿瘤根部常有一外蒂与正常组织连接,多发于皮肤、口、咽、舌、食管、胃肠和膀胱等处。眼观,呈乳头状、指状、菜花状或绒毛状不等;色泽与生长部位有关,生长于皮肤的呈黑褐色,生长于黏膜的多呈灰白色。镜检,多为鳞状上皮或移行上皮向外过度生长,形成单个或多个乳头,表面是上皮细胞(皮肤乳头状瘤则为鳞状上皮),中央由纤维组织和血管构成(图 13.4)。

13.6.2　恶性肿瘤

1)纤维肉瘤

纤维肉瘤是来源于纤维结缔组织的一种恶性肿瘤,其发生部位与纤维瘤基本相同,可发生于机体有纤维结缔组织的任何部位,但多见于皮下。纤维肉瘤多为原发性,少数也由纤维瘤恶变而成。各种动物均可发生纤维肉瘤,但最常见于犬、猫,同种动物中多见于老龄和成年动物。与其他恶性肿瘤相比,纤维肉瘤的恶性度相对较低。眼观,呈结节状、分枝状或不规则形,切面呈粉红色,均质如鱼肉,早期与周围组织分界明显,晚期呈急剧的浸润性生长。镜检,主要由纤维肉瘤细胞构成,其肉瘤细胞大小不一,分化度差,呈多形性,排列

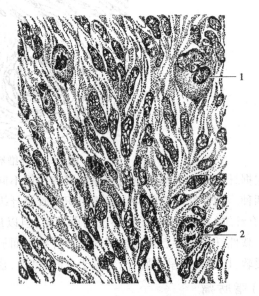

图 13.5　纤维肉瘤
1—瘤巨细胞;2—核分裂象

紊乱,核大而深染,较多核分裂象,几乎整个组织呈蓝色嗜碱性着色(图 13.5)。

2）淋巴肉瘤

淋巴肉瘤又称为恶性淋巴瘤或造白血细胞组织增生病,属淋巴系统的未成熟型肿瘤。淋巴结构完全破坏,呈弥漫性生长,多见于鸡、犬、猫、猪、马、牛、羊等各种动物,但侵害部位有所不同。按其发生部位不同,动物的淋巴肉瘤分为多中心型、胸腺型、消化道型、皮肤型、孤立型和白血病型等。眼观,呈弥散型、栗粒型等多种形状,均质无结构,灰白色或淡红色,质地柔软,似鱼肉状。

鸡白血病是由淋巴白血病病毒引起最常见的恶性肿瘤病之一,自然发病多见于两个月龄以上的性成熟母鸡。由于腔上囊的滤泡细胞是淋巴白血病病毒的靶细胞,故最初形成腔上囊肿瘤,然后瘤细胞随血液循环转移到肝脏、肾脏、脾脏等组织器官形成新的肿瘤。外观呈结节型、弥漫型、栗粒型,或见于结节型和栗粒型之间的混合型。镜检,瘤组织内主要由蓝色深染的类似于淋巴细胞、分化不一、有核分裂象的瘤细胞构成。根据病变特点,鸡白血病又分为淋巴母细胞增多症、髓母细胞增多症和原红细胞增多症,有时也可以呈混合型形式存在。

3）鳞状上皮癌

鳞状上皮癌是指发生于皮肤的磷状上皮以及有此种上皮黏膜的一种恶性肿瘤。主要见于口腔、食道、阴道、子宫颈等,多是在慢性刺激或慢性炎症的基础上发展而来。鳞状上皮癌向组织深层呈浸润性生长,向体表呈突起性生长,呈菜花状或不规则形,有的表面出血、坏死或溃疡而呈"火山口"状。镜检,癌变的鳞状细胞体积大,呈多边形、矩棱形或不规则形,核分裂象多见,呈现多极核分裂象。癌细胞侵入间质形成巢状或条索状,相当于基底细胞排列于癌巢周围;而角化部分集中在中心成轮层状小体,称为癌珠。胞浆着色深浅不一,多为嗜碱性蓝色深染(图13.6)。

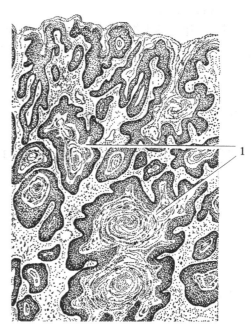

图13.6　鳞状上皮癌
1—向下浸润到真皮层的鳞状上皮癌细胞团,它的中心发生角化(癌珠)

4）原发性肝癌

肝癌分为原发性肝癌和继发性肝癌,继发性肝癌病变与原转移癌密切相关。原发性肝癌又分为肝细胞性肝癌、胆管细胞性肝癌和混合性肝癌,其中以肝细胞性肝癌多见,牛、羊、猪、鸡、鸭、鱼等多种动物均有发生。眼观,可分为弥漫型、结节型和巨块型。弥漫型是在肝组织上形成灰白或灰黄色结节,有的眼观很难分辨,广泛分布浸润于整个肝脏。结节型是在肝组织内形成从栗粒大到核桃大小不等的结节,与周围肝组织分界明显,切面多呈灰白色。巨块型是在肝内形成巨大的肿块,较少见。镜检,癌细胞来自肝细胞,较少肝组织和肝细胞的结构痕迹,呈多角形,核大,核仁粗大,出现多极核分裂象。癌细胞呈条索状或团块样排列,形成"癌巢"。胞浆嗜碱性着色,呈蓝色深染或着色不均。

5)腺癌

腺癌是由腺上皮和黏膜上皮转化而来的常见性恶性肿瘤,常生长于胃、肠、乳腺、卵巢、鼻窦、子宫等部位。眼观,常呈不规则的肿块,无包膜,与周围组织分界不清,癌组织表面质硬而脆,呈灰色颗粒状,生长于黏膜表面的常形成坏死和溃疡。

腺癌细胞分化程度相差极大。分化较好的腺癌细胞常有腺上皮的特点,呈立方状、低矮状或柱状,核仁粗大,呈嗜碱性着色,癌细胞排列成腺泡样或腺管样;分化程度不好的腺癌细胞聚集呈实心状,无空隙,异型性大而核分裂象多。

6)成肾细胞瘤

成肾细胞瘤是幼龄动物常见的一种胚胎性恶性肿瘤,又称为肾母细胞瘤、肾胚胎细胞瘤或韦尔姆氏瘤。常见于兔、猪、鸡等动物,尤其家兔发病率相当高,可达万分之一,据称占家兔肉瘤发现肿瘤率的98%。各品种的猪均可发生,无明显品种和性别差异,大多数发于1周岁之内,多于宰杀时发现。鸡的成肾细胞瘤易见于2~6月龄鸡,可由白血病/肉瘤样病毒群诱发。

成肾细胞瘤的组织结构和成分类别颇多,可发生于肾的任何部位。眼观,多呈结节状或分叶状,少数为菜花状或浸润状,大小悬殊,从粟粒大到巨块形肿块,质地较硬,呈灰白色。镜检,瘤细胞是一种胞浆很少的淡嗜碱性圆形或椭圆形细胞,分散或密集存在于组织之间。分化度差别较大,低分化瘤细胞一般是圆形或椭圆形,高分化的瘤细胞一般呈梭形细胞。核仁清楚,有核分裂象。

13.7 肿瘤的诊断与治疗

13.7.1 肿瘤的诊断

肿瘤的诊断方法很多,对于绝大多数动物肿瘤,病理剖检仍为主要的诊断手段,常用的方法有以下几种:

1)活体组织学检查

它是一种快速、适用、经济、准确的检查方法。在对患病动物进行流行病学调查,掌握病史,确定其患病部位的情况下,对患病组织进行手术切割、穿刺或对其分泌物进行涂片,通过对组织切片或涂片染色、镜检,分析细胞的形态结构,确定其病变性质进行诊断。如肺、喉、阴道、子宫颈等处肿瘤可对分泌物进行涂片检查,体表、皮下或内脏其他实质器官肿瘤进行切割或穿刺后,制成组织切片进行检查。

2)仪器设备检查

X线检查、B超检查、CT检查是肿瘤常见的仪器设备检查方法。它们方便易行、准确性高,如对肝脏、肺脏、关节、胃、肠、卵巢等部位的检查。但这种检查方法只能发现肿块,对肿块的恶性程度和是否是肿瘤需作进一步检查。

3)免疫学检查

免疫学检查在动物肿瘤检查中用得较少。主要运用免疫学技术对肿瘤细胞有关的抗原抗体进行检查和分析,多用于肿瘤的早期检查。

4)组织化学检查

一些不同的肿瘤所分解产生的酶不同。组织化学检查主要运用组织化学方法对一些肿瘤所产生的酶或其他物质进行鉴别而对其癌瘤进行诊断。

13.7.2　肿瘤的治疗

肿瘤的治疗方法很多,各种方法都有一定的局限性,特别是对恶性肿瘤的治疗,治愈极其困难。

1)手术摘除

手术摘除主要应用于良性肿瘤和恶性肿瘤早期,是目前治疗动物肿瘤的主要方法,尤其是对良性肿瘤有良好的治疗效果。具有经济、适用、简便、疗效确切、不易复发等特点。对恶性肿瘤早期,尤其在没有扩散前进行,有一定效果,可以缓解病情,延长生命,但不能根治。

2)放射疗法和化学疗法

放射疗法和化学疗法主要用于恶性肿瘤初期或手术摘除后杀死肿瘤细胞。此法治疗费用高,普通动物无法实施,是目前治疗人类恶性肿瘤的主要方法之一。但此法在治疗过程中,对机体有极大的副作用,在对恶性肿瘤细胞杀灭的同时亦杀灭正常的组织细胞,尤其对机体的免疫系统、造血系统造成极大损伤。

3)免疫疗法

免疫疗法提出较早,只是近几十年来才有所发展,主要是提高机体免疫力,借机体免疫力加强来杀灭、排除肿瘤细胞。一种方法是注射干扰素,激活生物活性因子,增强淋巴细胞、巨噬细胞的生物活力,增强对肿瘤细胞的免疫监视作用;另一种方法是注射生物疫苗,通过对各种病毒性致瘤因子的灭活,制成预防疫苗,对病毒性肿瘤有良好的预防作用。如注射鸡马立克氏病疫苗能有效预防鸡马立克氏病的发生。

复习思考题 ▶

1. 名词解释:肿瘤、癌、肉瘤。
2. 良性肿瘤和恶性肿瘤的外形和组织结构有何不同?
3. 简述肿瘤的扩散和生长方式。
4. 叙述肿瘤的命名原则和良性肿瘤与恶性肿瘤的具体命名方法。

第14章
应激反应

> **本章导读**：本章主要阐述应激反应的概念、原因、本质、机理、后果，临床动物重要的应激性疾病，通过学习，重点掌握应激反应的危害与防控。

14.1 应激的概念与本质

14.1.1 应激的概念

应激是指机体受到各种因子(即应激原)的强烈刺激或长期作用，处于"紧急状态"时所出现的、以交感神经兴奋和垂体—肾上腺皮质功能异常增强为主要特点的一系列神经内分泌反应，并由此而引起动物的各种机能代谢改变，以提高机体的适应能力和维持内环境的相对稳定，也就是机体应对各种内外环境刺激时所出现的一种非特异性防御反应。

14.1.2 应激的原因

引起应激反应的各种内外环境因素称为应激原，任何躯体的或情绪的刺激只要达到一定的强度，都可以成为应激原。在现代畜牧生产中应激原随处可见，如惊吓、捕捉、运输、过冷、过热、拥挤、混群、转群、缺氧、感染、营养缺乏、缺水、断料、去势、断喙、改变饲喂方法、更换饲料、环境变化、高产过劳、创伤、疼痛、中毒等。应激原除了作为致病因素引起特异性损伤(如烧伤、创伤、感染、中毒等)外，都可引起非特异性的应激反应。

"应激"在机械学和物理学中是指"应力"，即指力与阻力之间的相互作用。例如，压力与张力的相互作用称为应力。1936年加拿大学者塞里将此词应用于医学上，提出应激学说。

塞里的应激学说认为：各种刺激物作用于机体，可以引起两种反应，一种是非特异性反应，可以由许多因子引起，叫做应激原或激原；另一种是特异性反应，只能由一个或少数因子引起，只能称为刺激。

任何应激原所引起应激，其生理反应和变化都几乎相同，因此，应激的一个重要特征是其非特异性。应激是机体维持正常生命活动必不可少的生理反应，其本质是防御反应,但反应过强或持续过久,会对机体造成损害,甚至引起应激性疾病或成为许多疾病的诱因。

14.1.3　应激反应的阶段

根据应激反应出现的症状可分为以下相互联系的3个阶段:

(1)警觉期

机体防御机制加速动员,以交感—肾上腺髓质系统兴奋为主。又可分为休克期和抗休克期。休克期意味着机体突然受到应激原的作用,来不及适应而呈现的损伤性反应。表现为神经抑制、血压及体温下降、肌肉紧张性下降、血糖降低、白细胞减少、血凝加速、胃肠黏膜溃疡等。机体很快动员全身适应能力而进入抗休克期,表现为交感神经兴奋、垂体—肾上腺皮质功能增强、中性粒细胞增多、体温升高等。

(2)抵抗期

抵抗期以肾上腺皮质激素增多为主,对特定应激原的抵抗程度增强。此期是抗休克期的延续,机体对应激原已获得最大适应,对其抵抗力增强,而对其他各类应激原的抵抗力则有时增高,有时下降。通过一系列的适应防御反应,警觉期中所出现的病变减轻或消失,动物趋向正常。但应激原持续作用时间过长,可由此期进一步发展为衰竭期。

(3)衰竭期

如果应激源的刺激强度超过机体防御系统的补偿能力,或者刺激作用得以延续,动物又表现出与警觉反应相似的症状,其反应程度急剧增强,出现各种营养不良,肾上腺皮质肥大,激素不足,异化作用又重新占主导地位,体重急剧下降,继而储备耗竭,新陈代谢出现不可逆变化,适应性破坏,最终导致动物死亡。

14.2　应激反应的机理

应激反应的发生过程及其机制是十分复杂的,作为一个有机整体,动物在应激状态,通过神经—内分泌系统,几乎动员了所有的器官和组织,以应对应激原的刺激,这是机体对抗损伤性刺激的一种抗病措施,机体通过极复杂的神经体液调节,以保持体内生理生化过程的协调与平衡,并建立新的稳定状态。其中,中枢神经系统,特别是大脑皮层起整合作用,而交感—肾上腺髓质系统和垂体—肾上皮质系统等起着执行作用。

在应激原作用下,动物交感神经兴奋,肾上腺髓质的分泌功能加强,引起心率加快、心博增强,血管收缩,血流加快,血糖升高等生理变化。肾上腺髓质分泌的肾上腺素,参与物质代谢的调节,如加速糖原分解,抑制糖原的合成,使血糖升高,加速脂肪的氧化降解,以保证机体应激状态的能量需要。

在应激状态下,下丘脑分泌促肾上腺皮质激素释放激素加强,引起垂体前叶促肾上腺皮质激素分泌增强,进一步促进肾上腺皮质合成糖皮质激素,这是应激过程中主要的免疫抑制剂,加强肝脏中糖原的异生作用,增强肝糖原储备,糖原异生的主要原料为蛋白质的分解产物氨基酸。肾上腺皮质的束状带分泌的皮质醇(酮)过多时可造成机体的负平衡,使其生长减慢,消瘦,皮肤变薄,骨质疏松,还可使外周血液的淋巴细胞和嗜酸性白细胞减少,引起胸腺、脾脏和淋巴结中的淋巴组织萎缩。由此可见,糖皮质激素在应激反

应中主要起动员能源,提高血糖,防止炎症,提高机体总抵抗力的作用。

在应激条件下,尚有其他许多系统和激素参与机体的生理生化过程:如盐皮质激素与钠、氯和水的保留,钾、磷和钙的排泄;下丘脑—垂体—甲状腺轴与基础代谢率的增高;下丘脑—垂体—性腺轴与繁殖机能下降;生长激素及生长激素释放激素的协调合成,胰高血糖素和胰岛素的分泌与保证应激状态下能量的供应等。

可见,应激时,神经、内分泌、免疫这3大系统相互调节,互为因果,共同维持机体内环境的稳定,构成了应激反应的整合体。

14.3 应激反应的后果

应激反应对动物的影响是多方面的,如血压和心率增加,呼吸频率加强,某些系统如消化系统、生殖系统活动受到抑制,糖的异生作用和利用性增强,脂肪分解加速,机体警觉性升高等。应激反应是机体在超阈值强度激原作用下,体内重建稳定的一个过程。应激对动物有不利的一面,但是低度应激下平缓进入适应阶段后,甚至可以提高动物的生产力和抵抗力,应激反应对动物的影响归纳如下:

(1)破坏机体的防御系统,降低机体对疾病的抵抗力

此时机体免疫力下降,因而对某些传染病和寄生虫病易感染性增加,降低预防接种的效果,往往造成传染病和流行病的流行。

(2)生产性能低下

在应激状态下,机体不得不动员大量能量对付应激原的刺激,使机体分解代谢增强,合成代谢降低,糖皮质激素的分泌增加,导致动物生长停滞,饲料转化率降低,运输过程及待宰期间的体重明显降低,死亡率增加。

(3)性机能紊乱

应激可促使卵泡激素(FSH)、促黄体素(LH)、催乳激素(LTH)等分泌减少,幼年动物性腺发育不全,成年动物性腺萎缩,性欲减退,精子和卵子发育不良,并可影响受精卵着床及胎儿发育,造成早期吸收、流产、胎儿畸形或死胎。

14.4 应激反应的调控

应激原是多种多样的,并且往往是不同质的,应激反应虽然是非特异性的,但动物的功能异常却是多方面的,它发生在动物的不同生理时期和不同生理状态。因此,其防治措施多为综合性的。生产实践中,可从以下4个方面消除或减少应激造成的危害。

14.4.1 培育抗应激品种

动物对应激的敏感程度与遗传基因有关,通过育种方法选育抗应激品种,淘汰应激敏感动物,建立抗应激种群是根本解决动物应激的重要方法。例如,氟烷测试可以剔除氟烷阳性个体,根据血浆促肾上腺皮质激素水平,可用以建立具较强抗应激能力的鸡群。可见,应激敏感性测试是控制和消除应激敏感基因,提高群体抗应激能力的有效措施。

14.4.2　改善饲养管理方法

由于有些现代饲养管理措施本身就是应激原,因此,对于现代的一些可能引起应激反应的技术措施,在可能的条件下应作重要调整。例如,笼养产蛋鸡的平养,适当降低肉雏鸡料的营养水平以减缓其增重速度,低蛋白早期断奶仔猪料的应用等,为动物创造良好的生存环境,关注动物饲养、购销、运输和屠宰的全过程护理工作。畜禽建筑设计(场址选择、牧场布局、畜舍类型和材料)和环境工程设计(通风、防暑、保温、粪尿处理),以及设备选择与利用(笼具、光照、给水、给料、转群等设备),都要符合动物正常生理要求,尽量为畜禽创造一个比较舒适的环境条件,以免酷暑严寒、粪尿污染、空气污浊等造成的应激。饲养密度合理,光照强度符合动物生理要求,转群运输、兽医防制的实施要得当,在执行前要提前做好准备(比如额外补充维生素、电解质、葡萄糖、镇静剂等)。

14.4.3　调整饲料配方,添加抗应激添加剂

强烈的或持续的应激原刺激,致使动物神经体液调节系统紊乱,物质代谢出现不可逆反应,异化作用占主导地位,机体储备耗竭,动物呈现严重的营养不良状况,免疫性能低下,性机能紊乱,严重时可引发一系列应激综合征等。因此,降低动物对应激原的敏感性;提高动物采食量以改善其营养状况;增强免疫提高抗病力;补充活性物质(维生素、微量元素等),调节动物的整体代谢强度等,是防制应激的基本思路。

国内外常用的抗应激添加剂有应激预防剂、促适应剂和应激缓解剂等。应激预防剂,以减弱应激原对机体的刺激作用为目的,多为安定止痛和镇静剂,这类药只允许用于兽医治疗,不允许以饲料饮水方式给予。促适应剂,以提高机体的非特异性抵抗力、增强抗应激为目的,有参与糖类代谢的物质(琥珀酸、苹果酸、延胡索酸、柠檬酸等),缓解酸中毒和维持酸碱平衡的物质($NaHCO_3$、NH_4Cl、KCl 等),微量元素(锌、硒等),微生态制剂、中草药制剂、维生素制剂(V_C,V_E)。应激缓解剂,以缓解热应激为主要目的物质(杆菌肽锌等)。目前市场上的抗应激产品,多属单一物质,鉴于应激对动物的影响是多方面的,而且不同应激原对动物的影响也是不同的。因此,单一抗应激物质不可能完全或最大限度地消除或缓解应激,针对不同应激原,不同应激综合征,研制复合抗应激剂或系列抗应激剂是未来方向。

14.4.4　以中草药或天然植物提取物为原料制作抗应激剂

以中草药或天然植物提取物为原料,寻求兼有预防应激、促进动物对应激原的适应性与缓解应激等效应的抗应激剂,是研制新型抗应激剂的重要思路之一。其中,柴胡可调节体温、抗热应激,天麻可抗惊厥,远志可降低动物对激原的敏感性、缓解其攻击性行为,五味子可调节整体代谢强度,提高其生产水平,调节中枢神经系统,板蓝根可增强免疫提高抗病能力,人参作为激素样物质可增强繁殖性能,麦芽可维护消化道黏膜细胞的增殖与修复、促进消化、增强食欲、改善营养状况等,它们在抗应激剂中具有重要作用。

14.5 动物应激性疾病

14.5.1 猪常见的应激性疾病

1)猪应激综合征

猪应激综合征是指在应激因子作用下,以异常高的频率产生白色、质地松软和水分渗出的肌肉,以及其他病变伴随突然死亡所表现的征候群。这种情况多见于应激敏感猪,主要是运输应激、热应激、拥挤等造成的。早期症状表现为肌肉震颤,尾抖;继而出现呼吸困难,心悸,皮肤红斑或紫斑,体温上升,可视黏膜发绀;最后衰竭死亡。死后尸僵快,尸体酸度高,肉质发生变化,如水猪肉、暗猪肉、背最长肌坏死等。

(1)水猪肉

水猪肉又名 PSE 猪肉,即猪肉色泽灰白,质地松软,缺乏弹性,切面多汁。组织学检查,肌纤维变粗,横纹消失,肌纤维分离,甚至坏死。水猪肉的好发部位主要是背最长肌、半腱肌、半膜肌,其次是腰肌、股二头肌等。由于水猪肉不新鲜,营养价值降低,虽能食用,但属次品,肉味不佳,多数只能废弃。

PSE 猪肉的发生主要是由于宰前运输、拥挤、捆绑及热、电等刺激引起,导致部分肌肉发达的猪过度应激,表现为肌肉强直,机体缺氧,糖元酵解过多,生成大量乳酸,使 pH 值下降到 5.7 以下。再加上屠宰前后的高温和肌肉痉挛所产生的僵直热,致使肌纤维膜发生变性,肌浆蛋白凝固收缩,肌肉保水能力下降,使游离水增多且迅速由肌细胞渗出。

(2)暗猪肉

暗猪肉又名 DFD 猪肉,即猪肉色泽深暗,质地粗硬,切面干燥。主要见于强度较小而时间较长的应激反应。由于宰前禁食时间过长,肌糖原消耗过多,活体糖原储备少,糖元酵解过程轻微、缓慢产生乳酸较少,而且多被呼吸性碱中毒产生的碱所中和,故出现 DFD 猪肉变化。这种肉保水能力较强,切割不见汁液渗出。

(3)成年猪背肌坏死

主要发生于 75 ~ 100 kg 成年猪。病猪表现为双侧性或单侧性背肌的无痛性肿胀,背肌呈苍白色变性坏死,个别猪可因酸中毒死亡。

(4)心死猪

3 ~ 5 月龄猪最为常发,心肌苍白、灰白或黄白色条纹或斑点,心肌变性。

(5)猪急性浆液坏死性肌炎

原因为对运输应激适应性差,发生肌肉坏死、自溶和炎症。

上述猪应激综合征(PSS)已成为世界上育种工作中的一个主要问题。凡是关闭饲养,并有意识选育肌肉生长最丰满的猪群,如长白猪,其发生率最高。该病有遗传性,可将猪群分为应激易感猪和应激抵抗猪。猪应激综合征发生后主要影响肉的质量,60% ~ 70% 的病猪屠宰后 15 ~ 30 min 内出现水猪肉。这种猪发病后还表现为体温升高、呼吸困难,出现严重的酸中毒现象,最后导致虚脱而死亡。因此,猪应激综合征对养猪业和屠宰业的经济损失极为严重。

现已用氟烷试验来检验猪是否对应激敏感。氟烷是一种麻醉剂,研究证明,猪对氟烷麻醉的高敏感性表现为恶性高温综合征(MHS)的典型症状,即体温突然升高到 43 ～ 45 ℃,肌肉震颤或僵直,严重酸中毒,呼吸困难,和 PSS 的表现极为相似。不论自然发生的 PSS 或氟烷激发的 MHS,屠宰后都出现 PSE。因此,用氟烷来鉴别猪对氟烷的敏感性也即是对应激的敏感性。凡氟烷试验阳性反应的猪称为应激易感猪,阴性反应的猪称为应激抵抗猪。

2)猪应激性溃疡

猪应激性溃疡是在严重应激反应中所发生的急性胃、十二指肠黏膜溃疡。事前无慢性溃疡的典型临床症状,常见猪在斗架、运输、严重疾病中突然死亡。由于饲养拥挤、惊恐等慢性应激刺激以及单纯喂配合饲料而引起肾上腺机能亢进,从而导致胃酸过多而使胃黏膜受损伤。

应激性溃疡是一种急性胃肠黏膜的病变。剖检,胃和(或)十二指肠黏膜有细小、散在的点状出血;线状或斑片状浅表糜烂;或浅表呈多发性圆形溃疡,边缘不整,但不隆起,深度一般达黏膜下层,也可达肌层,甚至造成胃肠壁穿孔。

3)消化道菌群失调

猪在突然更换饲料或饲喂方法、市场交易、转圈混群等应激状态下,猪消化道的正常微生物区系遭到破坏,致使致病性大肠杆菌、沙门氏菌等大量繁殖,加之应激时胃肠道黏膜损伤,从而引起细菌性肠炎或更为严重的细菌性败血症。

4)猝死综合征

这是应激反应的最严重形式。常见于捕捉、惊吓或注射时,事前看不到任何症状而突然死亡。有的公猪甚至在配种时,由于兴奋过度而突然死亡。

5)无乳综合征

母猪在分娩后发生无乳或少乳,食欲不振,发热强直,乳房肿胀和阴门排出污秽物的急性症候群。

6)运输病

病原菌主要是副猪嗜血杆菌和副溶血性嗜血杆菌,多因运输疲劳而诱发,以多发性浆膜炎及肺炎为特征。

7)运输热

运输热发生于过载和通风不良的车厢里,病猪呼吸加快,皮温升高,黏膜发紫,全身颤抖,剖检可见大叶性肺炎变化,小叶间隔增宽,浆液性浸润,有时出现急性肠炎。

8)大肠杆菌病

在应激情况下,机体抵抗力降低时,大肠杆菌成为致病性微生物。

9)猪咬尾症

在高度集中饲养及饮水、饲料不足等条件下,可诱发猪的咬尾癖。

14.5.2 其他动物的应激性疾病

1)牛运输热

牛运输热是在应激状态下牛发生的多种病原微生物(现已发现与此病有关的病原体至少有10种细菌和8种病毒)感染,临床上表现为发热与支气管肺炎症状。这些病原微生物侵入到宿主体内,如无应激原就无法复制,因此认为牛运输热主要是应激因素引起的细菌和病毒混合感染。常见于饥渴、寒冷或过热,运输时的震动或拥挤、长距离运输、噪声,精神上的恐惧、焦虑或疲劳,以及去角、去势、断奶和预防注射等应激原引起的应激反应时。

2)马的应激性疾病

马的应激性疾病是指马疝痛性疾病、X结肠炎、马急性出血性盲结肠炎、马急性腹泻等胃肠道疾病。人们普遍认为与应激有关,因为这些疾病虽然也能找到某些致病因素,但须有应激原(如天气变化、水及饲料供应不足或饲料变化、运输等)存在才能被激发,所以也属于应激性疾病。

3)鸡的应激性疾病

实践证明,鸡在应激状态下,生产力(产蛋率、蛋的质量、受精率、增重等)及健康状况会明显降低,鸡的免疫生物学指数显著下降,许多疾病随之发生。例如,肉仔鸡猝死症、大肠杆菌病、慢性呼吸道病、沙门氏菌病、传染性法氏囊病、传染性支气管炎、新城疫等疾病,应激因素都是它们发生的诱因。

复习思考题

1. 什么是应激和应激原?
2. 如何对应激反应进行调控?
3. 猪应激综合征的肌肉病理变化有哪些?

第15章
心血管系统病理

本章导读：本章通过对心包炎、心肌炎、心内膜炎的学习，要求掌握其发生原因、类型、病理变化、对机体的影响。

15.1　心包炎

心包炎是指心包的壁层和脏层浆膜的炎症，可表现为局灶性或弥漫性。动物的心包炎多呈急性过程，通常伴发于其他疾病过程中，有时也以独立疾病（如牛的创伤性心包炎）的形式表现出来。

心包炎按其渗出物的性质可区分为浆液性、浆液—纤维素性、化脓性、浆液—出血性等类型，但兽医临诊上最常见的是浆液—纤维素性心包炎（猪、牛、羊、鸡、鸭多见）。

15.1.1　原因和发病机理

1）传染性心包炎

传染性心包炎是指特异性和非特异性病原微生物。如巴氏杆菌、链球菌、大肠杆菌、猪丹毒杆菌、霉形体、猪瘟病毒、流感病毒等引起的心包炎。这些病原体是经过血液或由相邻器官的病灶直接蔓延进入心包，常引起浆液—纤维素性甚至化脓性心包炎。

2）创伤性心包炎

创伤性心包炎是指心包受到机械性的损伤。主要见于牛，因为牛采食时咀嚼粗放而又快速咽下，加上其口腔黏膜分布着许多角化乳头，对硬性刺激物感觉比较迟钝容易将尖锐物体（如铁钉、铁丝、玻璃片、坚硬的木棍等）随饲料咽下，由于网胃的前部仅以薄层的横膈与心包相邻，故在网胃肌肉收缩时，往往使异物刺破网胃和横膈直穿心包和心脏，此时胃内的微生物随之侵入，而引起创伤性心包炎。

15.1.2　病理变化

1）传染性心包炎

早期炎性渗出物常呈浆液性，随着炎症的发展，毛细血管渗出大量纤维素，而发展为

浆液—纤维素性心包炎。

眼观,心包膜血管扩张充血,间或可见出血斑点,心包腔因蓄积大量渗出液而明显膨胀,渗出的纤维蛋白凝结为黄白色絮状或薄膜状物,附着于心包内面、心外膜表面和悬浮于心包腔内的渗出液中。如果炎症时间过长,覆盖在心外膜表面的纤维素,因心脏搏动而形成绒毛状外观,此称为"绒毛心"。附着在浆膜表面的纤维素假膜通常易剥离,剥离后见浆膜粗糙无光泽。慢性经过时,被覆于心包壁层和脏层的纤维素往往发生机化,外观呈盔甲状,称"盔甲心"。

镜检,初期心外膜充血、水肿并有白细胞浸润,间皮细胞肿胀、变性,浆膜表面有少量浆液—纤维素性渗出物。随后间皮细胞坏死、脱落,浆膜层及浆膜下组织水肿、充血及白细胞浸润增多,间或出血。特别是在组织间隙有大量丝网状纤维素,与发炎心外膜相邻的心肌细胞发生颗粒变性和脂肪变性,心肌纤维充血、水肿及白细胞浸润。病程长的,则转为慢性,渗出物被新生肉芽组织机化而形成瘢痕,且包裹心脏(图 15.1)。

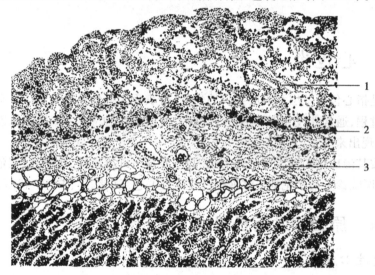

图 15.1 纤维素性心包炎
1—纤维素网,其中混有少量白细胞;
2—心外膜间皮细胞肿胀、脱落;
3—心外膜下炎性水肿、充血、白细胞浸润

2)创伤性心包炎

眼观,心包扩张增厚,腔内蓄积多量污秽的纤维素性、化脓性渗出物,剥离后心外膜混浊粗糙,且有充血和出血点。病程久者,渗出物凝缩成干酪物,还因机化可造成心包的不同程度粘连,甚至心包和网胃及横膈粘连,并在异物穿过的经路上形成瘘管或瘘道。心壁及心包上可见刺入的异物。

镜检,炎性渗出物由纤维素、嗜中性粒细胞、红细胞及脱落的间皮细胞组成。慢性经过时渗出物往往浓缩而变为干酪样并可发生机化,造成心包粘连,心肌受损,则呈化脓性心肌炎的变化。

15.1.3　结局和对机体的影响

病情较轻时,炎性渗出物可被液化吸收而消散,浆膜间皮细胞经再生修复。病情较重时,常由心包的间皮下长出肉芽组织将渗出物机化,造成心包的两层浆膜粘连,从而限制了心脏的舒张与收缩作用,易导致心力衰竭。

当心包积液迅速增多,心包内压也随之增高,这时对心脏产生了直接压迫作用,心脏的舒张明显受限,静脉血回流减少,导致全身性瘀血和有效循环血量减少。虽然此时心跳加快,呼吸加强以及血液重新分布,但均不可能完全代偿,会出现严重的后果。

创伤性心包炎时,对机体除有上述影响外,其渗出物的腐败分解,微生物的毒素的吸收,可继发脓毒败血症,而致动物死亡。炎症蔓延致邻近器官则伴发肺炎和胸膜炎。

15.2　心肌炎

心肌炎是指心肌的炎症。动物的心肌炎,一般都是急性过程,而且伴有明显的心肌纤维变性和坏死的过程。

15.2.1　病因及发病机理

心肌炎通常伴发于全身性疾病过程中,如传染病(巴氏杆菌病、猪丹毒、链球菌病、口蹄疫、流感等)、中毒病(砷、汞中毒等)、寄生虫以及变态反应等因素作用下都可诱发心肌炎。

15.2.2　病理变化及类型

根据炎症发生的部位和性质,心肌炎可分为实质性心肌炎、间质性心肌炎和化脓性心肌炎3种类型。

1)实质性心肌炎

实质性心肌炎多见于急性败血症、中毒性疾病、代谢性疾病(马肌红蛋白尿症、绵羊白肌病)、病毒性疾病(犊牛和仔猪的恶性口蹄疫、流行性感冒、牛的恶性卡他热)、寄生虫病(弓形体)。实质性心肌炎多呈急性过程。以心肌的变性为主,而渗出增生较轻微。

眼观,心肌呈暗灰色,质地松软,心脏常呈扩张状态,尤以右心室明显。炎性病变呈灶状分布,因而在心脏的横切面可见许多灰红色或灰黄色的斑点或条索状病灶,有时可见灰黄色条纹状病灶围绕心腔呈环层分布,形成虎皮样的斑纹,称为"虎斑心"。在犊牛的恶性口蹄疫时可见到。

镜检,轻度心肌炎时,心肌纤维可呈颗粒变性或脂肪变性;重度病例,心肌纤维呈水泡变性和蜡样坏死甚至断裂、溶解。间质和坏死区毛细血管充血、出血,有浆液、炎性细胞的浸润。

2)间质性心肌炎

间质性心肌炎是以心肌的间质渗出变化明显。炎性细胞呈弥散性或结节状浸润,而

心肌纤维本身变化轻微为特征,可发生于传染性和中毒性疾病过程中,因此,间质性心肌炎与实质性心肌炎不仅在病原上具有同一性,而且两者的实质和间质均发生性质相似的病变。

眼观,间质性心肌炎与实质性心肌炎病变极为相似。

镜检,初期表现为心肌纤维的变性和坏死,以后转变为间质增生为主的过程。心肌实质常呈灶性变性和坏死,并发生崩解吸收,间质呈现充血、出血、浆液浸润,发生炎性细胞浸润,主要为单核细胞、浆细胞、成纤维细胞。

3)化脓性心肌炎

化脓性心肌炎以心肌内形成大小不同的脓肿为特征,通常由机体其他部位(肺、子宫、关节、乳房等)的化脓性栓子经血液转移而来或发生于心肌创伤。

眼观,在心肌形成大小不等的化脓灶。新鲜化脓灶,其周围心肌呈充血、出血、水肿变化;陈旧化脓灶,其周围有结缔组织的包囊。化脓灶的脓汁可呈灰白色、灰绿色、黄白色。此外,脓肿部位的心壁因心肌变薄,加之心腔内压作用,故常向外扩张。

镜检,病变的早期见血管栓塞部呈现出血性浸润,继而发展为纤维素性化脓性渗出,其周围充血出血出现嗜中性粒细胞浸润的炎性反应带,化脓灶内及周围的心肌纤维变性,慢性时周围见结缔组织形成包囊。

15.2.3　结局和对机体影响

心肌炎是剧烈的病理过程,对机体影响很大,非化脓性的可发生机化,化脓性的病灶常以包囊形成、钙化、纤维化而告终。心肌炎可影响心脏的自律性、兴奋性、传导性和收缩性,临床上表现为心律失常。严重时,因心肌广泛变性和坏死及传导障碍而发展为心力衰竭。化脓性心肌炎,心肌内脓肿可发生转移,引起脓毒血症。

15.3　心内膜炎

心膜炎是指心内膜的炎症。根据炎症发生的部位,可分为瓣膜性、心壁性、腱索性、乳头肌性心内膜炎。兽医临床上最常见的是瓣膜性心内膜炎,依据病变特点,又分为疣性心内膜炎和溃疡性心内膜炎。

15.3.1　原因和发病机理

动物心内膜炎通常由细菌引起,常伴发于慢性猪丹毒、链球菌、葡萄球菌、化脓性棒状杆菌等化脓性细菌的感染过程。细菌及毒素产物可直接引起结缔组织、胶原纤维变性,形成自身抗原,或菌体蛋白与瓣膜组织有交叉抗原性或菌体蛋白与瓣膜结合成自身抗原,发生免疫反应,使瓣膜遭受损伤,在此基础上形成血栓。

15.3.2　病理变化

(1)疣性心内膜炎

疣性心内膜炎是以心瓣膜损伤轻微和形成疣状血栓为特征。

眼观,早期在心瓣膜表面可见微小、呈串珠状或散在的灰黄色或灰红易脱落的疣状白色血栓,随着炎症的发展,瓣膜上的疣状物不断增大且相互融合,呈灰黄色,表面粗糙。后期,因从瓣膜基部出现肉芽组织增生,疣状物被机化,变坚实,灰白色,并与瓣膜紧密相连,此种疣状物常见于二尖瓣心房面和主动脉瓣的心室面的游离缘。

镜检,炎症的早期见心内膜内皮细胞肿胀、坏死和脱落。其表面覆着有白色血栓,内皮下水肿,内膜结缔组织细胞肿胀变圆,胶原纤维变性。炎症的后期,从心内膜或血栓疣状物的下面见肉芽组织生长并机化血栓疣状物,同时有炎性细胞浸润。

(2)溃疡性心内膜炎

首先引起瓣膜炎、坏死及溃疡,然后在溃疡的表面形成血栓性疣状物,眼观,病变的早期在瓣膜上出现淡黄色浑浊的小斑点,逐渐增大并相互融合成干燥的表面粗糙的坏死灶,而后发生脓性分解形成溃疡。溃疡面上形成的血栓疣状物,质地脆弱,容易脱落形成含有细菌的栓子,随血流运行可造成栓塞或转移性脓肿。瓣膜的坏死过程向深层发展,可继发瓣膜穿孔、破裂。后期,由于血栓物质被机化,而变成较坚实的灰黄色或黄红色的菜花样疣状物。

镜检,瓣膜深层组织发生坏死,局部有明显的炎性渗出、嗜中性粒细胞浸润及肉芽组织增生,表面附有由大量纤维蛋白、崩解的细胞与细菌团块组成的血栓凝块。

15.3.3　结局和对机体的影响

心内膜炎时形成的血栓性疣状物与瓣膜坏死造成的缺损,常以肉芽组织修复,形成瘢痕而纤维化,导致瓣膜皱缩、肥厚、变硬、变形或彼此粘连以及乳头肌和腱索受损,造成瓣膜闭锁不全和瓣膜口狭窄,而发展为瓣膜病。此时,出现心腔血流动力学障碍,进一步引起心脏肥大和扩张,最终导致心力衰竭;另一方面,血栓物质质脆,在血流的冲击下易破碎脱落形成栓子,到达肾、脾、心脏后可引起相关病变。来自右心的血栓性栓子则引起肺部栓塞和梗死。若血栓内含有化脓性细菌,则在栓塞部位造成转移性脓肿,严重的可造成不良后果,甚至死亡。

复习思考题

1. 试述心包炎的发生原因、机理、病理变化。

2. 根据心肌炎发生部位和性质的不同,可分为哪几种类型? 各有什么病理变化?

3. 什么是心内膜炎? 常发生于心脏的什么部位? 其病变特征是什么?

第16章
呼吸系统病理

本章导读:呼吸系统包括呼吸道(鼻、咽、喉、气管、支气管等)和呼吸器官(肺)。本章重点介绍上呼吸道炎、肺炎、肺萎陷和肺气肿。

16.1　上呼吸道炎

上呼吸道炎是指鼻腔、咽、喉、气管、支气管黏膜的炎症,其病变通常表现为该器官组织的黏膜,先发生急性卡他性炎,以后发展为化脓性炎、纤维素性炎或纤维素性坏死炎。有的病例,开始于鼻腔黏膜的炎症,可向下呼吸道黏膜甚至肺蔓延,引起相应的咽、喉、气管、支气管、肺的发炎。

16.1.1　病　因

上呼吸道炎大多由病原微生物引起,少数由物理、化学因素和寄生虫引起。有的单独引起鼻炎、喉炎或气管炎;有些则是特殊传染病的病原(腺疫链球菌、鼻疽杆菌、支气管败血波氏杆菌、传染性喉气管炎、恶性卡他热病毒等),除引起相应部位炎症外,还间接引起全身的病理变化,上呼吸道炎仅是这些疾病的组成部分。

16.1.2　病理变化

初期,上呼吸道黏膜表面覆盖一层稀薄、透明的浆液,称浆液性卡他。此时黏膜充血肿胀,有少量白细胞浸润,黏膜上皮细胞变性、坏死、脱落。随着黏膜的炎症反应加剧,白细胞渗出增多,且黏膜上覆盖的黏液呈灰色、不透明、黏稠状,称为黏液性卡他。之后渗出大量的嗜中性粒细胞崩解,黏膜组织坏死液化,而出现黄白色、黏稠、浑浊分泌物,称为脓性卡他,黏膜充血肿胀,有时可见糜烂。

一些传染病,如马鼻疽、恶性卡他热、鸡传染性喉气管炎、猪萎缩性鼻炎,其呼吸道的病理变化,是具有特征意义的。

(1)马鼻疽的上呼吸道炎

马鼻疽的上呼吸道炎主要是鼻黏膜的化脓性炎和溃疡,大多数是鼻疽杆菌经血源感染所致。鼻疽性鼻炎多见于鼻中隔黏膜,初期多是一侧性,以后可为两侧性,可见黏膜嗜中性粒细胞浸润和坏死。随着炎症发展,炎灶逐渐扩大,形成表面隆起。眼观,脓肿性小结节,结节大小不一,呈灰黄色、半球形隆起于黏膜表面,结节表面很快发生坏死崩解,流出脓性物质,局部形成溃疡。溃疡边缘成锯齿状,溃疡中心深陷,底部高低不平,溃疡外围充血,出血而呈红色。溃疡可互相融合,形成大面积缺损甚至深部软骨组织被破坏,导致鼻中隔穿孔。病情好转的病例,鼻黏膜的溃疡可被结缔组织修复,形成冰花样瘢痕组织。

(2)牛恶性卡他热上呼吸道黏膜的炎症

鼻腔内有大量黏液脓样渗出物,鼻黏膜明显充血水肿,有的区域覆盖一层污灰色纤维素性假膜。剥离后黏膜发生溃疡或糜烂。鼻中隔、鼻中骨、筛骨的黏膜都发生同样的炎症。严重的病例,炎症可蔓延至鼻窦、额窦、角窦,窦黏膜充血呈暗红色,窦内蓄积大量黄白色黏液脓样渗出物,有的病例,牛由于角的基部受侵,使角松动甚至脱落。咽、喉、气管黏膜充血、肿胀表面覆盖一层纤维素性假膜,局部黏膜形成糜烂和溃疡。镜检,黏膜充血、出血,黏膜细胞变性、坏死,白细胞浸润,渗出物中有大量纤维素性渗出物和脓球。

(3)鸡传染性喉气管炎上呼吸道黏膜的炎症

主要病变是喉气管黏膜上覆盖一层纤维素性假膜,由于水分的蒸发,假膜可形成一个干酪样的塞子,堵塞于喉管口,使鸡窒息死亡。有的病例,气管环严重充血、出血,呼吸道内有条状红色的血液和渗出物的凝固物,黏膜发生坏死和出血。炎症可向下扩展到支气管,并侵入肺和气囊。

(4)猪萎缩性鼻炎的病理变化

主要局限于鼻腔及周围组织,特征是鼻甲骨萎缩,严重时鼻骨和面骨发生变形,而成歪鼻猪或短鼻猪,幼猪的易感性大,其病原是支气管败血波氏杆菌。初期鼻黏膜充血肿胀,渗出物初为浆液性,以后转为黏液性甚至脓性;鼻腔内,特别是筛骨小室内积聚着脓稠的黏液脓性渗出物。后期鼻黏膜一般苍白、水肿,特征性病变是鼻甲骨发生萎缩,通常是下鼻甲前部最先发生,进而向后方进行性萎缩,甚至可全部消失。严重的病例,上鼻甲和筛骨也可受侵,以至鼻甲骨的上、下卷曲均萎缩消失,形成一个大空鼻道。鼻甲骨的萎缩通常多在一侧鼻腔特别明显。

16.2　肺　炎

肺炎是指细支气管、肺泡、肺间质的急性渗出性炎。为呼吸系统的一种常见疾病,可发生于各种动物,可以是原发的独立性疾病,也可以是其他疾病的并发症,易引起动物死亡。

肺炎可由外界直接吸入的各种病原引起,但更多的是呼吸道常在微生物,在机体抵抗力降低,特别是呼吸机能降低时,这些微生物侵入肺组织,引起肺炎。

肺炎按照病因可分为细菌性肺炎、病毒性肺炎、支原体(霉形体)肺炎、立克次氏体性肺炎、霉菌性肺炎和吸入性肺炎。按照病变范围可分为支气管性肺炎、纤维素性肺炎、间质性肺炎。

16.2.1　支气管性肺炎

支气管性肺炎是指炎症首先由支气管开始,然后蔓延到细支气管和肺泡组织,又称为卡他性肺炎。由于本病变多局限于肺小叶范围,因此又称为小叶性肺炎。多见于仔猪、犊、幼驹、羊,是肺炎的一种最基本形式,多数为化脓性炎症。

1)病因和发病机理

支气管肺炎大多由细菌感染引起,可作为独立疾病发生,但较多的是其他疾病的并发症。引起支气管的病原菌,最常见的有巴氏杆菌、链球菌、葡萄球菌、猪胸膜肺炎放线杆菌、猪化脓棒状杆菌、支原体、霉菌等;也可由流行性感冒或刺激性气体引起。病原主要由呼吸道侵入,首先在细小的支气管引起炎症,继而顺着管道蔓延至肺泡;或者经支气管周围的淋巴管扩散到肺间质,最后到达邻近的肺泡;有时病原菌也可经血流达肺组织,引起血源性感染。

支气管肺炎常发于幼龄和老龄畜禽。在冬春季节发病较多,寒冷、感冒、过劳、维生素 B 缺乏,常可诱发本病,这是因为上述因素可导致机体抵抗力降低,使呼吸道内常在菌乘虚而入,沿着支气管进入肺泡而引起感染。

2)病理变化

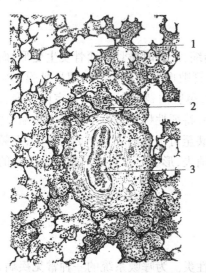

图16.1　小叶性肺炎
1—代偿性肺气肿;2—细支气管周围肺泡内充满中性粒细胞、单核细胞、纤维素等渗出物;3—细支气管腔内有炎性渗出物,管壁充血、水肿及中性粒细胞浸润

眼观,支气管肺炎病变常呈灶状分布于左右两肺叶,多数发生于肺尖叶、心叶、膈叶的前下部,灰黄或灰红色,大小不一,米粒大或黄豆大,形状不规则,呈岛屿状散在分布于肺表面。切面病灶密集或散在分布,病灶实变,中心常见一个细小支气管,用手挤压,支气管断端流出脓性分泌物。支气管黏膜充血、水肿,管腔内含有黏液性或脓性渗出物。病灶周围肺组织充血或代偿性气肿。几个病变小叶可互相融合形成较大病灶。

镜检,细支气管及周围肺泡出现明显病变,细支气管管壁充血、水肿,有较多中性粒细胞浸润,黏膜上皮变性、坏死、脱落,管腔中有多量浆液性、黏液性、化脓性渗出物。支气管周围肺泡壁毛细血管扩张、充血,早期肺泡内充满浆液,随后肺泡内纤维素、白细胞增多。炎症病灶周围肺泡扩张,呈代偿性气肿(图16.1)。

3)结局和对机体影响

支气管肺炎对机体的影响取决于肺炎病灶的性质和范围大小。多数病例经及时治疗、病因消除,经代偿、修复,肺组织可恢复原状。若病因不除,常继发肺脓肿、肺坏疽、脓毒败血症等;另一种结局是转变为慢性支气管肺炎,肺泡壁纤维化、增厚,间质肉芽组织增生。

16.2.2　纤维素性肺炎

纤维素性肺炎是以肺泡内充满大量纤维素性渗出物为特征的急性炎症。由于纤维素性肺炎病变发生后,可迅速蔓延到一个或几个大叶甚至波及全肺,因此纤维素肺炎又称大叶性肺炎。

1)病因与机理

纤维素性肺炎多由一些特殊传染源引起,如牛、羊、猪、兔的巴氏杆菌病,牛、猪的传染性胸膜肺炎。引起纤维素性肺炎的病原体多半经呼吸道感染,有的为寄生于呼吸道的常在菌。当机体发生感冒、过劳、长途运输、吸入刺激性气体时,均可成为大叶性肺炎的诱因。

纤维素性肺炎的初期病变,也是在支气管肺炎的基础上发生的。当病原在肺泡内大量繁殖后,可蔓延至全肺。

2)病理变化

纤维素性肺炎的病变发展过程可分为4个时期,但各期的变化实际上是一个连续发展过程的不同阶段,不能将其截然分开。

(1)充血水肿期

充血水肿期的特征是肺泡壁毛细血管充血,肺泡腔内充满浆液性水肿液。

眼观,肺脏稍肿,重量增加,质地稍变实,暗红色,切面外翻,按压时流出大量血样泡沫液体。

镜检,肺泡壁毛细血管扩张充血,肺泡腔内有大量浆液性水肿液,少量红细胞、嗜中性粒细胞和巨噬细胞。

(2)红色肝变期

红色肝变期的特征是肺泡壁毛细血管显著充血,肺泡腔内有大量纤维素和红细胞及少量白细胞。

眼观,肺病变部位肿胀,体积增大,暗红色,质地坚实如肝,切面干燥呈颗粒状,间质增宽,呈灰白色条纹。

镜检,肺泡壁毛细血管极度扩张充血,支气管和肺泡腔内有多量交织成网的纤维素,网眼内有多量红细胞,少量的白细胞和脱落上皮细胞。间质炎性水肿,淋巴管扩张(图16.2)。

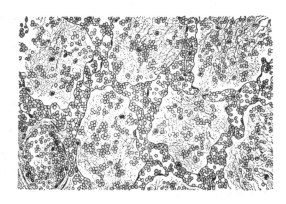

图16.2　纤维素性肺炎红色肝变期

肺泡壁毛细血管充血,肺泡腔内有大量纤维素和红细胞,还有少量中性粒细胞和脱落的肺泡壁上皮细胞

（3）灰色肝变期

灰色肝变期的特征是肺泡壁毛细血管充血现象减退，肺泡腔内有大量嗜中性粒细胞、红细胞溶解。

眼观，肺病变部位仍肿胀，色泽灰白或灰红色，质地坚实如肝，切面干燥呈颗粒状，间质增宽，呈灰白色条纹。

镜检，肺泡内有大量网状纤维蛋白和嗜中性粒细胞浸润，红细胞溶解消失，肺泡壁毛细血管因受腔内炎性渗出物的压迫充血减退（图16.3）。

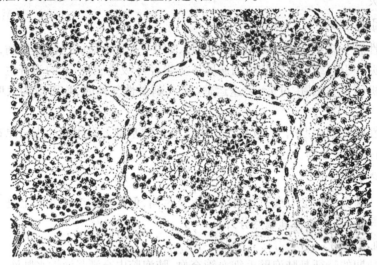

图16.3 纤维素性肺炎灰色肝变期
肺泡壁充血消失，肺泡腔内充满大量纤维素和中性粒细胞

（4）消散期

消散期的特征是肺泡腔内的嗜中性粒细胞坏死崩解，纤维素溶解和肺上皮再生。

眼观，肺体积变小，色略带灰红色或正常色，质地柔软，切面湿润。

镜检，肺泡壁毛细血管重新开张，肺泡腔中的嗜中性粒细胞坏死崩解，纤维素溶解成为微细颗粒，巨噬细胞增多，并可吞噬坏死细胞和崩解产物。

家畜的纤维素性肺炎不一定在每个病例上都能看到以上4个时期的炎症变化，一般在肝变期即可引起死亡。纤维素性肺炎的4个时期的炎症变化会在同一肺脏出现。其中一部分是由于多发性的原发病灶而引起，另一部分是在不同肺小叶可发生先后不同时期的炎症变化，这种情况下，眼观，病肺切面出现各种不同色彩，交织在一起，呈大理石样变化。

人的纤维素性肺炎95%是由肺炎双球杆菌引起。病变特征是：炎症渗出物中有大量纤维素，炎症发展迅速并波及大叶或更大范围，肺炎过程呈明显的阶段性交替（充血水肿期、红色肝变期、灰色肝变期、消散期）。但在家畜的纤维素性肺炎中，一般不具有上述全部过程，消散期很少见。

3）结局和对机体影响

纤维素性肺炎常见以下几种结局：

（1）肺肉变

纤维素渗出物不能完全溶解吸收，由肉芽组织将其机化，使病变肺部形成纤维组织，呈褐红色的"肉样"。

（2）形成肺脓肿

由于机体抵抗力不足或治疗不及时,病肺继发化脓性细菌感染,使肺组织坏死、液化,形成肺脓肿。

（3）肺坏疽

继发腐败细菌感染时,病肺坏死组织发生腐败分解呈绿色、恶臭,即形成坏疽性肺炎。

（4）引起胸膜炎和粘连

纤维素性肺炎并发胸膜炎、胸膜肿胀、增厚、无光泽,表面被覆纤维素性渗出物,机化后引起肺与肋胸膜粘连。发生化脓性胸膜炎时,如果脓液积聚在胸腔,则形成脓胸。

纤维素性肺炎对机体影响很大,由于肺炎病灶发展迅速和范围很广,造成严重的呼吸困难。炎性渗出物和病原微生物也影响其他器官系统及全身状况,危及生命。一般可由于呼吸困难、缺氧而引起死亡。

16.2.3 间质性肺炎

间质性肺炎是指肺泡隔、支气管周围、血管周围和小叶间质等间质部位发生的炎症,呈浸润性增生性炎症反应。

1）原因和发生机理

引起间质性肺炎的原因很多,常见的有病原微生物（流感病毒、蓝耳病毒、猪圆环病毒、支原体）、寄生虫（如弓形体、猪的蛔虫幼虫）和继发于支气管性肺炎、纤维素性肺炎。此外,过敏反应、某些化学性因素都可引起间质性肺炎。病因可直接或间接损伤肺泡壁毛细血管,引起通透性增高。在病原体及毒物作用下,肺泡上皮增生,同时间质巨噬细胞、淋巴细胞等增生。

2）病理变化

眼观,病变部呈灰白色或灰黄色,病变范围大小不等,呈弥散性或局灶性分布,多表现为局灶性结节,质地坚实,缺乏弹性。病灶周围肺组织气肿,肺间质增宽、水肿。慢性病例,病变部纤维化、体积缩小、变硬,形成硬结。间质性肺炎仅凭眼观变化有时难以诊断,必须依赖病理组织学检查。

镜检,肺泡隔、细支气管周围、小叶间质等间质增宽,增宽的间质中淋巴细胞、巨噬细胞浸润。肺泡间隔、小叶间隔内毛细血管充血、水肿。后期,结缔组织明显增生,肺组织纤维

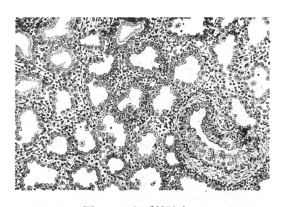

图16.4　间质性肺炎

肺泡间隔和细支气管周围水肿,淋巴细胞和单核细胞浸润,并见结缔组织增生;肺泡间隔增宽,肺泡腔缩小,肺泡壁上皮呈立方形,使肺组织形成类似腺瘤的形象

化,严重时肺组织发生弥散性纤维化。肺泡上皮增生、肿胀、脱落。肺泡腔内有少量浆液、脱落的肺泡上皮、巨噬细胞、淋巴细胞。由病毒引起的间质性肺炎,常见肺泡腔内有透明膜形成。支气管上皮、支气管黏膜下层的混合腺上皮也明显增生(图16.4)。

3) 结局和对机体的影响

急性间质性肺炎在病因消除后完全消散。慢性时常以纤维化而告终,可持续地引起呼吸障碍和肺动脉高压,肺动脉高压导致右心室肥大,进一步引起右心衰竭。

16.3　肺萎陷和肺气肿

16.3.1　肺萎陷

肺萎陷又称肺膨胀不全、肺不张,是指肺组织因某些病因的作用而使肺泡内空气含量明显减少甚至塌陷。先天性的、从未被空气扩张过的肺组织通常称肺不张(新生动物)。

一般根据肺萎陷的原因可将之分为两种类型。

1) 压迫性肺萎陷

压迫性肺萎陷是由于肺外和肺内的压迫所致。肺外的压迫可来自气胸、胸腔积液、肿瘤、肿大的支气管淋巴结、寄生虫、腹水、胃扩张;肺内的压迫常见于肺内肿瘤、脓肿、寄生虫、炎性渗出物。

2) 阻塞性肺萎陷

发生于支气管或细支气管被炎性渗出物、肿胀的黏膜、异物、寄生虫和肿瘤堵塞的情况下,当堵塞物下方所属的肺泡内空气逐渐被吸收后,即完全陷于肺萎陷状态。

3) 病理变化

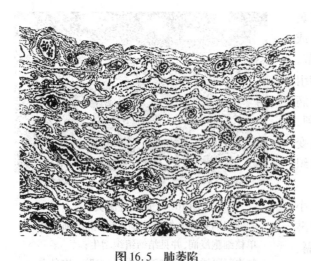

图16.5　肺萎陷

肺泡萎陷变窄,肺泡壁略增厚,毛细血管可明显见到

眼观,压迫性肺萎陷的肺体积减少,含气量少,呈灰白色或灰红色,切面干燥平滑,挤压无液体流出,质地柔软。镜检,肺泡壁成行排列两两相靠近,肺泡管和呼吸性细支气管也瘪塌,细支气管也呈扁平状。肺泡腔和细支气管腔内无炎症反应。

眼观,阻塞性肺萎陷,体积变小,病灶低于周围健康肺组织。与压迫性肺萎陷不同的是,阻塞性肺萎陷的组织发生充血或瘀血,因此病变部暗红或紫红色,切面较湿润,有时常因伴发局限性肺水肿,切面有多量液体流出,质地似肉样。镜检,肺泡腔、肺泡管和呼吸性支气管均有不同程度的瘪塌,肺泡壁毛细血管扩张充血,肺泡腔常见水肿液或脱落的上皮细胞(图16.5)。

4)结局和对机体的影响

肺萎陷若时间较短,病因消除后,可恢复正常。如病因持续存在,萎陷部可发生瘀血、水肿,肺泡壁细胞变性、间质结缔组织增生,最后纤维化,肺组织变硬;若继发感染,可发生肺炎。

16.3.2　肺气肿

肺气肿是指肺组织内含空气过量,肺脏体积膨大。大多情况下是支气管炎和肺脏疾病的合并症。按肺气肿发生的部位可区分为肺泡性肺气肿和间质性肺气肿,其中以肺泡性肺气肿在临床多见。

1)肺泡性肺气肿

肺泡腔内含空气过多,引起肺泡过度扩张称肺泡性肺气肿。

(1)病因及发病机理

①过度使役和过劳　过度重度劳役时,机体代谢增强,需氧量剧增使呼吸加深加快,深吸气使肺泡空气含量增多,呼气时由于呼吸频率加快,不能将肺泡内的气体正常排出,导致肺内残气量剩余过多,肺泡过度扩张。同时,肺泡壁毛细血管受压,使肺泡壁营养供应量降低,导致肺泡壁弹性降低,结果发生肺泡性肺气肿。

②弹性纤维萎缩　老龄动物肺泡壁弹力纤维萎缩,肺泡壁的弹性回缩力降低,呼吸时肺泡不能充分扩展和回缩,造成肺泡含气量过多而发生老龄性肺气肿。

③阻塞性通气障碍　慢性支气管炎及猪羊发生肺丝虫病,由于支气管黏膜肿胀和管腔被渗出的黏液和虫体不完全堵塞,故吸气时因支气管扩张,空气尚能通过气道进入肺泡;而呼气时因支气管腔狭窄,气体呼出受阻,使呼吸性支气管和肺泡储气过多而长期处于高张力状态,故其弹性降低。过度扩张,造成肺泡破裂使扩张的肺泡相互融合而形成肺气肿。

(2)病理变化

剖检,肺脏体积显著膨大,被膜紧张,肺组织柔软而缺乏弹性,指压留痕,色泽苍白,按压出现捻发音,切面干燥呈海绵状。

镜检,肺泡高度扩张,肺泡壁变薄、破裂或消失,相邻肺泡往往相互融合而形成大的囊腔,肺泡壁毛细血管受压而缺血,呼吸性支气管明显扩张,小气管和细支气管常见炎症病变。此外,肺脏伴有渗出性或

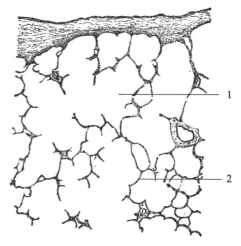

图16.6　肺泡性肺气肿

1—肺泡极度扩张,且互相融合;

2—肺泡壁变薄,其中毛细血管闭塞

增生性炎症时,在病灶周围的肺泡表现强烈扩大,形成大气囊,这是由于病灶周围组织发生代偿性呼吸机能加强所形成的局灶性肺气肿(图16.6)。

(3)结局和对机体的影响

短时间内发生的急性肺泡性肺气肿,病因消除后,肺泡功能可完全恢复。慢性肺泡性肺气肿病程缓慢,通常不出现临床症状,病因消除后,也可恢复,严重肺气肿,肺泡破裂可引起气胸。若病因不除,肺气肿因毛细血管压迫,使肺血液循环阻力增加,导致肺动脉高压,加重右心负担,逐渐引起右心室肥大,引起右心衰竭。同时因肺泡毛细血管受压,影响血液与肺泡之间气体交换,引起机体缺氧。

2)间质性肺气肿

间质性肺气肿是因强烈、持久的深呼吸和肺部外伤或继发于肺泡性肺气肿,使细支气管和肺泡发生破裂,空气进入肺间质而引起的。此外,硫、磷、甘薯黑斑病中毒也可引发间质性肺气肿。

(1)病理变化

间质性肺气肿时,于肺膜下方和肺小叶间结缔组织内形成大小不等的一连串气泡,此种肺气肿有时可见全肺的间质,如果肺膜下气泡破裂,可形成气胸。胸腔中的气体有时经肺根部进入纵隔和胸腔入口处而到肩部和颈部皮下,造成纵隔和皮下气肿。

(2)间质性肺气肿对机体的影响

肺气肿如果是急性的,病因消除后,肺组织弹性恢复,可完全恢复正常功能;如果是慢性的,往往导致病灶纤维化,不能完全恢复。肺气肿可使胸内压增高,静脉回流障碍,长时间可引起心肌肥大,严重的可引起呼吸及心脏功能衰竭。

复习思考题

1.描述支气管肺炎的眼观和镜下病理变化,并说明支气管炎的发生原因。

2.描述纤维素性肺炎的眼观和镜下病理变化,并说明其发生的原因。

3.说明肺气肿、肺萎陷的发生原因和病理变化,以及分别对机体的影响。

第17章
消化系统病理

本章导读:本章重点介绍胃炎、肠炎、肝炎、肝硬变、肝坏死,通过学习掌握其发生原因、类型、病理变化,以及对机体的影响。

17.1 胃肠炎

胃肠炎是畜禽的一种常见病变,指胃肠道浅层或深层组织的炎症。临诊上胃炎和肠炎往往相伴发生,故常合称为胃肠炎。

17.1.1 胃 炎

胃炎是指胃壁表层和深层组织的炎症。临床上可分为急性胃炎和慢性胃炎两种,两种虽可单独发生,但多数情况下是同一病程的不同发展阶段,可相互转化。

1)急性胃炎

急性胃炎的病程较短,炎症症状重,渗出现象明显。根据炎症渗出物的性质和病变特点,一般可将其分为 3 种类型:

(1)急性卡他性胃炎

急性卡他性胃炎是最常见的一种胃炎类型,以胃黏膜被覆多量黏液为特征。可由温热、病毒、细菌、寄生虫和霉败饲料的直接刺激引起;也可由多种特异性的传染病间接引起,如猪瘟、猪丹毒、猪传染性胃肠炎等传染病的病理过程中。

病理变化:眼观,胃黏膜全部或部分充血、潮红、以胃底黏膜病变最为严重,被覆大量黏液,并有出血点和糜烂。镜检,胃黏膜上皮细胞变性、坏死、脱落,固有和黏膜下层毛细血管扩张、充血,并有淋巴细胞浸润,黏膜下层的正常淋巴滤泡由于淋巴细胞增生而肿大,有时肉眼可见。

(2)急性出血性胃炎

急性出血性胃炎是以胃黏膜弥漫性或斑点状出血为特征。由强烈的化学物质(砷)和霉变饲料的刺激所引起;也可伴发于传染病、寄生虫病过程中,如绵羊真胃内的捻转血矛线虫侵袭引起的胃黏膜出血、犬细小病毒、猪瘟、鸡新城疫、猪丹毒等。

病理变化:眼观,胃黏膜呈深红色的弥漫性斑块、点状出血,黏膜表面和胃内容物呈

浅红色。时间稍长时,渗出的血液呈棕黑色,与黏液混在一起成为一种浅棕色的黏稠物,附着在黏膜表面。镜检,红细胞弥漫或局灶性分布于整个黏膜内,黏膜固有层、黏膜下层毛细血管扩张、充血。

(3)急性坏死性胃炎

急性坏死性胃炎是以胃黏膜坏死和形成溃疡为特征的炎症。常发生于猪瘟、猪丹毒及猪坏死性肠炎时,有时应激反应、某些寄生虫感染也可引起。

病理变化:眼观,胃黏膜表面有大小不等的圆形或不规则形的坏死病灶,往往附着有纤维素性渗出物。坏死病灶浅的仅达黏膜层,深的可达黏膜下层、甚至肌层,有时可造成胃穿孔,并引起弥漫性腹膜炎。镜检,溃疡部组织成溶解状态,边缘的黏膜上皮轻度增生,底部明显充血,并有不同程度的炎性细胞浸润和成纤维细胞的增生。

2)慢性胃炎

慢性胃炎是以黏膜固有层和黏膜下层结缔组织显著增生为主的炎症。多由急性胃炎发展而来,也可由寄生虫和其他因素所致。

病理变化:眼观,胃黏膜表面被覆大量灰白色、灰黄色黏稠的液体,黏膜固有层和黏膜下层结缔组织明显增生,并有多量炎性细胞浸润。固有层的腺体受增生的结缔组织压迫而萎缩。由于增生性变化使全胃或幽门部黏膜肥厚,形成慢性、肥厚性胃炎。病程发展到后期,结缔组织大量增生,腺体大部分萎缩,胃壁由厚变薄,形成萎缩性胃炎。

17.1.2 肠 炎

肠炎是指肠道某段、或整个肠道发生的炎症。如局限在某一段就给相应名称,如十二指炎、空肠炎、回肠炎、盲肠炎等。临床上根据病理长短分为急性肠炎和慢性肠炎两种。

1)急性肠炎

根据炎性渗出物的性质和病变特点分为以下3种:

(1)急性卡他性肠炎

急性卡他性肠炎以肠黏膜覆盖多量浆液和黏液性渗出物为特征,是临床上最常见的一种肠炎类型,多为各种肠炎的早期变化,以充血、渗出为主。急性卡他性肠炎病因很多,有营养性、中毒性、生物性因素几大类。如饲料粗糙、霉败、饮水不洁、饲料中毒、病毒、细菌、寄生虫感染等。

病理变化:主要发生于小肠段,肠黏膜表面附有大量半透明、无色或灰白色、灰黄色黏液、黏膜潮红、肿胀、肠壁淋巴集结肿胀,形成灰白色结节,呈半球状突起。镜检,黏膜上皮变性、脱落,杯状细胞增多,黏膜固有层毛细血管扩张,充血,并伴有大量浆液渗出和嗜中性粒细胞、组织细胞、淋巴细胞浸润。

(2)急性出血性肠炎

急性出血性肠炎是以肠黏膜明显出血为特征的炎症。多由强烈化学物质、微生物、寄生虫引起,如禽霍乱、球虫病、急性猪丹毒、猪痢疾。

病理变化:眼观,肠黏膜呈斑块状或弥漫状出血,表面覆盖多量红褐色黏液,有时有暗红色血凝块,肠内容物混有血液呈淡红色或暗红色。肠壁明显增厚,有时浆膜面也可见出血(鸡小肠球虫病)。镜检,黏膜上皮和腺上皮细胞变性、坏死、脱落,黏膜固有层和黏膜下层血管明显扩张、充血、出血、炎性细胞浸润。

(3)急性纤维素性肠炎

急性纤维素性肠炎是以肠黏膜表面被覆纤维素性渗出物为特征的炎症。常由毒素、霉败饲料、细菌及病毒引起,如猪瘟、鸡伤寒、副伤寒等。根据炎灶组织坏死的程度不同分为:

①浮膜性肠炎　眼观,初期肠黏膜充血、出血、水肿,渗出多量纤维素,在黏膜表面形成薄层灰白色、灰黄色、絮状、片状、糠麸样易于剥离的假膜,故称浮膜性炎。肠内容物稀薄如水,常有纤维素碎片。镜检,假膜的纤维素网中含有大量黏液、中性粒细胞和脱落的黏膜上皮,肠绒毛和黏膜固有层充血、水肿和炎性细胞浸润。

②固膜性肠炎　又称纤维素性坏死性肠炎。眼观,肠黏膜表面被覆的纤维素假膜呈黄白色或黄绿色,干硬,不易剥离。若强行剥离,易形成溃疡。镜检,黏膜上皮脱落坏死,炎区组织周围有明显充血、出血、炎性细胞浸润。此类型在猪瘟发生时,常于盲肠、结肠、回盲口处形成轮层样扣状肿,在猪伤寒时于大肠、回肠则形成糠麸样的假膜。

2)慢性肠炎

慢性肠炎是以肠黏膜和黏膜下层结缔组织增生及炎性细胞浸润为特征的炎症。主要由急性肠炎发展来的,也可由长期饲喂不当,肠内有大量寄生虫或其他病因引起。

病理变化:眼观,肠黏膜表面被覆多量黏液,肠黏膜因固有层结缔组织增生而肥厚,又称肥厚性肠炎。有时结缔组织增生不均,使黏膜表面呈现颗粒状。病程较久的,增生结缔组织收缩,黏膜萎缩,肠壁变薄。镜检,黏膜固有层和黏膜下层结缔组织大量增生,有时可侵及肌层和黏膜下组织,并有大量淋巴细胞、浆细胞和巨噬细胞浸润,肠腺萎缩或消失。

3)结局和对机体的影响

急性胃肠炎若病因消除、即时治疗,患畜可恢复正常。若病因不能及时消除则转为慢性,并往往以结缔组织增生、肠壁变薄为结局。在发病的整个过程中可引起严重消化不良,患畜表现腹泻、便秘、肠臌气,胃肠运动机能、分泌机能减弱;还可造成脱水和酸碱平衡紊乱、肠管屏障机能受损和身体中毒等病理现象。

17.2　肝　炎

肝炎是指肝脏在某些致病因素的作用下发生的以肝细胞变性、坏死或间质增生为主要特征的一种炎症过程。肝炎是动物的一种常见病变,根据其发生原因,一般把肝炎分为传染性肝炎和中毒性肝炎两类。

17.2.1　传染性肝炎

传染性肝炎又分为细菌性肝炎、病毒性肝炎、寄生虫性肝炎3种类型。

1)细菌性肝炎

(1)家禽巴氏杆菌病(禽霍乱)

家禽巴氏杆菌病是由多杀性巴氏杆菌引起的一种急性败血型传染病,病禽肝脏的坏死灶和实质性炎症,常具有特征意义。眼观,肝肿大,质地脆弱,暗红色;肝表面、切面上散布有灰白色或灰黄色、针尖大小的坏死灶和出血点。镜检,病灶内的肝细胞变性、坏死,白细胞浸润和崩解。

(2)化脓性肝炎

化脓性肝炎由化脓性细菌引起,特别是化脓棒状杆菌引起的化脓性肝炎,多见于牛。化脓性细菌一般经门静脉血流进入肝脏,也可以由创伤性网胃炎的化脓灶直接蔓延到肝脏引起。脓肿多在左肝叶单发或多发,脓肿具有包膜,内含黏稠的黄绿色脓液。

(3)禽伤寒

禽伤寒是由鸡伤寒沙门氏菌引起禽类的一种败血性传染病。眼观,肝瘀血肿大,呈绿褐色,肝表面切面散步粟粒大的灰白色坏死灶。镜检,肝细胞呈脂肪变性,有淋巴细胞浸润。

(4)沙门氏菌病

沙门氏菌病主要发生于牛、猪的沙门氏菌病,特征是肝脏中出现多数灰白色局灶性坏死,肝肿大,质地柔软,大的坏死灶如针头大小,小的坏死灶在显微镜下才能见到。镜检,肝细胞呈颗粒变性、脂肪变性,窦状隙内因肝细胞肿胀而受压迫,则呈贫血状态,或因瘀血而扩张。剖检,病灶发生在肝小叶内,一种是肝细胞凝固性坏死灶,另一种是由单核细胞增殖所形成的细胞性肉芽肿。

(5)牛坏死杆菌病

其肝脏发生坏死杆菌性炎症病变,眼观呈圆形,有大小不等、稍突起于肝表面、界限明显的淡黄色坏死灶,周围绕以红色的充血带。慢性过程的病例,可见到坏死灶周围有包囊形成,有时坏死灶发生液化而形成脓肿。

2)病毒性肝炎

各种动物由病毒感染引起的特异性病毒性肝炎,常见有以下几种:

(1)鸭病毒性肝炎

鸭病毒性肝炎是一种传播迅速和高度致死的病毒性传染病,仅发生于两周龄以下的雏鸭。剖检,肝脏肿大,质地柔软,呈淡黄色或斑驳色,肝表面有出血点或出血斑,胆囊肿大。镜检,肝细胞广泛发生颗粒变性和脂肪变性,以致发生局灶性坏死,坏死灶周围有炎性细胞浸润,散在出血区。

(2)鸡包涵体肝炎

鸡包涵体肝炎是主要发生于肉用仔鸡和蛋鸡的一种急性传染病。眼观,病鸡的肝脏肿大,质脆,呈淡黄色,表面和切面上可见出血斑并有胆汁淤积的斑纹。镜检,肝细胞广泛发生脂肪变性和凝固性坏死,胞核肿大,染色质消失,核内含充满被苏木素—伊红染成红色的嗜酸性包涵体,肝内有散在出血灶和胆管组织增生变化。

(3)犬传染性肝炎

犬传染性肝炎是由犬传染性肝炎病毒引起的一种急性败血性传染病。剖解,肝脏肿大、充血,质地柔软,脆弱,呈淡棕色乃至血红色,被膜下散在着淡黄色细小的坏死灶;胆囊壁因水肿显著增厚,呈淡黄色。皮下水肿,腹腔内蓄积澄清或血样液体。镜检,窦状隙内和小叶中央静脉高度扩张、瘀血,肝小叶内散在局灶性凝固性坏死,靠近坏死区的肝细胞变性。最具特征的病变是肝细胞核极度肿大,核内有嗜伊红色的包涵体,轮廓清晰,枯否氏细胞肿大,也可见到相同的核内包涵体,这是本病组织学上的特征病变。

3)寄生虫引起的肝炎

多见于鸡组织滴虫、兔球虫病。

（1）鸡组织滴虫病

鸡组织滴虫病又称盲肠肝炎或黑头病,其肝脏炎症病变具有特征性。剖检,病肝肿大,表面出现圆形或不规则形,中间稍凹的坏死灶,呈黄绿色或黄白色,大小不等,周边充血,一侧或两侧盲肠发生出血性坏死炎症。镜检,肝实质呈凝固性坏死,有炎性细胞浸润,坏死灶周围的肝细胞排列紊乱,并能见到圆形的染成红色的虫体。

（2）兔的肝脏球虫

剖检,肝肿大,表面和切面均有米粒大至豌豆大的黄白色脓样结节病灶,病灶切面会有脓样或干酪样物质,压片镜检可见到大量球虫卵囊。

17.2.2　中毒性肝炎

中毒性肝炎是指由病原微生物以外的其他有毒物质所引起的肝炎,常见的病因有:

（1）化学毒物

硫酸亚铁、磷、砷、汞、棉酚等物质可使肝脏受到侵害,引起中毒性肝炎。

（2）代谢产物

由于物质代谢障碍,造成大量中间代谢产物蓄积。这些中间代谢产物可引起身体中毒,此时常发生肝炎。

（3）植物毒素

动物常采食有毒植物（如野百合、野豌豆）而引起肝炎。

（4）霉菌毒素

一些霉菌如黄曲霉菌产生的毒素,常引起肝炎。

中毒性肝炎病理变化因中毒原因不同而各异。急性中毒时,眼观,肝体积肿大、水肿、充血、出血,质地脆弱,发生严重颗粒变性或脂肪变性时,颜色土黄或黄褐色,有时可见灰黄色坏死灶。镜检,肝窦状隙和中央静脉扩张,瘀血、出血,小叶间质水肿、出血,有少量炎性细胞浸润,有的可见肝细胞发生坏死。慢性病例,汇管区和小叶间质结缔组织增生,导致肝硬变。

17.3　肝硬变

肝硬变是由多种病因引起肝组织严重损伤所出现的一种以结缔组织增生为特征的慢性肝脏病。它不是一种独立的疾病,而是许多疾病的并发症。首先病因引起肝细胞变性、坏死,随后在病理产物持续刺激下,间质内纤维性结缔组织广泛增生和肝细胞结节状再生。这3种病变反复进行,从而导致肝脏变形变硬。

17.3.1　原因和发病机理

1）病因

引起肝硬变的原因共有以下几种：

（1）坏死后肝硬变

坏死后肝硬变又称中毒性肝硬变，常是慢性中毒性肝炎的一种结局。黄曲霉毒素、四氯化碳以及猪的营养性肝病，常可引起此型肝硬变。首先肝细胞严重坏死，随后残留的肝细胞显著再生和结缔组织增生而导致肝硬变。其特点为肝表面可见大小不等的结节，间质内结缔组织增生显著，但分布不均，胆管增生较明显，肝细胞结节状再生。

（2）瘀血性肝硬变

瘀血性肝硬变又称心源性肝硬变，长期心功能不全，肝脏慢性瘀血和缺氧，肝细胞变性和坏死，网状纤维胶原化，间质由于缺氧及代谢产物的刺激而发生结缔组织增生。特点是肝体积稍缩小，红褐色，表面有颗粒。肝小叶中心纤维化较突出，汇管区、小叶间结缔组织、小胆管增生和肝细胞再生不明显。

（3）寄生虫性肝硬变

寄生虫性肝硬变是最常见的肝硬变，可以是由寄生虫的幼虫移行时破坏肝脏（如猪蛔虫病），或是虫卵沉积在肝内（牛、羊血吸虫），或由于成虫寄生于胆管内（牛、羊肝片吸虫），或由于原虫寄生于肝细胞内（兔球虫）在肝内形成大量相应寄生虫结节。寄生虫首先引起肝细胞变性和坏死，进而引起胆管上皮和结缔组织增生而发生硬变，此型肝硬变的特点是嗜酸性粒细胞浸润。

（4）胆汁性肝硬变

胆汁性肝硬变是由于胆道阻塞、胆汁淤积而引起的肝硬变。胆道受到肿瘤的压迫或寄生虫和结石的阻塞可使胆汁淤积。此外，胆管慢性炎症使胆管壁增厚，也可使胆汁淤积。胆汁淤积区的肝细胞变性和坏死，小胆管增生，继而间质结缔组织弥漫性增生，形成肝硬变，由于胆汁淤积肝脏体积增大。表面平滑或细颗粒状，肝组织常被胆汁染成明显的绿褐色，胆小管增生。

2）病理变化

肝硬变由于发生原因不同，在形态结构的变化上也有差异，但基本变化是一致的。

眼观，肝脏肿大或缩小，后者常见。边缘锐薄，质地坚硬，表面由于肝细胞结节状隆起，凹凸不平或颗粒状。肝脏色彩斑驳，常染有胆汁，肝被膜增厚，切面有许多圆形或近似圆形的岛屿状结节，结节周围有较多淡黄色的结缔组织包囊，肝内胆管明显管壁增厚。

镜检：

（1）结缔组织广泛增生

结缔组织在肝小叶内及间质中增生，其中有淋巴细胞为主的炎性细胞浸润。

（2）假性肝小叶

增生的结缔组织包围或分割肝小叶，使肝小叶形成大小不等的圆形小岛，称假性肝小叶。假性肝小叶内缺乏中央静脉或中央静脉偏位，肝细胞大小不一，排列紊乱。

（3）假胆管

在增生的结缔组织中有增生的毛细胆管和假胆管,假胆管是由两条立方形细胞并列而成的条索。类似小胆管,但无管腔。

（4）肝细胞结节

病程长时,残存的肝细胞再生,由于没有网状纤维做支架,故再生的肝细胞排列紊乱,聚集成团形成结构紊乱的再生性细胞结节,丧失正常肝小叶的特点。再生肝细胞体积较大,含一个或两个细胞核,核大而染色深,胞浆着染良好。

3）结局和对机体的影响

肝硬变是一个慢性病理过程,病因消除后也不能恢复正常。肝细胞的再生和代偿能力都很强,早期可通过机能代偿而在相当长的时间内不出现症状,但后期代偿失调,就出现一系列症状,主要为门静脉高压和肝功能障碍。

（1）门静脉高压症

门脉高压症是由于静脉血压力增高引起。门脉压增高的原因有:

①肝内结缔组织增生、收缩、门静脉末梢血管床大量减少或扭曲,使门静脉回流受阻,引起门静脉压升高。

②肝细胞结节形成,压迫肝内静脉分支,使之扭曲和闭塞,导致门静脉血液回流受阻,门脉压增高。

③肝小叶破坏改建时,有些新生毛细血管连接肝动脉和门静脉,动-静脉短路,压力高的动脉血直接流入门静脉,使门静脉压力增高,从而引起门静脉所属器官（胃、肠、脾）瘀血和水肿,影响了胃肠道蠕动和分泌机能,进一步引起慢性胃肠炎,因此,临床上有食欲不振和消化不良。

肝硬变后期可引起腹水,腹水的主要原因是门静脉高压和血浆胶体渗透压下降引起的。

（2）肝功能障碍

肝硬变引起的肝功能不全是肝实质严重破坏的结果。其主要表现有:

①肝脏合成功能障碍,肝硬变时,合成蛋白质、糖原、凝血物质和尿素减少,造成血浆胶体渗透压、血糖浓度降低并出现明显的出血倾向及血氨浓度升高。

②肝硬变时对抗利尿激素、醛固酮的灭活功能降低,出现水、盐代谢障碍,导致水肿和腹水。

③胆色素代谢障碍,肝细胞和毛细胆管受损、胆汁排除受阻,血中直接、间接胆红素增加,导致尿的颜色变黄。

④酶的活性改变,肝细胞受损,有些酶如谷丙转氨酶、谷草转氨酶进入血液,因此肝功能检查时,这些酶的活性增高。

⑤肝性脑病,是肝功能衰竭的一种表现。

肝硬变时,血脑屏障和肝脏解毒功能降低,不能有效地清除血氨和酚类等,造成身体中毒,特别是氨中毒,这是肝硬变最严重的合并症,也是病畜迅速死亡的重要原因。

17.4 肝坏死

肝脏受致病因素作用,发生变质性变化或炎症,并以肝细胞变性、坏死为主要表现形式。

17.4.1 病因和发生机理

引起肝细胞坏死的主要原因有:生物性致病因素(如细菌、病毒、寄生虫及代谢产物等)、化学毒物及某些药物(如重金属盐、棉酚、利福平等)、某些营养物质缺乏(如硒、维生素 E、含硫氨基酸等)。因肝脏具有代谢、解毒、屏障功能,所以易受这些因素的作用,从而发生变性和坏死。

17.4.2 病理变化

按坏死灶发生的区域,可把肝坏死分为以下几种形式:

(1)弥漫性肝坏死

这种坏死可以突破肝小叶的范围,如果肝实质大片坏死和溶解吸收,肝体积缩小,处于不同变性阶段或坏死的肝组织呈黄色,出血坏死的肝组织呈暗红色。

(2)局灶性肝坏死

在剖检中最常见,多发生于传染病中。坏死灶散在分布于肝小叶内任何部位,数量多,针头到粟粒样大。如沙门氏菌病。

(3)周边性肝坏死

肝小叶边缘的肝细胞首先受到血中有毒物质的作用,发生变性和坏死。

(4)中心性肝坏死

靠近中央静脉的肝细胞受到瘀血缺氧的影响,发生坏死。常见于急性肝中毒、肝瘀血等,是常见的肝坏死的一种形式。

复习思考题

1. 何谓胃炎? 胃炎分哪几种类型? 各类有何病理变化?
2. 何谓肠炎? 分哪几种类型及相应的病理变化?
3. 简述肝坏死的概念、病因和病理变化。
4. 简述肝硬变的发生原因及其病理形态学变化特征。

第18章
泌尿生殖系统病理

本章导读:泌尿系统与生殖系统由于在胚胎学及局部解剖学上有着密切的联系,在系统解剖学中,通常把两者总称为泌尿生殖系统。泌尿系统的疾病以肾炎和肾病较为常见和重要。生殖系统的常见疾病有子宫内膜炎、乳腺炎和睾丸炎。本章重点阐述上述内容。

18.1　肾　炎

肾炎是指发生在肾实质和间质的炎症。常见的有肾小球肾炎、间质性肾炎和化脓性肾炎。

18.1.1　肾小球肾炎

肾小球肾炎是以肾小球损害为主的炎症,其发病过程始于肾小球,然后波及肾小囊,最后累及肾小管及间质。肾小球肾炎可为原发性,也可为继发性,一般肾小球肾炎是指原发于肾脏的独立性疾病。因病变常呈两侧弥漫性分布,故又称为弥漫性肾小球肾炎。

引起肾小球肾炎的原因及机理尚不完全明了,但一般认为与感染有关,是一种免疫性疾病。根据肾小球的病理变化,肾小球肾炎分为急性肾小球肾炎、新月型肾小球肾炎、膜性增生性肾小球肾炎和慢性肾小球肾炎。

1)急性肾小球肾炎

病变主要发生在肾小球毛细血管网及肾球囊内,通常开始以肾小球毛细血管变化为主,以后在球囊内也出现病变,一般以增生性变化为主,也发生变质、渗出,不同病例,病变表现不同。肾脏稍肿大,被膜紧张,容易剥离,肾表面及切面呈红色,故称"大红肾"。切面皮质略增厚,纹理不清,肾小球呈灰白色半透明的细颗粒状。如果有出血变化,在肾皮质切面上及肾表面均能见到分布均匀、大小一致的红色小点。

镜检,主要病变是内皮细胞增生。早期,肾小球毛细血管扩张充血,内皮细胞和系膜细胞增生,毛细血管管腔狭窄,甚至闭塞,肾小球很快缺血。此时,肾小球内有大量炎性细胞浸润,肾小球内细胞增多,肾小球体积肿大,肿大的肾小球毛细血管网几乎占据整个肾小球囊腔(图18.1)。

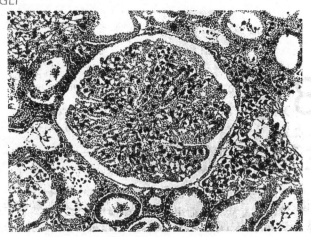

图18.1 急性肾小球肾炎
肾小球体积增大,毛细管内皮和间质增生,
并有少量嗜中性粒细胞浸润

2)新月体性肾小球肾炎

新月体性肾小球肾炎又称亚急性肾小球肾炎。肾脏肿胀、柔软、轻度出血,色泽苍白或灰黄,俗称"大白肾"。肾脏被膜紧张,易于剥离,有时可发生粘连。切面隆凸,皮质增宽呈灰黄白,有时可见有散在出血点,皮质与髓质界线清楚。镜检,肾小囊内有新月体形成,新月体主要由囊壁上皮细胞增生和渗出的单核细胞组成(图18.2)。

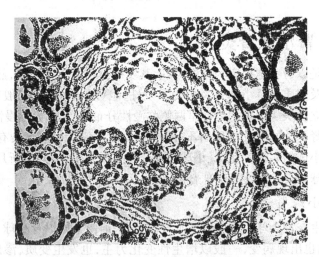

图18.2 新月体性肾小球肾炎
肾小球囊上皮细胞增生,形成纤维性新月体

3)膜性增生性肾小球肾炎

膜性增生性肾小球肾炎包括间膜毛细血管性肾小球肾炎和间膜增生性肾小球肾炎。病变特点为:肾小球间膜细胞增生,间膜基底膜物质增加和肾小球毛细血管基底膜增厚并常断裂。镜检,肾小球毛细血管基底膜重叠而间膜物质增多,因而毛细血管丛呈分叶状。球囊壁层上皮细胞增生较轻,但可出现球囊与"小叶"粘连。

4）慢性肾小球肾炎

急性、膜性增生性肾小球肾炎等均可发展成为慢性肾小球肾炎,病程可达数年之久。眼观,肾脏体积缩小,质地变硬,肾表面凹凸不平,呈颗粒状,肾被膜不易剥离,切面皮质变薄,纹理模糊不清,皮质髓质分界不明,俗称"皱缩肾"。镜检,大量肾小球纤维化,玻璃样变,所属肾小管也萎缩、消失、纤维化。由于萎缩部有纤维化组织增生,导致玻璃样变的肾小球互相靠近,这种现象称为"肾小球集中"。

18.1.2　间质性肾炎

间质性肾炎是指肾间质发生以淋巴细胞、单核细胞浸润和结缔组织增生为特征的原发性非化脓性炎症。一般认为与感染、中毒及免疫损伤有关,发病常为两侧肾脏同时发生。发病初期,肾间质内可见淋巴细胞、浆细胞、巨噬细胞和嗜中性白细胞浸润。随着疾病的发展,浸润的细胞数量增多,但其中的巨噬细胞和嗜中性白细胞减少甚至消失,而间质结缔组织细胞开始增生。由于间质细胞浸润和增生压迫肾小管和肾小球,致使肾小管和肾小球相继发生萎缩和崩解,最后结缔组织纤维化,形成继发性皱缩肾。

初期,肾脏肿大,被膜紧张,容易剥离。肾表面平滑,表面及切面皮质部散在灰白色或灰黄色针头大至米粒大的点状病灶,病灶扩大或相互融合则形成蚕豆大或更大的白斑,呈油脂样光泽,称"白斑肾"。如果病变呈弥漫性发生时,肾显著肿大,表面普遍呈灰白色或苍白色,有时伴有出血斑;切面皮质增宽呈灰白色,有时见红色条纹,皮质纹理不清,髓质多呈瘀血状态。后期,由于病变部位结缔组织增生并形成疤痕组织,肾质地变硬,体积缩小,肾表面呈颗粒状或呈地图样凹陷斑,色泽呈灰白色,被膜增厚,不易剥离。切面皮质变薄,增生的结缔组织呈灰白色条纹状。

18.1.3　化脓性肾炎

化脓性肾炎是指肾实质和肾盂的化脓性炎症。按病原菌的感染途径,可区分为血源性和尿源性化脓性肾炎两种类型。

1）血源性化脓性肾炎

化脓菌经血液转移至肾脏,首先在肾小球血管网形成细菌栓塞,随后在肾小球部位形成化脓灶并逐渐往肾小球四周扩大,亦即以肾小球为中心形成化脓病灶。化脓灶有粟粒大、米粒大或更大一些,病灶主要见于皮质,并同时发生于两侧肾脏。病灶可逐渐融合、扩大或沿血管形成密发的化脓灶。如果化脓菌经肾小球血管网进入肾小管乃至集合管,可在肾小管腔内形成细菌性管型,并引起周围组织化脓。

2）尿源性化脓性肾炎

化脓菌由尿道、膀胱经输尿管而入肾盂,首先形成肾盂肾炎,进而由肾乳头集合管而进入肾实质形成化脓性肾炎。尿源性化脓性肾炎多继发于膀胱炎、输尿管及膀胱结石以及肿瘤或妊娠子宫压迫输尿管的情况下,此时由于输尿管发生狭窄或闭塞,使尿液排出受阻,结果细菌可繁殖并经尿道上行到肾脏而形成肾盂肾炎。

眼观,肾脏肿大,被膜易剥离。肾表面出现结节样灰白色病灶,肾盂与输尿管黏膜呈

急性发炎,增厚,变红且被覆以稀薄渗出物,或呈显著扩张,蓄积脓性渗出物。肾乳头出现溃疡性浅窝,或肾乳头混浊和崩解。肾盂肾炎的晚期,髓质常被严重破坏,在皮质和髓质外出现斑块状分布的纤维化与疤痕。

18.2　肾　病

　　肾病是指肾小管发生变性和坏死而无炎症变化的疾病。肾病是由内源性或外源性毒物经血液进入肾脏引起。外源性毒物如氯仿、四氯化碳、金属化合物(如铅、汞、砷、镉、铬等化合物)、栎树叶及其籽实等均是高肾毒物质,用量过大或误食这些毒物时均可引起肾病。内源性毒物不如外源性毒物那么明确,一般都伴发于其他疾病(如传染病、大面积烧伤、蜂窝织炎等),其发生是由于这些因素对全身物质代谢发生影响,导致全身物质代谢障碍,使有毒的代谢产物(如胆色素尿、血红蛋白尿、肌红蛋白尿等)在肾脏蓄积引起肾病,也可能是由于疾病时肾血流降低使肾脏贫血所致。

　　肾病病理变化有两种表现形式。坏死性肾病(急性肾病)多见于急性传染病和中毒病,眼观肾脏肿大、柔软。呈灰白或灰黄色,切面肾组织混浊,呈灰黄色,内有淡黄色与髓放线平行的混浊条纹(坏死)。淀粉样肾病(慢性肾病)多见于一些慢性消耗性疾病。眼观肾脏肿大,质地坚硬,色泽灰白,切面呈灰黄色半透明的蜡样或油脂状。

18.3　子宫内膜炎

　　子宫内膜炎是母畜常发疾病之一,是由于子宫黏膜发生感染而引起的子宫黏膜的炎症过程。

18.3.1　发病原因

　　引起子宫内膜炎的原因很多,常见的为理化因素和生物因素。前者,如用过热或过浓的刺激性消毒药水冲洗子宫、产道,以及难产时用器械或截胎后暴露出胎儿骨端所造成的损伤而引起;后者主要是细菌,其中多数为化脓性杆菌、葡萄球菌和链球菌,其次为大肠杆菌、胎儿弯杆菌、坏死杆菌和恶性水肿杆菌。此外,结核杆菌、布氏杆菌、马副伤寒流产杆菌以及阴道炎、子宫膜炎、胎衣不下等也能引起子宫内膜炎。

　　引起子宫内膜炎的病原体侵入子宫的途径可分为上行性感染(阴道感染)和下行感染(血源性和淋巴源性感染)两种。子宫内膜炎多发生于产后或流产后,这是因为母畜分娩时和产后期间,生殖器官在生理过程和形态结构上都发生巨大的变化,为细菌的侵入和繁殖创造了有利条件。一般认为,病原的存在是发病的原因,而产道或子宫黏膜的损伤则是发病的诱因。诱因与病因在致病过程中的关系是相辅相成的,当胎儿通过产道时,往往造成产道黏膜创伤,特别是人工助产时助产者的手和使用器械,易造成产道机械性损伤。此外,在分娩后子宫内膜的产后复原过程中,组织的抵抗力降低,在怀孕期作为母体胎盘的部分子宫内膜发生变性、崩解和脱离。因此,在上皮细胞再生之前,这些浅表而广泛的子宫内膜损伤,以及在此期间子宫内蓄积的恶露(变性脱落的母体胎盘碎片,从胎盘流出的血液,残留子宫内的胎水和子宫膜的大量分泌物等)等因素,既使子宫黏膜局部抵抗力降低,又为细菌侵入和繁殖提供了有利的条件。此时,如有某些全身性疾病,特别是传染病,或机体其他部位分炎症,病原体进入血流后,转移至子宫并停留下来,就能引起子宫内膜炎。此外,流出的恶露沾在阴门附近及尾根部的皮毛上,同时产后阴门松弛,卧地时其子宫内膜常翻露体外,接触地面,以及尾巴摇摆时污物触及阴门黏膜,也能成为上行感染的重要环节。另外,母畜分娩后,机体抵抗力降低,不仅易引起外源性感染,而且在正常时就存在于子宫或阴道内的细菌,也可乘机迅速增殖,毒性增强,引起自体感染和发生子宫内膜炎。

18.3.2 类型和病理变化

一般根据子宫内膜炎的病程和炎症的性质不同,可分为急性和慢性两种。急性子宫内膜炎主要表现为急性卡他性炎,慢性子宫内膜炎又分为慢性卡他性和慢性化脓性子宫内膜炎两种。

1)急性卡他性子宫内膜炎

临床最为常见,多由产后下行性感染而引起,常以卡他性炎为特点,间或发生化脓性卡他。通常从子宫的外形见不到明显的异常,但当切开子宫时,可见子宫腔内积有混浊、黏稠而呈灰白色,或混有血液而呈褐红色(巧克力)的渗出物。子宫内膜出血和水肿呈弥漫性或局灶性潮红肿胀,其中有散在性出血点和出血斑。有时由于内膜上皮细胞变性、坏死,坏死组织与渗出物的纤维素凝结一起。

2)慢性卡他性子宫内膜炎

此类多数是由急性子宫内膜炎演变而来。子宫内膜结缔组织增生,浆细胞浸润,腺腔堵塞而致囊肿形成,息肉样增生,内膜上皮剥脱和上皮化生为鳞状上皮等。一般在发病初期呈现轻微的急性卡他性子宫内膜炎的变化,如内膜充血、水肿和白细胞浸润。以后则以淋巴细胞和浆细胞浸润为主,并有成纤维细胞增生,致使内膜肥厚。随着成纤维细胞的增生和成熟,子宫腺的排泄管受压迫而完全被堵塞,其分泌物排出受阻,致使管腔呈囊状扩张。结果在子宫黏膜上形成许多大小不等的囊肿。后者呈半球状隆起,内含白色混浊液体,称为慢性囊肿性子宫内膜炎。这种变化在犬最明显。部分病例随着病变不断发展,子宫内膜的柱状上皮有时化生为复层扁平上皮,子宫腺萎缩,增生的结缔组织老化、收缩,结果导致内膜菲薄,称此为慢性萎缩性子宫内膜炎。

3)慢性化脓性子宫内膜炎

慢性化脓性子宫内膜炎是由化脓性细菌感染而引起的病变。由于子宫腔内蓄积大量脓液(子宫积脓)使子宫腔扩张,子宫体积增大,触动子宫时有波动感。子宫腔内脓液的颜色依感染的化脓性细菌种类而有不同,可呈黄色、黄绿色或褐红色。脓液有时稀薄如水,有时混浊浓稠或呈干酪样。子宫内膜表面变粗糙、污秽、无光泽,表面多被覆一层坏死组织碎屑,尚可见到糜烂或溃疡灶。子宫壁的厚度往往与脓液蓄积量有关,大量浓液充满子宫腔时,子宫扩张,壁变薄,仅有少量脓液时,通常壁正常或稍见肥厚。

18.4 乳腺炎

乳腺炎是指乳腺的炎症,可见于各种动物,其中以牛、羊为最多发。本病大多数由于

细菌感染所引起,其特征是乳腺发生各种不同类型炎症,乳汁发生理化性状改变和含有大量病原体及其毒素,食用后会导致胃肠疾病。部分乳腺炎的病原菌还能危害人的健康。例如,化脓性链球菌能引起人发生猩红热及咽峡炎,金黄色葡萄球菌能使人发生食物中毒,乳腺结核病可将结核病传播于人,布氏杆菌使人发生波浪热等。

引起乳腺炎的细菌种类很多,现已知有多种细菌和霉菌可引起本病的发生。乳腺炎的发生,是机体特别是乳腺局部损伤与抗损伤平衡破坏的结果,是局部抵抗力降低的表现。实践证明,乳腺炎最多发生于产前、产后,这正是乳腺和机体的抵抗力处于低下的时候。病原体可通过乳管性、淋巴源性、血源性3条途径侵入乳腺而引起乳腺炎,其中最主要的途径是乳管性感染。

乳腺炎的分类较复杂,目前还未完全统一。一般分类的方法是:

①按乳腺的发炎组织分为实质性乳腺炎和间质性乳腺炎。实际上在乳腺发炎时,实质与间质的病变常互相波及,很难将两者绝然分开,而且间质性乳腺炎常属乳腺炎的恢复期,或者属于慢性乳腺炎。

②按炎症渗出物性质分为浆液性炎、卡他性炎、纤维素炎、化脓性炎、出血性炎和特异性(结核性和放线菌性)炎。

③按发病过程,病变范围和病变性质分为急性弥漫性乳腺炎、慢性弥散性乳腺炎(链球菌性乳腺炎)、化脓性乳腺炎和特异性乳腺炎。此法在一定程度上能反映出乳腺炎的规律性。

18.4.1 急性弥漫性乳腺炎

急性弥漫性乳腺炎通常由葡萄球菌、大肠杆菌的感染,或由链球菌、葡萄球菌、大肠杆菌的混合感染而发病。因此种炎症的发生无固定的单一特异病菌,而且发病后容易波及大部分的乳腺,也称为非特异性弥漫性乳腺炎。

眼观,发炎的乳腺肿大、坚硬,用刀易于切开;切面因炎性渗出物、病程经过等的不同,眼观可见有不同的病理变化。浆液性乳腺炎则见乳腺湿润,有光泽,颜色稍苍白,乳腺小叶呈灰黄色。镜检,乳腺腔内有少量白细胞和剥脱的腺上皮细胞,小叶及腺泡间结缔组织呈现明显的水肿。卡他性乳腺炎时乳腺切面稍干燥,因乳腺小叶肿大,切面呈淡黄色颗粒状,压之则流出混浊的液体。如果乳腺切面呈光滑的暗红色则为出血性乳腺炎。上述几种炎症,在乳管内都可见到白色的或黄白色的栓子。乳池黏膜充血、肿胀并有出血,黏膜上皮损伤,纤维蛋白及脓汁渗出。乳腺淋巴结(腹股沟浅淋巴结)在重症的乳腺炎时常伴发肿大,切面呈灰白色髓样肿胀。

18.4.2 慢性乳腺炎

慢性乳腺炎一般由急性炎症转移而来,还常由无乳链球菌和乳腺炎链球菌引起。本型一般取慢性经过。其病变特征是乳腺实质萎缩,间质结缔组织增生。

眼观,病变多发生于后侧乳叶,初期的病变与急性弥漫性乳腺炎相似,主要特点是在导管系统内发生卡他性乃至化脓性炎,病变乳叶肿大,稍硬,容易切开。切开后见到的显著变化是乳池和输乳管扩张,腔内充满黄褐色或黄绿色脓样液,并常混有血液,或为带有乳凝块的浆液黏液性分泌物,乳池及输乳管黏膜显著充血,黏膜呈颗粒状,但不显肥厚,间质充血和水肿。腺小叶呈灰黄色或灰红色,肿大而突出于切面,按压时流出混浊的脓样液。后期则转变为增生性炎,此时,乳腺实质萎缩而坚实,切面呈白色或灰白色,间质的炎性充血及水肿逐渐消失,乳池和输乳管显著扩张,管腔内充满由剥脱的上皮、炎性细胞及乳汁凝结而形成的栓子或绿色黏稠脓样渗出物,黏膜因上皮增生而呈结节状、条纹状或息肉状肥厚,其附近的腺组织逐渐萎缩甚至消失。仅有少数残存的转为正常的乳腺组织呈岛屿状散在于其中,仍有泌乳机能。乳腺组织消失的同时,结缔组织则大量增生,最后由于结缔组织纤维化收缩,导致病变部乳腺显著缩小,硬化,乳腺淋巴结显著肿胀。

18.4.3　化脓性乳腺炎

化脓性乳腺炎多并发或继发于卡他性或纤维素性乳腺炎,主要病原体为化脓性棒状杆菌。病变在一个乳叶或数个乳叶相继发生,病变部乳腺轻度肿胀,但不变硬,切开时见乳池及输乳管内充满黄白色带黄绿色脓样渗出物,稀薄或浓稠不等。黏膜粗糙或形成溃疡,表面覆有坏死组织碎块,进而由于乳腺组织化脓坏死,则在实质内可见有大小不等的脓肿灶。大脓肿集中在乳管,其壁为增生的肉芽组织,并衬有鳞状上皮。继而在脓肿周围形成结缔组织性包囊,内含浓稠的脓汁。化脓性乳腺炎有时表现为皮下和间质的弥漫性化脓性炎(乳腺蜂窝织炎),炎症过程可由间质波及乳腺实质,使大范围的乳腺组织坏死腐烂。此外,在急性炎症的发展过程中,乳腺血管因血栓形成而发生梗死,梗死部和周围组织之间有明显的分界线。在此基础上可继发坏疽性炎。

18.5　睾丸炎

睾丸炎可发生于各种动物,但以牛、羊、猪为最多见。主要由细菌引起,通常是血源性播散;有时则因尿道或副性腺感染,病原经输精管播散至睾丸。此种感染途径往往在睾丸发炎之前,先出现副性腺炎或附睾炎。此外,外伤、睾丸周围炎及睾丸鞘膜炎等均可累及睾丸而引起睾丸炎。一般按睾丸炎的病程和病变不同,可分为急性睾丸炎和慢性睾丸炎两种。

急性睾丸炎时,睾丸发红、肿胀、被膜紧张、质地硬固、切面湿润多汁,实质明显膨隆。炎症波及被膜,可引起睾丸鞘膜炎。当大量的渗出物停滞在实质时,可引起压迫性血液循环障碍,使得睾丸实质发生广泛性凝固性坏死。

慢性睾丸炎多继发于急性炎症,以局灶性或弥漫性肉芽组织增生为特征。此种睾丸体积小,质地坚硬,表面粗糙,被膜增厚,切面干燥,常见有钙盐沉积现象。由于睾丸实质萎缩,精子生成作用遭到破坏,此时已无繁殖能力。此外,布氏杆菌、结核杆菌、沙门氏菌等都可发生特异性睾丸炎。

复习思考题

1. 简述肾小球肾炎的类型及病理变化。
2. 简述子宫内膜炎的类型及病理变化。
3. 简述乳腺炎的类型及病理变化。

第19章
血液和造血免疫系统病理

> **本章导读**：血液主要指血液中的红细胞，造血和免疫系统包括淋巴结、脾脏、胸腺、法式囊、骨髓、扁桃体和黏膜中的淋巴组织，除制造血液细胞成分、过滤血液外，主要参与机体免疫反应。本章主要讨论贫血、脾炎、淋巴结炎。

19.1 贫 血

单位容积的血液内红细胞数或血红蛋白的含量低于正常范围，称为贫血。

19.1.1 贫血的类型及病理变化

按发生原因和机理可将贫血分为失血性贫血、溶血性贫血、营养不良性贫血和再生障碍性贫血。

1）失血性贫血

以红细胞大量丧失为特征的贫血称为失血性贫血，包括以下两种：

（1）急性失血性贫血

通常见于急性大出血，如创伤大出血，肝、脾破裂发生的出血，产后子宫大出血等。

在急性失血初期，血液总量减少，但单位容积的血液内红细胞数和血红蛋白量仍为正常，血色指数也不发生变化，此时的贫血称为正色素性贫血。后期，组织液不断渗入血管，从而使循环血量逐渐得到恢复。但血液被稀释，单位容积的血液内红细胞数及血红蛋白的含量均减少，血色指数下降，称为低色素性贫血。

由于贫血和缺氧，肾脏产生促红细胞生成素增多，刺激骨髓造血机能加强，导致外周血液中出现大量幼稚型红细胞，如网织红细胞、多染性红细胞及有核红细胞。骨髓造血机能加强导致机体需铁量增多，此时若铁供应不足，可继发低色素性贫血，外周血液中出现淡染红细胞。

（2）慢性失血性贫血

多发生于寄生虫病（如肝片形吸虫病、血吸虫病、球虫等）、胃肠溃疡等长期反复少量出血的情况下。

173

慢性失血最初因出血量不多,丧失的红细胞和血红蛋白易被骨髓造血功能增强所代偿,故贫血症状多不明显。但长期反复少量出血之后,由于铁消耗过多,发展成为慢性缺铁性贫血及低色素性贫血,红细胞大小不一,出现淡染红细胞、多染性红细胞、异型红细胞及网织红细胞。

2)溶血性贫血

因红细胞破坏过多引起的贫血称为溶血性贫血。引起溶血的致病因素有生物性致病因素(溶血链球菌、葡萄球菌、产气荚膜杆菌、钩端螺旋体、焦虫、附红细胞体等)、化学性致病因素(氯酸钾、苯、铅、砷、铜等化学毒物和磺胺等化学药物等)、物理性致病因素(高温、电离辐射、低渗溶液等)、免疫性因素(异型输血、新生幼畜溶血病等)等。

溶血性贫血时,一般血液总量不减少,但由于红细胞大量破坏,使单位容积内的红细胞数及血红蛋白的含量降低。急性溶血性贫血时,大量血红蛋白进入血浆,表现为血红蛋白症。部分血红蛋白经过肾小球进入尿液出现血红蛋白尿;还有部分血红蛋白在网状内皮细胞内转变为胆红素,释放入血,可出现高胆红素血症和黄疸。骨髓造血功能增强,在外周血液中可见网织红细胞及成红细胞、多染性红细胞。

3)营养不良性贫血

由于某些造血所必需的物质缺乏而引起的贫血称营养不良性贫血。常见于蛋白质、铁、铜、钴、维生素 B_{12} 及叶酸等缺乏所引起。

营养不良性贫血,一般病程较长,患病动物消瘦、血液稀薄、血红蛋白含量降低。由于造血必需的物质缺乏,外周血液有时出现小红细胞(缺铁性贫血),有时出现大红细胞(维生素 B_{12}、叶酸缺乏)。

4)再生障碍性贫血

由于骨髓造血功能障碍而引起的贫血。见于某些毒物及药物中毒,如苯、苯化合物、重金属盐类、氯霉素、蕨类植物等;某些病毒性传染病如马传染性贫血、牛恶性卡他热等;电离辐射以及白血病和骨髓瘤等。上述病因使骨髓造血功能低下,红细胞生成减少或停止。

再生障碍性贫血时,外周血液中正常红细胞和网织红细胞呈进行性减少或消失,红细胞大小不均,出现异型红细胞。除红细胞减少外,白细胞和血小板均减少,皮肤、黏膜出血和感染。

19.1.2 贫血的病理变化对机体的影响

贫血发生时,动物生长缓慢,被毛粗乱,营养不良,消瘦,食欲减退,消化不良,精神不振,血液稀薄,皮下水肿,皮肤、黏膜、器官组织因缺少血色而苍白,红细胞数和血红蛋白含量减少,可引起机体缺氧,直接影响细胞组织的物质代谢,机体器官组织可发生萎缩、变性甚至坏死,机体的神经系统、内分泌系统、心血管系统等功能降低,严重时可导致死亡。

19.2　脾　炎

脾炎是脾脏的炎症。根据病变特征及病程缓急,脾炎可分急性炎性脾肿、坏死性脾炎、化脓性脾炎和慢性脾炎。

19.2.1　急性炎性脾肿

急性炎性脾肿是指伴有脾脏明显肿大的急性脾炎。常见于败血症过程中,如炭疽、急性猪丹毒、猪急性副伤寒、猪急性链球菌病等。亦称传染性脾肿或败血脾。

眼观,脾脏显著肿大(较正常大 2～3 倍,甚至 5～10 倍),被膜紧张,边缘钝圆,质地柔软,切面隆突呈紫黑色,结构模糊不清,脾髓易刮下,严重时脾髓呈粥样或煤焦油样,易从切面流失。镜检,脾髓内含有大量血液,脾实质细胞(淋巴细胞和网状细胞)坏死、崩解,数量减少,白髓体积缩小,甚至完全消失,脾髓中还可见病原菌和散在的炎性坏死灶。

急性炎性脾肿病因消除后,一般都可完全恢复正常形态及功能,如果机体再生能力弱,或脾髓破坏严重,可发生脾萎缩。

19.2.2　坏死性脾炎

坏死性脾炎多见于出血性败血症,如鸡新城疫、巴氏杆菌、弓形虫病、猪瘟等。

眼观,脾脏不肿大或轻度肿大,表面或切面可见分布不均的灰白色坏死小点。镜检,脾实质细胞坏死明显,坏死灶内白细胞浸润、浆液渗出。

坏死性脾炎病因消除后,如果病变轻微,经机体代偿修复反应,一般都可完全恢复正常形态及功能。但坏死严重或修复能力差,脾脏功能不能完全恢复,实质减少,间质增生,可引起脾脏硬化。

19.2.3　化脓性脾炎

化脓性脾炎主要是由其他部位的化脓灶经血流转移而来,也可直接感染引起。眼观,脾脏形成大小不一的化脓灶(脓肿)。镜检,主要是嗜中性粒细胞浸润,局部组织坏死。

19.2.4　慢性脾炎

慢性脾炎多见于亚急性或慢性传染病和寄生虫病,如结核、布氏杆菌病、副伤寒、锥虫病、焦虫病等。

眼观,轻度肿大或比正常大 1～2 倍,被膜增厚,边缘稍钝圆,质地硬实,切面平整或稍隆起,有灰白色颗粒状突起。镜检,以淋巴细胞、巨噬细胞增生为特征,不同病例增生细胞种类有所不同。

慢性脾炎随病程结束,脾脏中增生的淋巴细胞逐渐减少,脾实质萎缩,结缔组织成分增多,发生纤维化,导致脾脏体积减小,质地变硬,被膜增厚。

19.3　淋巴结炎

淋巴结炎是指淋巴结的炎症,按其经过可分为急性和慢性两种类型。

19.3.1　急性淋巴结炎

急性淋巴结炎多见于猪瘟、猪丹毒等败血性传染病,也见于局部感染,前者为全身性,后者为局部性。急性淋巴结炎可分为以下几种类型:

1)浆液性淋巴结炎

浆液性淋巴结炎多发生于急性传染病的初期,尤其是邻近组织有急性炎症的淋巴结,常发生此种炎症。眼观,发炎淋巴结肿大,潮红色或紫红色,切面隆突,颜色潮红,湿润多汁。镜检,淋巴结中的毛细血管扩张、充血,淋巴窦明显扩张,内含浆液,窦壁细胞肿大、增生,并在窦内大量堆积(称为窦卡他)。扩张的淋巴窦内,通常还有不同数量的嗜中性粒细胞、淋巴细胞和浆细胞,而巨噬细胞内常有吞噬的致病菌、红细胞、白细胞。还可见淋巴小结的生发中心扩张,并有细胞分裂相,淋巴小结周围、副皮质区和髓索处细胞增生。

2)出血性淋巴结炎

出血性淋巴结炎通常见于猪瘟、猪丹毒、猪巴氏杆菌病等伴有严重出血的败血性传染病。眼观,淋巴结肿大,呈暗红或黑红色;切面隆突,湿润,呈弥漫性暗红色或呈大理石样花纹(出血部暗红,未出血部位呈灰白色)。镜检,出血部位淋巴窦内有大量红细胞,淋巴小结也可发生出血,还可见有浆液和炎性细胞浸润。

3)坏死性淋巴结炎

坏死性淋巴结炎是以淋巴结的实质发生坏死为特征的炎症。常见于猪弓形虫病、坏死杆菌病等。眼观,淋巴结肿大,切面湿润,隆突,散在灰白色或灰黄色坏死灶和暗红色出血灶。淋巴结周围常呈胶冻样浸润。镜检,坏死区淋巴组织结构破坏,细胞崩解,坏死组织周围充血、出血及炎性细胞浸润。

4)化脓性淋巴结炎

化脓性淋巴结炎是淋巴结的化脓过程。眼观,淋巴结肿大,有黄白色化脓灶,切面有脓汁流出。严重时整个淋巴结可全部被脓汁取代,形成脓肿。镜检,炎症初期淋巴窦内聚集浆液和大量嗜中性粒细胞,窦壁细胞增生、肿大,进而嗜中性粒细胞变性、崩解,局部组织随之溶解形成脓液。时间较久则见化脓灶周围有纤维组织增生并形成包囊。

19.3.2　慢性淋巴结炎

慢性淋巴结炎可由急性淋巴结炎转变而来,也可由致病因素反复或持续作用而引起。常见于某些慢性疾病,如结核、布氏杆菌病、猪支原体肺炎等。

眼观,发炎淋巴结肿大,质地变硬,切面呈灰白色,隆突,有时呈颗粒状。镜检,淋巴细胞、网状细胞显著增生。淋巴小结肿大,生发中心明显。皮质、髓质界限消失,淋巴细胞弥漫性分布于整个淋巴结内。巨噬细胞有不同程度增生。

在结核病及布氏杆菌病时发生特异性增生性淋巴结炎,淋巴结内除有淋巴细胞、网状细胞增殖外,可见由上皮样细胞和多核巨细胞构成的特殊性肉芽肿。严重时整个淋巴结几乎充满上皮样细胞和多核巨细胞。

复习思考题

1. 简述贫血的概念、类型、病变及对机体影响。
2. 简述脾炎的类型、病变及对机体影响。
3. 简述淋巴结炎的类型、病变及对机体影响。

第20章
神经系统病理

本章导读:神经系统的病理过程或病变比较多见,本章重点介绍脑脊髓炎、脑软化和神经炎,要求重点掌握其发生的原因、类型、病理变化,以及对机体的影响。

20.1 脑脊髓炎

脑脊髓炎是指脑、脊髓实质的炎症过程。一般在脑组织发生炎症的同时伴有脊髓的炎症,故将脑炎和脊髓炎放在一起叙述。

20.1.1 化脓性脑脊髓炎

化脓性脑脊髓炎是指脑脊髓由于化脓菌感染所出现的以大量嗜中性粒细胞渗出,同时伴有局部组织的液化性坏死和形成脓汁为特征的炎症过程。一般化脓性脑脊髓炎同时出现化脓性脑脊髓膜炎,引起化脓性脑膜脑脊髓炎。

引起化脓性脑脊髓炎的病原主要是细菌,如葡萄球菌、链球菌、棒状杆菌、巴氏杆菌、李氏杆菌、大肠杆菌等。其来源主要是通过血源性感染或组织源性感染而引起。

血源性感染常继发于其他部位的化脓性炎,在脑内形成转移性的化脓灶,如细菌性心内膜炎、牛化脓性棒状杆菌感染、绵羊败血性巴氏杆菌病、牛化脓性棒状杆菌感染、驹的肾炎志贺氏菌感染、绵羊嗜血杆菌感染、鸡葡萄球菌感染等所引起的化脓性脑脊髓炎。有一些病原菌也可引起原发性的化脓性脑膜脑炎,如李氏杆菌、链球菌等。血源性感染可引起脑组织的任何部位形成化脓灶,但在丘脑和灰白质交界处的大脑皮质最易发生。

组织源性感染,一般由于脑脊髓附近组织,如筛窦、内耳、副鼻窦、额窦等组织的严重损伤与化脓性炎,通过直接蔓延而引起化脓性脑炎。

眼观,在脑脊髓组织有灰黄色或灰白色小化脓灶,其周围有一薄层囊壁,内为脓汁。镜检,血源性化脓性炎,在小血管内常形成细菌性栓塞,呈蓝染的粉末状团块,在其周围有大量嗜中性粒细胞渗出,并崩解破碎,局部形成化脓性软化灶,在化脓灶周围充血、水肿,且常伴有化脓性脑膜炎和化脓性室管膜炎的发生。此外,在化脓性脑炎也见小胶质细胞如单核细胞增生与浸润,血管周围嗜中性粒细胞和淋巴细胞浸润形成管套。耳源性化脓性炎多发生于脑桥脑角周围,在绵羊和猪多见。在多发性脓肿时,一般病程短,动物在短期内死亡,而孤立性脓肿时可能存活较长时间,下丘脑或大脑内的化脓灶可扩展至脑室,引起脑室积脓。

(1)李氏杆菌性脑炎

李氏杆菌性脑炎是由李氏杆菌引起的化脓性脑炎。病变特征为脑实质形成细小化脓灶和血管管套。病变部位主要存在于延脑、桥脑、丘脑、脊髓颈段。镜检,神经组织局灶性坏死崩解,形成小化脓灶。胶质细胞增生,并可形成胶质小结。血管周围出现以单核细胞为主的围管性细胞浸润所形成的管套。脑膜充血,并有淋巴细胞、单核细胞和嗜中性粒细胞浸润。在白质出现化脓性炎时,同时也容易出现血管炎,在其外周有浆液和纤维素渗出。

(2)链球菌病化脓性脑膜脑炎

链球菌病化脓性脑膜炎是由链球菌引起的脑组织和脑膜的化脓性炎症过程。多见于猪。病变轻者,主要在脑脊髓膜出现化脓性炎。眼观,脑脊髓的蛛网膜及软膜血管充血、出血。镜检,血管内皮细胞肿胀、增生或脱落,其周围有大量嗜中性粒细胞、少量单核细胞及淋巴细胞浸润和增生。病变严重时,在灰质浅层有嗜中性粒细胞呈散在性或局灶性浸润,甚至在白质也可见血管充血、出血及在血管周围形成以嗜中性粒细胞、淋巴细胞和单核细胞组成的管套。神经呈急性肿胀、空泡变性甚至坏死液化,胶质细胞呈弥漫性或局灶性增生形成胶质小结。病变也可见于间脑、中脑、小脑、延脑和脊髓。有时,也可出现化脓性室管膜炎,见室管膜细胞变性脱落,局部充血,嗜中性粒细胞浸润,并可进一步蔓延至脑组织。

20.1.2　非化脓性脑脊髓炎

非化脓性脑脊髓炎是指主要由于多种病毒性感染而引起的脑脊髓的亚急性炎症过程。其病理特征是神经组织的变性坏死、血管反应,以及胶质细胞增生等变化。非化脓性脑脊髓炎多见于病毒性传染病,如猪瘟、非洲猪瘟、猪传染性水泡病、伪狂犬病、乙型脑炎、马传染性贫血、马脑炎、牛恶性卡他热、牛瘟、鸡新城疫、禽传染性脑脊髓炎等疾病,因此又称为病毒性脑脊髓炎。

非化脓性脑脊髓炎的基本病变为:神经细胞变性坏死,变性的神经细胞表现为肿胀和皱缩。肿胀的神经细胞体积增大,染色变淡、核肿大或消失。皱缩的神经细胞体积缩小,核固缩或核浆界线不清。变性细胞有时出现中央染色质或周边染色质溶解现象。如果损伤严重,变性的神经细胞可发生坏死,局部坏死的神经组织形成软化灶。血管反应的表现是中枢神经系统出现不同程度的充血和围管性细胞浸润,主要成分是淋巴细胞,同时也有数量不等的浆细胞和单核细胞等。浸润的细胞多见于小动脉和毛细血管周围,数量不等,可形成一层、几层或更多层,即管套形成。这些细胞主要来源血液,也可由血管外膜细胞增生形成。胶质细胞增生也是非化脓性脑炎的一种显著变化,增生的胶质细胞以小胶质细胞为主,可以呈现弥漫性和局灶性增生。增生的胶质细胞可形成卫星现象和胶质小结。在早期,主要是小胶质细胞增生,以吞噬坏死的神经组织;在后期主要是星形胶质细胞增生来修复损伤组织。

非化脓性脑炎不仅有上述的共同性病变,由于病原的不同,其病变的表现、发生部位

及波及范围也有各自的特点。例如,在猪病毒性脑炎、马流行性脑脊髓炎、绵羊脑脊髓炎等,病变主要在脑脊髓灰质,出现脑脊髓灰质炎。马流行性脑脊髓炎时,神经细胞内可出现核内嗜酸性包涵体;猪瘟、鸡新城疫、牛恶性卡他热引起的脑脊髓炎是全脑脊髓性的,病毒弥漫性的侵犯脑脊髓的灰质和白质,出现脑脊髓的灰白质炎;狂犬病、山羊关节炎脑炎等引起大脑和小脑的白质发炎,形成脑白质炎,同时在狂犬病的脑神经细胞中见胞浆内嗜酸性包涵体,即内基氏小体;在猪凝血性脑脊髓炎时,病原可侵犯皮质下的基底神经节(纹状体)、丘脑、中脑、桥脑、延脑等脑干各部,从而引起脑干炎。

20.1.3　嗜酸性粒细胞性脑炎

嗜酸性粒细胞性脑炎是由食盐中毒引起的以嗜酸性粒细胞渗出为主的脑炎。病因主要是食入含盐过多的饲料,如咸鱼渣、腌肉卤、酱油渣等,有时在饲料中添加的食盐搅拌不匀,也可引起少数畜禽发生食盐中毒。饲料中缺乏某种营养物质(如维生素 E 和含硫氨基酸)时,可增加动物对食盐的易感性。

眼观,软脑膜充血,脑回变平,脑实质有小出血点,其他病变不明显。镜检,脑组织、大脑软脑膜充血、水肿或出现小出血灶。在脑膜血管壁及其周围有不同程度的幼稚型嗜酸性粒细胞浸润,在脑沟深部更明显。大脑实质部分小静脉和毛细血管瘀血,并形成透明血栓。血管周围间隙聚集水肿液而增宽,其中有大量嗜酸性粒细胞浸润,形成嗜酸性粒细胞性管套,少则几层,多则十几层。同时脑膜充血,脑膜下及脑组织中有嗜酸性粒细胞浸润。小胶质细胞呈弥漫性或局灶性增生,并可出现卫星现象和噬神经原现象,也可形成胶质小结。有时,在大脑灰质可见脑组织的板层状坏死和液化,形成泡沫状区带。此种变化在大脑灰质最明显,白质较轻微,延髓也可见到相似变化,而间脑、中脑、小脑和脊髓未见。本病耐过的动物,浸润的嗜酸性粒细胞可逐渐减少,最后完全消失,坏死区由大量星形胶质细胞增生修复,有时可形成肉芽组织包囊。

20.1.4　变态反应性脑炎

变态反应性脑炎又称变应性脑炎或播散性脑炎。研究证实,不同动物的神经组织具有共同抗原性,其刺激机体产生的抗体与被接种动物的神经组织结合,引起神经组织的变态反应性炎症。根据其发生原因可分为两种类型。

1)疫苗接种后脑炎

见于某些动物接种狂犬病疫苗后出现。眼观,脑脊髓出现灶状病变。镜检,有大量淋巴细胞、浆细胞和单核细胞浸润形成管套,胶质细胞增生和髓鞘脱失现象。

2)实验性变态反应性脑炎

实验证明,用各种动物的脑组织加佐剂后,一次或多次经皮下或皮内注入同种或异种动物,可引起实验性变态反应性脑炎。其病理变化类似于疫苗接种后脑炎。用兔复制的实验性变态反应性脑炎,在麻痹前期,出现明显的脑膜炎、脉络膜炎和室管膜炎。软膜下和脑室周围的动脉壁肿胀、疏松、发生纤维素样变,血管周围亦见淋巴细胞为主的管套形成。在血管和脑室周围的星状胶质细胞和少突胶质细胞增生,有髓神经髓鞘脱失,在脊髓的软膜和白质也有淋巴细胞浸润和脱髓鞘现象。

20.2　脑软化

脑软化是指脑组织坏死后分解液化的过程。引起脑软化的病因很多,如病毒、细菌等病原微生物感染,维生素缺乏,缺氧等。脑组织坏死后,经一定时间一般均可分解液化,形成软化灶。由于病因的不同,软化形成的部位、大小及数量具有某些特异性。下面介绍畜禽几种常见的脑软化疾病。

20.2.1　维生素 B_1（硫胺素）缺乏引起的脑软化

1）牛羊的脑灰质软化病

牛羊的脑灰质软化病其病变特征是大脑皮层的层状坏死,故也称层状皮质坏死。

该病的病因主要是与维生素 B_1 缺乏有关,因为病牛羊的肝脏和大脑皮质维生素 B_1 的含量较低,应用维生素 B_1 对早期发病牛羊进行治疗效果较明显。有时体内存在对维生素 B_1 的拮抗物或对维生素 B_1 的需求量增加也可引起发病。

在发病早期或急性病例,眼观,病变主要表现为大脑回肿胀变宽,水分含量增多,在白质附近的灰质区常有狭窄条状坏死区。发病晚期或病程较长的病例病变明显,在大脑灰质区的动脉周围形成坏死灶,有时坏死灶蔓延扩散到大脑半球而呈现弥漫性坏死,出现广泛的去皮质区,使脑沟的白质中心裸露。坏死区也可向下蔓延到小脑蚓突、四叠体和丘脑。

2）肉食动物的维生素 B_1 缺乏

肉食兽自身不能合成维生素 B_1,需要从外界摄取。在饲料中维生素 B_1 不足,或受到某些因素的作用而破坏,都可导致动物的维生素 B_1 缺乏。

发病动物常出现麻痹、昏迷,并呈现角弓反张和痉挛等神经症状。其病变主要为脑水肿、充血、出血及坏死液化,易感部位多是脑室周围灰质、下丘脑、中脑前庭核和外侧膝状体核,病灶呈双侧对称性。

20.2.2　羊局灶性对称性脑软化

羊局灶性对称性脑软化多见于羊的肠毒血症病例,认为与产气荚膜杆菌(魏氏梭菌)的感染有关。多发生于 2~10 周龄的羔羊,或 3~6 月龄的育肥羊。病羊出现运动障碍、共济失调、肌肉痉挛、四肢麻痹等神经症状。

病变主要分布于纹状体、丘脑、中脑、小脑和颈腰部脊髓的白质,病灶直径 1~1.5 cm,常伴有出血,呈红色,时间较久时为灰黄色,两侧对称。

在羊的肠毒血症同时伴有肠管的严重出血和肾脏的软化病变,故该病又称肠毒血症或"软肾病"。

20.2.3　雏鸡脑软化

雏鸡脑软化是由维生素 E 或微量元素硒缺乏引起的一种代谢病。该病主要发生于

2~5周龄的雏鸡,有时在青年鸡或成年鸡也可发生。病鸡运动失调,角弓反张,脚软弱无力,头后抑或向下挛缩,有的颈扭转或向前冲,少数鸡腿发生痉挛性抽搐,最后不能站立而衰竭死亡。

病变主要出现在小脑、纹状体、延髓、中脑和脊髓。在发病初期,病鸡小脑脑膜水肿充血,甚至有出血点。脑实质肿胀柔软,脑回平坦。病程稍长的病例,在小脑可见绿黄色混浊的软化灶,与周围脑组织有明显的界线;纹状体的坏死灶呈苍白色,界线明显;脊髓腹面扁平,普遍肿胀。

20.2.4　马脑白质软化

马脑白质软化是由霉玉米中的镰刀菌毒素中毒引起的马属动物的一种中毒性疾病。该毒素耐热,对马属动物的脑白质具有明显的选择性毒性作用,髓鞘是原发性作用部位。

病畜表现沉郁、发呆、步态蹒跚,或异常兴奋,直线前进,有时兴奋与沉郁交替出现,最终瘫痪衰竭而死亡。眼观,硬膜下腔积液、出血,软脑膜充血、出血,蛛网膜下腔、脑室及脊髓中央管内脑脊液增多。在大脑半球、丘脑、桥脑、四叠体及延脑的白质中形成大小不一的软化灶,其色泽呈黄色糊状,或浅黄色质地较软,或伴有明显的出血呈灰红色。大的软化灶常为单侧性,在脑表面有波动感。

20.3　神经炎

神经炎是指外周神经的炎症。其特征是在神经纤维变性的同时,神经间质内有不同程度的炎性细胞浸润或增生。引起神经炎的原因有机械性损伤、病原微生物感染、维生素 B_1 缺乏等。根据发病的快慢和病变特征,可分为急性神经炎和慢性神经炎两种。

急性神经炎又称急性实质性神经炎,其病变以神经纤维的变质为主,间质炎性细胞的浸润和增生轻微。雏鸡维生素 B_1 缺乏时引起多发性神经炎,眼观,神经水肿变粗,呈灰黄色或灰红色,病理组织学变化为神经轴突肿胀、断裂或完全溶解,雪旺氏细胞水泡变性或坏死崩解,髓鞘脱失,在间质见巨噬细胞和淋巴细胞浸润。在急性化脓性神经炎时,眼观,神经肿胀,湿润质软,呈灰红色或灰黄色。

慢性神经炎又称间质性神经炎,其特征是在神经纤维变质的同时,其间质中炎性细胞浸润及结缔组织增生明显。可由原发性的或由急性神经炎转化而来。眼观,神经纤维肿胀变粗,质地较硬,呈灰白色或灰黄色,有时与周围组织发生粘连,不易分离。

复习思考题

1. 简述脑脊髓炎类型及其原因、病变特点。
2. 常见的脑软化疾病有哪些?
3. 简述急、慢性神经炎的病变特征。

第21章
肌肉、骨、关节病理

> **本章导读**：肌肉、骨及关节 3 部分共同组成运动系统。本章主要介绍白肌病、肌炎、代谢性骨病(佝偻病、骨软症、纤维性骨营养不良和胫骨软骨发育不良)和关节炎。

21.1　白肌病

白肌病是一种由于微量元素硒和维生素 E 缺乏引起的多种畜禽以肌肉(骨骼肌和心肌)病变为主的疾病。特征是肌肉发生变性、凝固性坏死,肌肉色泽苍白,故又称白肌病。

本病常见于牛、绵羊、猪及家禽。牛的白肌病主要发生于 6 月龄以内的犊牛,亦可见于初生犊。猪以 15～45 日龄的仔猪发病最多,死亡率可高达 50%～70%，6 月龄以上发病逐渐减少。猪所谓的营养性肝病、桑葚心病以及白肌病都是一种硒和维生素 E 缺乏综合征。雏鸡除肌肉病变外,还表现渗出性素质(胸、腹下浮肿,心包积液)和脑软化。

21.1.1　发病原因

主要是由于微量元素硒和维生素 E 的缺乏,其中缺硒是重要的因素。这两种营养元素可以是直接缺乏,也可以是饲料中营养元素之间的拮抗作用引起的缺乏。如果饲料中含过多的不饱和脂肪酸,与维生素 E 二者之间就存在着拮抗关系,而且脂肪酸越不饱和,对维生素 E 的破坏作用就越大。过多的硫也可以引起硒的缺乏,由于硫能抑制植物对硒的吸收,因此,在近期内施用过硫肥的牧草地,其放牧的动物白肌病发病最严重。

21.1.2　病理变化

1)骨骼肌

骨骼肌是白肌病最常见的病变部位,全身各处均可发生,以负重较大的肌群(如臀部、股部、肩胛部和胸、背部等)病变多见且明显,往往呈对称性分布。持续活动的肌群(如胸肌和肋间肌)病变也很明显。白肌病病畜衰弱无力,跛行,症状与病变部位

183

相应。

肌肉肿胀,外观像开水烫过一样,呈灰白、苍白或淡黄红色,失去原来肌肉的深红色泽。已发生凝固性坏死的部分,呈黄白色、白蜡样的色彩,故称为蜡样坏死。有的在坏死灶中发生钙化,则呈白色斑纹,触摸似白垩斑块。急性病例肌肉手感硬而坚实,缺乏弹性,干燥、容易撕裂;慢性病例肌肉质地硬如橡皮状。这种变性、坏死的肌肉在肌群内的分布部位不定、大小不等,病变部分与正常肌肉界限清楚。

2) 心肌

主要是心肌纤维变性和坏死。病畜表现心跳频率和节律紊乱、心力衰竭、呼吸困难,往往突然死亡。剖检,心肌病灶往往沿着左心室从心中隔、心尖伸展到心基部。病灶呈淡黄色或灰白色的条纹或弥漫性斑块,与正常心肌没有明显的界限。由于心肺循环障碍,导致心包积液、肺水肿、胸腔积水和轻度腹水。犊牛和羔羊常在心内膜下方的心肌发生病变,并往往很快钙化。猪常在心外膜下发生心肌病变。

21.2　肌　炎

21.2.1　嗜酸性粒细胞性肌炎

嗜酸性粒细胞性肌炎是主要发生于牛和猪的一种慢性、非肉芽肿性以嗜酸性粒细胞浸润为特征的肌炎,能引起牛的突然死亡。其发生原因不明,有人认为与变态反应有关,而寄生虫感染没找到证据。

本病常见于心肌、膈肌、食管、舌和咬肌。剖检,可见病变肌肉肿胀,质地坚实,有条索状或弥漫性的灰色或灰绿色病灶。单个肌束或整个肌群均可发生。显微镜下,肌纤维萎缩或消失,成纤维细胞增生。特征性变化是在肌内膜和肌周膜内出现大量的嗜酸性粒细胞,这种细胞的聚积即为肉眼所见的淡绿色病灶。肌纤维一般不发生严重变性。如果肌纤维发生坏死,嗜酸性粒细胞可进入肌浆。慢性过程,嗜酸性粒细胞消退,而被淋巴细胞、浆细胞和组织细胞所替代,纤维组织增生。病变肌肉可同时存在急性、渗出性和慢性、增生性的病理过程。

肌肉发生孢子虫感染时,会形成一种嗜酸性脓肿和假结核结节,称肉芽肿性嗜酸性粒细胞肌炎,这种肌炎与非肉芽肿性嗜酸性粒细胞性肌炎的主要区别是病因明确和病灶形成肉芽肿。在肉孢子虫病时,孢囊的周围有大量嗜酸性粒细胞及少量嗜中性粒细胞、单核细胞和淋巴细胞等,即形成嗜酸性脓肿灶。随后孢囊的残骸逐渐消失,纤维组织不断增生,形成假结核结节,结节的中心发生钙化。在病灶的边缘可见到肌纤维破坏后出现的多核肌巨细胞。在肌肉旋毛虫病时,形成的肉芽肿性嗜酸性粒细胞性肌炎的肉芽肿结节,与肉孢子虫病极为相似。但肌肉旋毛虫包囊被机体钙化后,其中所含的幼虫仍可存活。被钙盐沉着后的幼虫,必须用弱酸把钙盐溶去之后才能看到。由于包囊发生钙化所需的时间较长,因此,商品猪宰后检验往往不易看到钙化的包囊。

21.2.2　骨化性肌炎

骨化性肌炎为一种骨化的慢性肌炎。由于肌肉的慢性炎症或肌肉受到多次创伤,由肌间结缔组织或创伤后的疤痕化生为骨组织。这种骨化常发生在臀部及股部肌肉,有时见于疝囊周围的腹肌。剖检,病变肌肉有不同深度及不同长度的骨化组织。新形成的骨组织呈板状,表面有尖锐的突起;陈旧的骨组织被结缔组织包绕。周围肌肉组织一般发生萎缩。病变肌肉手感坚硬,不易切开。显微镜下,在初期,肌组织水肿,肌纤维发生变性、坏死。由成纤维细胞及成骨细胞形成形状弯曲的骨小梁结构,这种结构与骨痂相似。晚期时,肌组织有大小不等的骨板,其外周包有老化的结缔组织。当局限性骨化不妨碍肌纤维活动时,病畜宰前无明显症状。如果骨化部分对血液供应、神经活动等有影响,则临诊上出现跛行、运动失调等症状。

21.3 佝偻病和骨软症

佝偻病和骨软症是由于钙、磷代谢障碍或维生素 D 缺乏而造成的、以骨基质钙化不良为特征的一种代谢性骨病。幼龄动物骨基质钙化不良则引起长骨软化、变形、弯曲、骨端膨大等症状,称为佝偻病。成年动物由于钙、磷代谢障碍,使已沉积在骨中的钙盐动员出来,以致钙盐被吸收,骨质变软称为骨软症,又称成年佝偻病。佝偻病、骨软症的本质是骨组织内钙盐(碳酸钙、磷酸钙)的含量减少。

21.3.1 发病原因

主要由于饲料中钙、磷不足或比例不当以及由维生素 D 缺乏或不足造成,其中常见原因是维生素 D 缺乏。因为钙的吸收和利用都要维生素 D 的参与。另外,肝、肾病变、消化机能紊乱以及阳光照射不足也是本病的发病原因。

21.3.2 病理变化

由于骨基质内钙盐沉积不足,未钙化的骨样组织增多,引起骨的硬度和坚韧性降低,骨骼的支持力明显降低,加上体重和肌肉张力的作用则骨骼易发生弯曲或变形,四肢骨、肋骨、脊柱、颅骨、骨盆等变形明显。

四肢长管状骨弯曲变形,骨端膨大,关节相应膨大,骨骼硬度下降,容易切割。将长骨纵行切开或据开,可见骨髓软骨异常增多而使骨端膨大,骨骺线明显增宽,这是软骨骨化障碍造成的。骨干由于膜内成骨时钙化不全,因此,骨样组织堆积使骨干皮质增厚且变软,用刀可以切开。骨髓腔变狭窄。肋骨和肋软骨结合部呈结节状或半球状隆起,左右两侧成串排列,状如串珠称串珠胸。这种病灶即使在愈合后也长期存在而不消退,在临床上具有诊断意义。由于肋骨含钙少,在呼吸时长期受牵引可引起胸廓狭小,脊柱弯曲,或向上弓起或向下凹背。颅骨由于膜内化骨过程中钙盐不足而产生过量骨样组织,使颅骨显著增厚、变形、软化,外观明显肿大。患畜出牙不规则,磨损迅速,牙齿排列紊乱。

21.4 纤维性骨营养不良

纤维性骨营养不良又称骨髓纤维化,是指骨组织弥散性或局灶性消失并由纤维组织

取代的病变过程,是一种营养代谢性疾病。其特征是破骨过程增强,骨骼脱钙,同时纤维性结缔组织过度增生并取代原来骨组织,使骨骼体积变大,质地变软,骨骼弯曲、变形,易骨折,负重时产生疼痛感。本病主要侵害马、骡,以马最敏感,其次是羊、猪、犬和猫。

21.4.1　发病原因

直接原因是甲状旁腺功能亢进,甲状旁腺素(PTH)分泌增多。因此,引起甲状旁腺功能亢进的因素均能导致本病。如甲状旁腺瘤,饲料中缺钙、磷过量,维生素 D 缺乏,甲状旁腺增生,代偿性肥大。另外,饲料中植酸、草酸、鞣酸、脂肪酸物质过多时可与钙结合成不溶性钙盐,金属离子镁、铁、锶、锰、铝等可与磷酸根结合形成不溶性磷酸盐复合物,两者均能影响钙、磷的吸收。本病也可继发于佝偻病或骨软症。

21.4.2　病理变化

各部骨骼均能出现不同程度的疏松、肿胀、变形,但以头部肿大最明显。头骨中以上、下颌骨肿胀尤其明显,开始是下颌骨肿大,然后波及上颌骨、泪骨、鼻骨、额骨,使头颅明显肿大。上颌骨肿胀严重时鼻道狭窄,呼吸困难,下颌骨肿胀严重时,下颌间隙变窄,齿根松动、齿冠变短等。猪发生纤维性骨营养不良一般不见特征性头骨肿大。脊椎骨骨体肿大,脊柱弯曲,横突和棘突增厚。肋骨增厚、变软呈波状弯曲,与肋软骨结合处呈串珠状隆起。四肢长骨骨体肿大,骨膜增厚、粗糙,断面松质骨间隙扩大,密质骨疏松多孔,骨髓完全被增生的结缔组织所代替,呈灰白色或红褐色。骨骼除了变形之外,还变得很柔软,可以用刀切断。软化的骨骼重量减轻,关节软骨面常有深浅不一的缺陷,凹凸不平,关节囊结缔组织增厚。

21.4.3　结局和对机体的影响

上述佝偻病、骨软症和纤维性骨营养不良均以骨钙盐沉积不足、骨质松软为特征,因此,临床上病畜骨骼易折断、弯曲变形、肿胀。病畜表现为跛行、姿势异常、驼背、四肢关节肿大、胸廓狭窄、肋骨呈串珠状、头骨肿大、牙齿松动、磨灭不正等症状。蛋鸡产蛋量减少,薄壳蛋、软壳蛋、无壳蛋增多。严重时病畜、病禽卧地不起、瘫痪等。高产乳牛、产后开始泌乳乳牛、妊娠母马、泌乳母猪及快速生长的青年猪易出现此类骨病。有时由于低血钙造成神经肌肉兴奋性增高,发生抽搐和痉挛。针对病因采取补充矿物质、钙剂、维生素 D、鱼肝油并多晒太阳等措施,可获明显效果。

21.5　胫骨软骨发育不良

胫骨软骨发育不良是一种代谢性疾病,其特征是在胫跗骨近端出现无血管未钙化的异常软骨团块。胫骨软骨发育不良是肉用鸡、鸭、火鸡等的一种十分普遍的疾病。发病率8%～30%不等,常见于 3～8 周龄鸡。病禽表现为不愿走动,步态呆板,双腿弯曲,股胫关节肿胀,严重时跛行等症状。

21.5.1　发病原因

引起本病的病因很多。日粮中 Ca、P、Cl、Mg 含量均对胫骨软骨发育有影响。高磷低钙日粮增加其发病率,饲喂高钙低磷饲料以及增大 Ca∶P 比例均可降低发病率。据报道,当 Ca∶P 为0.8 时,发病率为68%,当 Ca∶P 为1.2 时,发病率为30%,当 Ca∶P 为1.8 时,发病率为23%。增加日粮中氯化物含量(主要是 NaCl 含量)发病率明显增加,减少日粮中氯化物含量则发病率降低。日粮中增加 Mg^{2+}($MgCO_3$)可减少发病率。日粮中含污染有粉红镰刀菌或杀真菌剂二硫化四甲基秋兰姆时,均可使胫骨软骨发育不良大量发生。另外,据报道,遗传、性别、年龄、环境因素均对胫骨软骨发育不良的发病率有影响。

21.5.2　病理变化

双腿胫骨往往变形弯曲,股胫关节肿胀,胫骨近端肿大、变软。将胫骨纵切可见胫骨近端有异常软骨团块,这些异常软骨团块往往呈锥形,其尖端指向骨髓腔,重症病例异常软骨充满整个骨骺端。异常软骨还常见于股骨的近端和远端、胫骨的远端、肱骨的近端,但程度较轻。

21.6　关节炎

关节炎是指关节各部位的炎症过程。常发部位有肩关节、膝关节、跗关节、肘关节、腕关节等,多发生于单个关节。引起关节炎的常见原因是创伤和感染,其次是变态反应和自身免疫性疾病。

21.6.1　发病原因

由于剧烈运动等机械性原因造成关节囊、关节韧带、关节部软组织、甚至关节内软骨和骨的创伤,常引起浆液性关节炎,表现为关节肿胀和明显的渗出,关节囊内充满多量浆液性或浆液性纤维素性渗出物,渗出液稀薄,无色或者淡黄色。关节囊滑膜层充血。如继发感染则转为感染性关节炎。

感染性关节炎主要指由于各种微生物因素所引起的关节部位的炎症过程。引起关节炎的最常见原因,如支原体、衣原体、细菌、病毒等。感染性关节炎常伴发于全身性败血症或脓毒血症,即病原体通过血液侵入关节,引起关节炎。也可由于关节创伤、骨折、关节手术、关节囊内注射、抽液等直接感染。另外,相邻部位(骨髓、皮肤、肌肉)的炎症也可蔓延至关节而发病。

风湿性关节炎是一种变态反应性疾病,类风湿性关节炎则是一种慢性、全身性、自身免疫性疾病。

21.6.2　病理变化、结局和对机体的影响

关节炎病变为关节肿胀,关节囊紧张,关节腔内积聚有浆液性、纤维素或化脓性渗出物,滑膜充血、增厚。化脓性关节炎时,关节囊、关节韧带及关节周围软组织内常有大小

不等的脓肿,进一步侵害关节软骨和骨髓则引起化脓性软骨炎和化脓性骨髓炎,关节软骨面粗糙、糜烂。在慢性关节炎时关节囊、韧带、关节骨膜、关节周围结缔组织呈慢性纤维性增生,进一步发展则关节骨膜、韧带及关节周围结缔组织发生骨化,关节明显粗大、活动性很小。最后两骨端被新生组织完全愈着在一起,导致关节变形和强硬。

患关节炎的畜禽临床表现为患部关节肿胀、发热、疼痛和跛行,通过治疗原发病,如消除感染等,关节功能一般可完全恢复正常,通常不遗留永久性病变。慢性关节炎则常导致关节变形、强硬。

复习思考题

1. 简述白肌病的病因及病变。
2. 简述佝偻病和骨软症的病因及病变。
3. 常见关节炎的种类有哪些?

第22章
尸体剖检技术

本章导读：本章主要就尸体剖检技术进行学习。通过学习，要求掌握动物死后尸体变化、尸体剖检方法步骤、注意事项、剖解记录和尸检报告正确填写、病料采取和送检的正确方法，并能在生产实践中正确、熟练掌握尸体剖检技术，为临床工作服务。

动物尸体剖检是运用动物病理知识检查尸体病理变化，对疾病进行诊断和研究的一种方法。剖检时，必须对尸体的病理变化做到全面观察，客观描述，详细记录，进行科学分析和推理判断，作出客观的诊断。

22.1 尸体变化

动物死亡后，受内外环境因素的影响，逐渐发生一系列的死后变化。其中包括尸冷、尸僵、尸斑、血液凝固、尸体自溶与腐败。

22.1.1 尸 冷

动物死亡后，由于动物体内产热过程停止，尸体温度逐渐降至外界环境温度的水平，称为尸冷。尸体温度下降的速度，在最初几小时较快，以后逐渐变慢。通常在室温条件下，平均每小时下降 1 ℃。当外界温度低时，尸冷可能发生快些。

22.1.2 尸 僵

动物死亡后尸体的肌肉收缩变硬，尸体固定于一定形状，称为尸僵。尸僵一般在动物死后 1~6 h 开始发生，经 10~24 h 发展完全，24~48 h 开始缓解。尸僵的发生和缓解一般是按头部、颈部、前肢、体躯和后肢的顺序进行。尸僵除见于骨骼肌外，心肌、平滑肌同样可以发生，心肌的尸僵在死后 0.5 h 左右即可发生。周围气温较高时，尸僵出现较早，解僵较快；寒冷时则出现较晚，解僵较迟。肌肉发达的动物尸僵较明显，死于破伤风的动物尸僵发生快而明显。死于败血症的动物，尸僵不显著或不出现。心肌变性或心力衰竭的心肌，则尸僵不出现或不完全，这种心脏质度柔软，心脏扩张，并充满血液。

22.1.3　尸　斑

尸斑是动物死后血液由于重力作用沉降到尸体低下部位而出现的坠积性瘀血。动物死亡后,血液被排挤到静脉系统内,由于重力作用,血液流向尸体的低下部位,使该部位血管充盈血液,组织呈暗红色(死后 1~1.5 h 出现),初期,用指压该部位可使红色消退,并且这种暗红色的斑可随尸体位置的变更而改变。后期,由于发生溶血使该部组织染成污红色(一般在死后 24 h 左右开始出现),此时指压或改变尸体位置时也不会消失,即尸斑形成。要注意,不要把这种病变与生前的充血、瘀血相混淆。在采取病料时,如无特异病变、特殊需要,最好避开这些部位。

22.1.4　血液凝固

血液凝固是指血液在血管内的凝集。动物死后不久在心脏和大血管内的血液即凝固成血凝块。死亡时间较快时,血凝块呈一致的暗紫红色。死亡较慢者,血凝块往往分为两层:上层为含血浆成分的淡黄色鸡脂样血凝块,下层是含红细胞的暗红色血凝块。死于败血症或窒息、缺氧的动物,血液凝固不良或不凝固。剖检时,要注意将血凝块与生前血栓相区别。

22.1.5　尸体自溶和腐败

尸体自溶是指体内组织受到自身蛋白酶的作用而引起的自体消化过程,表现最明显的是胃和胰腺。当外界气温高,死亡时间较久剖检时,常见的胃肠道黏膜脱落,就是一种自溶现象。

尸体腐败是指尸体组织蛋白由于细菌作用而发生腐败分解的现象。参与腐败过程的细菌主要是厌氧菌,它们主要来自消化道,但也有从体外进入的。尸体腐败可表现腹围膨大、尸绿、尸臭、内脏器官腐败等。死于败血症或有大面积化脓的动物尸体极易腐败。尸体腐败破坏生前病变,给剖检工作带来困难,因此,动物死后剖检越早越好。

22.2　尸体剖检的注意事项

22.2.1　剖检时间

应在动物死后尽早进行。死后超过 24 h 的尸体,由于尸体自溶与腐败而难于辨别原有病变,失去剖检意义。剖检最好在白天进行,晚间应在充足的日光灯下辨认脏器的色彩。

22.2.2　剖检地点

最好在专用的动物剖检室进行,尤其是传染病尸体。在畜牧场的死亡动物,可在其设置的剖检场所进行。如在室外剖检时,应选择地势较高、环境干燥、远离水源、居民区、道路和畜舍的地点进行。剖检前,先掘好深达 2 m 的尸坑;剖检后,将尸体连同垫布或垫草和污染的土壤一起投入坑内,再撒上生石灰或 3% ~5% 的来苏儿或其他消毒药,然后用土掩埋。

22.2.3　尸体剖检常用器械和药品

应根据尸体特点、临床症状、剖检要求准备解剖器械和药品。常用器具一般有各种解剖用刀、剪、钳、锯、镊子、注射器、量器等,还有装检品用的灭菌平皿、棉拭子、广口瓶。常用药品有各种消毒药(根据需要准备)、10% 福尔马林(固定标本用)等。

22.2.4　剖检人员的防护

剖检人员应注意自身防护。剖检人兽共患病的动物尸体时更应严格防护。穿戴好工作衣帽,外罩橡胶或塑料围裙,戴乳胶手套并外加线手套,穿胶靴,必要时还要戴上口罩和眼镜。如无手套,可在手上涂抹凡士林或其他油类保护。不慎损伤皮肤时,应立即消毒包扎。剖检完毕,尸体处理后,先脱去手套。如未戴手套时先清洗双手,再脱去全部防护衣物,投入消毒液中浸泡。消毒器械要另用消毒液浸泡。在全部工作完毕后,再次洗净双手,用消毒液浸泡,最后用清水将手上消毒液冲洗干净。为了除去粪便与尸腐的臭味,可先用 0.2% 高锰酸钾水浸泡双手,再用 2% ~3% 草酸溶液洗涤褪色,最后用清水冲洗干净。剖检器械和衣物消毒后,用清水洗净。橡胶制品晾干后要抹上滑石粉以防粘连。金属器械擦干后要涂抹凡士林防锈。

22.2.5　尸体消毒与处理

在剖检前应对尸体体表喷洒消毒液。如需搬运尸体,应用不透水容器,特别是炭疽、开放性鼻疽等传染病的尸体时,应先用浸透消毒液的药棉团塞紧尸体的天然孔。如确定为传染病的尸体,可采用焚尸炉焚烧、投入专用的尸坑或临时掘坑深埋等方法处理。消毒应参照中华人民共和国国家标准《畜禽产品消毒规范》执行。

22.3　尸体剖检术式

22.3.1　牛的尸体剖检术式

牛的尸体剖检,通常采取左侧卧位,以便于取出瘤胃。

1)外部检查

外部检查包括检查畜别、品种、年龄、性别、毛色、营养状态、特征、体态、皮肤和可视黏膜、天然孔等。

2)致死动物

可采取放血、断颈、人造气栓、断延髓、药物致死等方法。

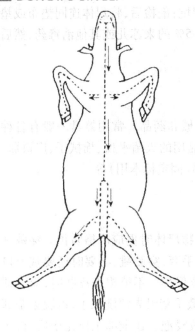

图 22.1　牛剥皮法

3）内部检查

内部检查包括剥皮、皮下检查、体腔的剖开及内脏器官的采出等。

（1）剥皮和皮下检查

将尸体仰卧，自下颌部起沿腹部正中线切开皮肤，至脐部后把切线分为两条，绕开生殖器和乳房，最后于尾根部会合。再沿四肢内侧的正中线切开皮肤，到球节作一环形切线，然后剥下全身皮肤（图22.1）。传染病尸体，一般不剥皮。在剥皮过程中，应注意检查皮下，观察有无出血、水肿、炎症、脓肿等病变，并对皮下脂肪、肌肉、生殖器官作大概检查。

（2）切离前、后肢

为了便于内脏的检查与摘除，先将牛的右侧前、后肢切离。切离的方法是将前肢或后肢向背侧牵引，切断肢内侧肌肉、关节囊、血管、神经和结缔组织，再切离其外、前后3方面肌肉即可取下。

（3）腹腔剖开及腹腔脏器的采出

①剖开腹腔　先将母畜乳房或公畜外生殖器从腹壁切除，然后从胁窝沿肋弓切开腹壁至剑状软骨，再从胁窝沿髂骨体切开腹壁至耻骨前缘（图22.2）。注意不要刺破肠管，以免造成污染。

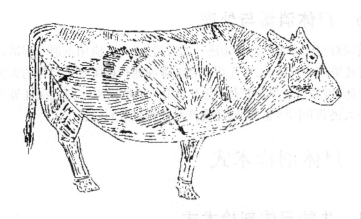

图 22.2　切开腹腔线图

切开腹腔同时进行脏器检查，观察有无肠变位、腹膜炎、腹水或腹腔积血、肿瘤等病变。

②腹腔器官采出　先将网膜切除，并依次采出小肠、大肠、胃和其他器官。

a. 切取网膜　检查网膜的一般情况，然后将网膜在腹腔各脏器附着部处切离。

b. 空肠和回肠的采出　提起盲肠，沿盲肠体向前，在三角形的回盲韧带处切断，分离一段回肠，在距盲肠约15 cm处作双重结扎，从结扎间切断。再抓住回肠断端向前牵引，使肠系膜呈紧张状态，在接近小肠部切断肠系膜。分离至十二指肠空肠曲，再作双重结扎，于两结扎间切断,即可取出全部空肠和回肠。与此同时,检查肠系膜和淋巴结等有无变化。

c.大肠的采出　在骨盆口处将直肠内粪便向前挤压并在直肠末端作一次结扎,在结扎后方切断直肠。抓住直肠断端,由后向前分离直肠、结肠系膜至前肠系膜根部。再把横结肠、肠襻与十二指肠乙装弯曲之间的联系切断。最后切断前肠系膜根部的血管、神经和结缔组织,可取出整个大肠。

d.胃、十二指肠和脾脏的采出　先将胆管、胰管与十二指肠之间的联系切断,然后分离十二指肠系膜。将瘤胃向后牵引,露出食管,并在末端结扎切断。再用力向后下方牵引瘤胃,用刀切离瘤胃与背部联系的组织,切断脾膈韧带,将胃、十二指肠及脾脏同时采出。

e.胰、肝、肾和肾上腺的采出　胰脏可从左叶开始逐渐切下或将胰脏附于肝门部和肝脏一同取出,也可随腔动脉、肠系膜一并采出。

肝脏采出,先切断左叶周围的韧带及后腔静脉,然后切断右叶周围的韧带、门静脉和肝动脉(勿伤右肾),便可采出肝脏。

采出肾脏和肾上腺时,首先应检查输尿管的状态,然后先取左肾,即沿腰肌剥离其周围的脂肪囊,并切断肾门处的血管和输尿管,采出左肾。右肾用同样方法采出。肾上腺可与肾脏同时采出,也可单独采出。

4)胸腔脏器的采出

(1)锯开胸腔

锯开胸腔之前,应先检查肋骨的高低及肋骨与肋软骨结合部的状态,然后将膈的左半部从季肋部切下,用锯把左侧肋骨的上下两端锯断,只留第一肋骨,即将左胸腔全部暴露。锯开胸腔后,应注意检查左侧胸腔液的量和性状,胸膜的色泽,有无充血、出血、粘连、肿瘤、寄生虫等。

(2)心脏的采出

先在心包左侧中央做十字形切口,将手洗净,把食指和中指插入心包腔,提取心尖,检查心包液的量和性状;然后沿心脏的左侧纵沟左右各2 cm处,切开左、右心室,检查血量及其性状;最后将左手拇指和食指分别伸入左、右心室的切口内轻轻提取心脏,检查心基各部大血管后,切断心基部的血管,取出心脏。

(3)肺脏的采出

先切断纵膈的背侧部,检查胸腔液的量和性状;然后切断纵膈的后部;最后切断胸腔前部的纵膈、气管、食管和前腔动脉,并在气管轮上做一小切口,将食指和中指伸入切口牵引气管,将肺脏取出。

(4)主动脉的采出

从胸主动脉至腹主动脉的最后分支部,沿胸椎、腰椎的下面切断肋间动脉,即可将主动脉和肠系膜一并采出。

5)骨盆腔脏器的采出

先锯断髂骨体,然后锯断耻骨和坐骨的髋臼支,除去锯断的骨体,盆腔即暴露。用刀切离直肠与盆腔上壁的结缔组织。母牛还应切离子宫和卵巢,再由盆腔下壁切离膀胱颈、阴道及生殖腺等,最后切断附着于直肠的肌肉,将肛门、阴门做圆形切离,即可取出骨

盆腔脏器。

6）口腔及颈部器官的采出

先切断咬肌,再在下颌骨的第一臼齿前,锯断左侧下颌支;再切开下颌支内面的肌肉和后缘的腮腺、下颌关节的韧带及冠状突周围的肌肉,将左侧下颌支取下;然后用左手握住舌头,切断舌骨支及其周围组织,再将喉、气管和食管等周围组织切离,直至胸腔入口处,即可采出口腔及颈部器官。

7）颅腔的打开与脑的采出

（1）切断头部

沿枕环关节切断颈部,使头与颈分离,然后除去下颌骨体及右侧下颌支,切除颅顶部附着的肌肉。

（2）取脑

先沿两眼的后缘用锯横锯额骨,再沿两角外缘与第一锯相接锯开,并于两角的中间纵锯一正中线,然后两手握住左右两角,用力向外分开,使颅顶骨分成左右两半,脑即取出（图22.3）。

8）鼻腔的锯开

沿鼻中线两侧各 1 cm 纵行锯开鼻骨、额骨,暴露鼻腔、鼻中隔、鼻甲骨及鼻窦。

9）脊髓的采出

剔去椎弓两侧的肌肉,凿（锯）断椎体,暴露椎管,切断脊神经,即可取出脊髓。

上述各体腔的打开和内脏的采出,是系统剖检的程序,在实际工作中,可根据具体情况,对剖检程序适当取舍,进行重点剖检。

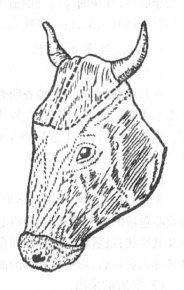

图22.3　牛颅腔剖开示意图

22.3.2　猪的尸体剖检术式

剖检猪（犬、羊）的尸体,通常取背侧仰卧位,不需要剥皮,如要剥皮,其方法与牛大同小异。一般先分别切断肩胛内侧和髋关节周围肌肉,仅以部分皮肤与体躯相连,使四肢摊开。然后沿腹壁正中线切开剑状软骨与肛门之间的腹壁,再沿肋骨弓将腹壁两侧切开,则腹腔器官全部暴露。此时应检查腹腔脏器的位置和有无异物,然后由膈处切断食管,由骨盆腔切断直肠,将胃、肠、肝脏、胰脏、脾脏一起采出,分别检查,也可按脾、胃、肠、肝、肾的次序分别采出。

其余尸体剖检术式参照牛的方法进行。

22.3.3　禽的尸体剖检术式

剖检之前,用水或消毒水将羽毛浸湿,防止羽毛飞扬。切开大腿与腹侧连接的皮肤,用力掰开两腿,使髋关节脱位,禽体背卧位平放入瓷盘。

剪开胸腹部皮肤,打开体腔后,把肝、脾、腺胃、肌胃和肠管一同取出;然后切去胸部肌肉,用骨剪剪去胸骨与肋骨的连接部,去掉胸骨,打开胸腔全部。

再用骨剪剪开喙角,打开口腔,将舌、食管、嗉囊从颈部剥离下来;然后用外科手术刀柄钝性分离肺脏,将肺、心脏和血管一起采出。肾脏位于脊椎深凹处,也应用钝性剥离方法取出。

鼻腔可用骨剪剪开,轻轻压迫鼻部,检查鼻腔及其内容物。脑的采出,需将头部皮肤剥离,用骨剪将颅顶骨作环形剪开,小心将大、小脑采出。

22.3.4　某些组织器官检查要点

1）皮下检查

在剥皮过程中进行,要注意检查皮下有无出血、水肿、炎症和脓肿,并观察皮下脂肪组织的多少、颜色、性状及病变性质等。

2）淋巴结

要特别注意颌下淋巴结、颈浅淋巴结、乳房淋巴结、髂内淋巴结、肠系膜淋巴结、肺门淋巴结等的检查。注意检查其大小、颜色、硬度,与其周围组织的关系及横切面的变化。

3）肺脏

先检查肺门淋巴结、纵隔淋巴结,再检查肺体积、外形、色泽、质量、质度、弹性、有无病灶及表面附着物等;然后用剪刀沿支气管剪开,注意检查支气管黏膜的色泽、表面附着物的数量、黏稠度;最后将整个肺脏纵横切割数刀,观察切面有无病变,切面流出物的数量、色泽变化等(图22.4)。

4）心脏

先检查心脏纵沟、冠状沟的脂肪量和性状,有无出血;然后检查心脏的外形、大小、色泽及心外膜的性状;最后切开心脏检查心腔。沿左侧纵沟切开右心室及肺动脉,同样再切开左心室及主动脉。检查心腔内血液的性状,心内膜、心瓣膜是否光滑,有无变形、增厚,心肌的色泽、质度、心壁的厚薄等(图22.5)。

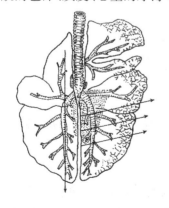

图22.4　肺脏检查方法示意图

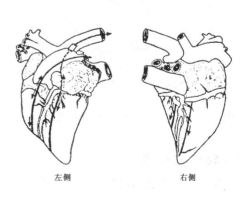

左侧　　　　　右侧

图22.5　心脏检查示意图

5）脾脏

脾脏摘出后,先检查脾门血管、淋巴结;再检查脾脏形态、大小、质度;然后纵行切开,检查脾小梁、脾髓的颜色,红、白髓的比例,脾髓是否容易刮脱。

6）肝脏

先检查肝门部的动脉、静脉、胆管和淋巴结;然后检查肝脏的形态、大小、色泽、包膜性状、有无出血、结节、坏死等;最后切开肝组织,观察切面的色泽、质度和含血量等情况。注意切面是否隆突,肝小叶结构是否清晰,有无脓肿、寄生虫性结节和坏死等。

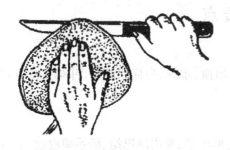

图22.6　肾脏剖开示意图

7）肾脏

先检查肾脏的形态、大小、色泽和质度;然后由肾的外侧面向肾门部将肾脏纵切为相等的两半(禽除外),检查包膜是否容易剥离,肾表面是否光滑,皮质和髓质的颜色、质度、比例、结构,肾盂黏膜及肾盂内有无结石等(图22.6)。

8）胃的检查

检查胃的大小、质度,浆膜的色泽,有无粘连,胃壁有无破裂、炎症、溃疡、穿孔等,然后沿胃大弯剖开胃,检查胃内容物的性状、黏膜的变化等(图22.7)。

反刍动物胃的检查,特别要注意网胃有无创伤,是否与膈相粘连。如果没有粘连,可将瘤胃、网胃、瓣胃、皱胃之间的联系分离,使4个胃展开。然后沿皱胃小弯与瓣胃、网胃之大弯剪开;瘤胃则沿背缘和腹缘剪开,检查胃内容物及黏膜的情况(图22.8)。

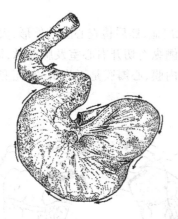

图22.7　单胃动物(马)胃剪开示意图

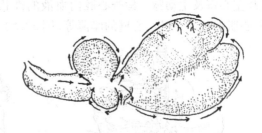

图22.8　反刍动物(牛)胃剪开示意图

9）肠管的检查

检查肠系膜淋巴结,再对十二指肠、空肠、回肠、大肠、直肠分段进行检查。在检查时,先检查肠管浆膜面的情况;然后沿肠系膜附着处剪开肠腔,检查肠内容物及黏膜情况。观察肠道有无炎症、溃疡、肿瘤、寄生虫、结石等病变。

10）骨盆腔器官的检查

公畜生殖系统的检查，从腹侧剪开膀胱、尿管、阴茎，检查输尿管开口及膀胱、尿道黏膜，尿道中有无结石，包皮、龟头有无异常分泌物；切开睾丸及副性腺检查有无异常。

母畜生殖系统的检查，沿腹侧剪开膀胱，沿背侧剪开子宫及阴道，检查黏膜、内腔有无异常；检查卵巢形状，卵泡、黄体的发育情况，输卵管是否扩张等。

11）脑的检查

打开颅腔之后，先检查硬脑膜有无充血、出血和瘀血；然后切开大脑，检查脉络丛的性状和脑室有无积水；最后横切脑组织，检查有无出血及溶解性坏死等变化（图22.9）。

22.4 尸体剖检记录的编写

尸体剖检记录是诊断的重要依据，在法医上具有法律依据，也是综合分析疾病的原始资料，记录内容应力求完整详细，对病变的形态、大小、质量、位置、色彩、硬度、性质、切面的结构变化等都要客观地描述和说明，避免采用诊断术语或名词。记录应在剖检当时进行，不可凭记忆事后补记，以免遗漏或错误。

剖检记录包括发病经过、主要症状及体征、临床诊断、治疗经过、各种化验室检查结果、死亡前的表现及临床死亡原因等（表22.1）。

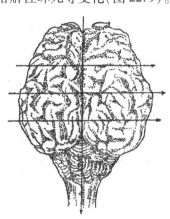

图22.9 脑的检查示意图

表22.1 动物尸体剖检记录   病例编号：

畜　主			畜　号			门诊号	
畜　别		性　别		年　龄		品　种	
毛　色		特　征		用　途		营　养	
体　高		体　长		胸　围		体　重	
委托单位			剖检者			记录者	
致死方法			死亡日期			剖检日期	
临床病历及诊断							

续表

病理剖检记录				
病理学诊断				

22.5 病理材料的采取和寄送

在尸体剖检时,为了进一步作出确切诊断,往往需要采取病料送实验室进一步检查。送检时,应严格按病料的采取、保存和寄送方法进行,具体做法如下。

22.5.1 病理组织材料的采取和寄送

为了准确诊断疾病,需要采集病理组织标本,制作病理切片,观察病变组织的显微变化。许多疾病具有独特的病变,只要观察切片即可诊断。许多诊断有困难的疾病,病理组织学观察可指明诊断方向。病理检查简单易行、经济,可根据临床需要及条件采用。

采取的病理材料,必须新鲜。采样要全面,而且具有代表性。对尚未诊断的疾病,尽量采集各个器官的组织标本材料;标本要保持主要组织结构的完整性,如肾脏应包括皮质、髓质和肾盂;胃肠应包括从黏膜到浆膜的完整组织等。采取的病料应选择病变明显的部位,而且应包括病变组织和周围正常组织,并应多取几块。切取组织块时,刀要锋利,应注意不要使组织受到挤压和损伤,切割组织不可来回拉锯样操作,保证切面平整、清洁。要求组织块厚度不得超过 5 mm,面积 $1.5 \sim 3$ cm^2,粘贴在纸片上,一同放入固定液中。不应将动物组织冷冻后送检,因为冷冻会破坏组织结构。

病理组织材料固定液用 10% 福尔马林溶液。固定液量为组织体积的 $10 \sim 20$ 倍。容器底应垫脱脂棉或纱布,以防组织粘贴瓶底固定不良,固定时间为 24 h 以上。已固定的组织,可用固定液浸湿的脱脂棉或纱布包裹,置于玻璃瓶封固或用不透水塑料袋包装于适宜容器内送检。送检的病理组织材料要有编号、组织块名称、数量、送检说明书和送检报告单,供检验单位诊断时参考。

22.5.2 微生物检验材料的采取和寄送

采取病料应于动物死后立即进行,或于动物临死前扑杀后采取,尽量避免外界污染,以无菌操作采取所需组织,并存放在预先消毒好的容器内。所采组织的种类,要根据诊断目的而定。如急性败血性疾病,可采取心、血、脾、肝、肾、淋巴结等组织供检验;生前有神经症状的疾病,可采取脑、脊髓或脑脊液;局部性疾病,可采取病变部位的组织如坏死组织、脓肿病灶、局部淋巴结及渗出液等材料。在与外界接触过的脏器采取病料时,可先用烧红的热金属片在器官表面烧烙,然后除去烧烙过的组织,从深部采取病料,迅速放在消毒好的容器内封好;采集体腔液时可用注射器吸取;脓汁可用消毒棉球收集,放入消毒试管内;胃肠内容物可收集放入消毒广口瓶内或剪一段肠管两端扎好,直接送检;血液涂片固定后,两张涂片涂面向内,用火柴或硬纸板隔开扎好送检;小动物整个尸体可在冷却后用塑料袋送检;对疑似病毒性疾病的病料,应放入50%甘油生理盐水溶液中,置于灭菌的玻璃容器内密封、送检。

采取病料用的刀、剪、镊子等设备、器械,使用前、使用后均应严格消毒。送检微生物检验材料要有编号、检验说明书和送检报告单。同时,应在冷藏条件下派专人送检。

22.5.3　寄生虫病料的采取与寄送

寄生虫病料采取应根据临床需要及寄生虫特性采用不同方法。对体表寄生虫,可用无菌器械采病变部位与健康部位交界处皮肤送检。检查活的体表寄生虫,可在病变部位与健康部位交界处皮肤用小刀刮,直到皮肤轻度出血,刮取皮屑送检。对粪便病料应选择新鲜粪便或直接从直肠内采取粪便后送检。对不同虫体,应根据虫体种类特点采用不同方法。吸虫、绦虫节片用生理盐水洗净后杀死,用70%酒精固定后送检。绦虫蚴及病理标本,可用10%福尔马林固定。线虫、棘头虫的大型虫体,用4%热福尔马林保存,小型虫体用巴氏液或甘油酒精保存。蜘蛛昆虫用针插法干燥保存,昆虫幼虫、虱、毛虱、羽虱、蠕形螨、虱蝇蛆、舌形虫、蜱用70%热酒精保存,螨用贝氏液封固。病变组织和寄生虫所在组织用10%福尔马林密封保存。

22.5.4　中毒病料的采取与寄送

应采取肝、胃等脏器的组织、血液和较多的胃肠内容物和食后剩余的饲草、饲料,分别装入清洁的容器内,并且注意切勿与任何化学药剂接触混合,密封后在冷藏的条件下(装于放有冰块的保温瓶)送检。

复习思考题

1. 尸体剖检有何意义?
2. 动物死后尸体有何变化?
3. 如何正确采取和送检病料?
4. 如何正确书写尸检记录?
5. 如何正确处理剖检后的尸体?

实 训

本章导读：本章重点介绍主要的动物病理实验实训，通过各类实验实训，力在强化学生的动物病理操作技能，加深对动物病理理论的理解，为临床工作奠定基础。

实训 1 局部血液循环障碍

【目的要求】 掌握并识别常见组织器官局部血液循环障碍的眼观和显微镜检病理变化。

【材料用具】 相关大体标本、病理组织切片、CAI 课件、图片、挂图、幻灯片、光学显微镜、显微图像投影和分析系统等。

【方法步骤】

1）喉头、支气管黏膜充血

（1）材料 鸡传染性喉气管炎早期喉头、支气管大体标本与病理切片。

（2）眼观 喉头、支气管黏膜鲜红、肿胀，血管纹理明显，呈树枝状。此为早期黏膜炎性充血。

（3）镜检 可见黏膜内毛细血管、小动脉扩张、充满红细胞。

2）肝瘀血

（1）材料 猪水肿病的肝大体标本与病理切片。

（2）眼观 急性瘀血时，肝体积肿大、被膜紧张，质脆易碎，表面光滑，边缘钝圆，呈暗红或蓝紫色，切面外翻，流出大量暗红色血液。慢性瘀血时，肝中央静脉及邻近肝窦区呈暗红，肝小叶周边呈黄色，肝脏切面呈红黄相间的外观，状似槟榔的花纹，称为"槟榔肝"。

（3）镜检

①轻度瘀血时，肝小叶中央静脉及其周围窦状隙扩张，充满红细胞，肝细胞索因受压而萎缩，但肝小叶结构仍然维持。

②严重瘀血时，中央静脉及其周围窦状隙高度扩张，充满红细胞，肝细胞索因受压严重，排列紊乱，肝细胞大量萎缩甚至消失，小叶周边肝细胞肿胀，胞浆内出现大小不一空泡（脂变）。

3）肺瘀血

（1）材料 猪肺疫的肺大体标本及病理切片。

（2）眼观　肺体积肿大，质地变实，质量增加，被膜紧张，表面光滑，呈暗红或蓝紫色，切面外翻，流出大量暗红色、泡沫状血液。间质增宽，呈胶冻样。

（3）镜检

①肺泡壁毛细血管及小静脉高度扩张，充满红细胞。

②肺泡腔、小叶间质内及支气管腔内可能有一些红染均质物，此为渗出的血浆，有时还可见肺泡腔中有少量红细胞、巨噬细胞。

4）膀胱黏膜出血

（1）材料　急性猪瘟的膀胱大体标本。

（2）眼观　膀胱黏膜出现大量大小不一红色斑点及斑块，小的称为瘀点，大的称为瘀斑，这些出血点或出血斑新鲜的呈鲜红色，陈旧的呈暗红色。

5）肠黏膜出血

（1）材料　鸡球虫的盲肠黏膜大体标本。

（2）眼观　肠黏膜呈均匀一致的红色，此即为黏膜弥散性出血。

6）脾脏血肿

（1）材料　脾脏血肿大体标本。

（2）眼观　病变呈黑红色硬块，球形，突出于器官表面，切开有血液流出。

7）白色血栓

（1）材料　慢性猪丹毒疣性心内膜炎大体标本及病理切片。

（2）眼观　心内膜上有似花椰菜状的赘生物，质地脆而硬，与瓣膜及心壁牢固相连，不易剥离，色黄白，表面粗糙。

（3）镜检　初期疣状物主要由血小板、纤维蛋白构成（白色血栓），后期则发生结缔组织增生和炎性细胞浸润。

8）栓塞

（1）材料　肿瘤栓塞病理切片。

（2）镜检　可见大量肿瘤细胞组成栓子阻塞血管腔。

9）肾贫血性梗死

（1）材料　慢性猪丹毒肾脏大体标本及病理切片。

（2）眼观　肾表面可见大小不一灰白色或灰黄色病灶，即贫血性梗死灶，梗死灶稍隆起、硬实，周围出现一暗红色的充血、出血带。梗死灶切面呈三角形，大小不一，与周围界限清晰。

（3）镜检

①梗死灶内肾小管上皮细胞核崩解、消失，胞浆呈颗粒状，梗死区结构模糊不清，但原组织结构轮廓尚存。

②梗死灶周围出现充血、出血及大量嗜中性粒细胞浸润，此即炎性反应带。

10）脾出血性梗死

（1）材料　急性猪瘟的脾大体标本及病理切片。

（2）眼观　脾脏体积正常或稍肿大，边缘或表面分布有暗红色，大小不等，隆起或略

高于周围组织的病灶,此即为出血性梗死灶。梗死灶质地硬实,有时互相融合。梗死灶切面呈锥形,底部位于表面,锥尖指向脾中心。

(3)镜检

①病变初期,梗死区脾小梁轮廓尚存,后期组织中细胞崩解,梗死区呈红染均质无结构物,混杂核碎片和一些红细胞。

②梗死灶外围严重出血。

③后期梗死灶内发生结缔组织增生。

【实训报告】

(1)描述所观察病理标本的病变特征,试述其发生原因、机理。

(2)绘出肝瘀血、肺瘀血、肾贫血性梗死的显微病变图。

实训 2　水　　肿

【目的要求】　掌握并识别常见组织器官水肿的眼观和显微镜检病理变化。

【材料用具】　相关大体标本、病理组织切片、CAI 课件、图片、挂图、幻灯片、光学显微镜、显微图像投影和分析系统等。

【方法步骤】

1)肺水肿

(1)材料　心力衰竭的肺大体标本及病理切片。

(2)眼观　肺体积肿大,质量增加,质地变实,被膜紧张,边缘钝圆,透明感增强,肺间质增宽,切面外翻,流出大量淡黄红色、泡沫状液体。

(3)镜检　肺泡壁毛细血管扩张,充满红细胞,肺泡腔内含大量均质红染的水肿液,水肿液中有脱落的上皮细胞。肺间质因水肿液蓄积而增宽。

2)胃壁水肿

(1)材料　猪水肿病的胃壁大体标本及病理切片。

(2)眼观　胃壁增厚,黏膜湿润有光泽,透明感增强。切面外翻,流出大量无色或浅黄色透明液体,黏膜下层明显增宽,呈透明胶冻样。

(3)镜检　胃壁黏膜固有层、黏膜下层、甚至肌层和浆膜层的间质中有大量均质红染的水肿液蓄积,组织松散,黏膜上皮细胞、胶原纤维、平滑肌彼此分离。

3)皮下水肿

(1)材料　猪水肿病的皮下水肿大体标本及病理切片。

(2)眼观　皮肤肿胀,弹性下降,指压留痕,如生面团状。切面流出淡黄色透明、清亮液体,皮下结缔组织富含液体,呈透明胶冻样。

(3)镜检　皮下结缔组织疏松,胶原纤维松散,彼此分离,组织间隙含大量均质红染的水肿液。

【实训报告】

(1)描述所观察病理标本的病变特征,试述其发生原因、机理。

(2)绘出肺水肿显微病变图。

实训3 脱 水

【目的要求】 通过不同浓度食盐溶液引起红细胞形态变化实验,推理说明机体脱水时对细胞的影响。

【材料用具】 抗凝血、带凹载玻片、滴管、10%、0.9%、0.1%氯化钠溶液,显微镜。

【方法步骤】

(1)将3种浓度食盐溶液分别滴入3块玻片的凹内,数滴即可,勿太多,以防溢出。

(2)分别向各玻片凹内不同浓度的食盐溶液中滴入抗凝血1滴。

(3)片刻后,轮流将载片置于低倍镜下,观察红细胞状态,直至出现变化为止。

(4)将接目镜换成高倍,再观察各玻片凹内变化情况(红细胞状态)。

【实训报告】

记录不同浓度食盐溶液引起红细胞变化的结果,分析其原因。

实训4 细胞和组织的损伤

【目的要求】 掌握并识别萎缩、变性、坏死的大体病理变化及显微镜检病理变化。

【材料用具】 相关大体标本、病理组织切片、CAI课件、图片、挂图、幻灯片、光学显微镜、显微图像投影和分析系统等。

【方法步骤】

1)萎缩

(1)材料 猪传染性萎缩性鼻炎鼻腔大体标本。

(2)眼观 早期鼻黏膜肿胀、充血、水肿,鼻腔中有浆液性、黏液性或化脓性分泌物。中期黏膜脱落、坏死,鼻甲骨退化,上下卷曲,极度萎缩,鼻腔变成大腔洞。后期,鼻中隔弯曲,厚薄不均,鼻筒歪斜不正。

2)肾颗粒变性

(1)材料 动物肾颗粒变性大体标本及病理切片。

(2)眼观 肾体积肿胀、边缘钝圆、颜色苍白、浑浊无光泽、呈灰黄或土黄色,似沸水烫过,质地脆弱,切面隆起、外翻,结构模糊不清。

(3)镜检 肾小管上皮细胞肿大,突入管腔,边缘不整齐,胞浆浑浊,充满红染颗粒,胞核清楚可见或隐约不明,肾小管管腔狭窄或闭锁。

3)肝脂肪变性

(1)材料 动物肝脂肪变性大体标本及病理切片。

(2)眼观 肝体积肿大,边缘钝圆,表面光滑,质地松软易碎,切面微隆突,呈黄褐色或土黄色,组织结构模糊,触之有油腻感。

(3)镜检 脂变细胞肿胀,胞浆内出现大小不一的圆球状脂肪滴,HE染色呈空泡状,随着病变发展,脂肪小滴可融合成大脂滴,胞核被挤于一侧或消失。

4)心肌脂肪变性

(1)材料 牛口蹄疫心脏大体标本及病理切片。

（2）眼观　在心外膜下和心室乳头肌及肉柱的静脉血管周围,可见脂变部分呈灰黄色的条纹或斑点,分布在正常色彩的心肌之间,黄红相间,外观似虎皮样斑纹,故有"虎斑心"之称。

（3）镜检　变性心肌肌纤维中出现脂肪小滴,HE 染色呈空泡状。

5）皮肤干性坏疽

（1）材料　亚急性猪丹毒皮肤大体标本。

（2）眼观　坏死皮肤干固皱缩,呈棕褐色或黑色,质地硬,与正常皮肤有明显界限。

【实训报告】

（1）描述所观察病理标本的病变特征。

（2）绘出肾颗粒变性、肝脂肪变性显微病变图。

实训 5　代偿、修复与适应

【目的要求】　掌握并识别肥大、增生、肉芽组织、钙化、包囊形成的大体病理变化及显微镜检病理变化。

【材料用具】　相关大体标本、病理组织切片、CAI 课件、图片、挂图、幻灯片、光学显微镜、显微图像投影和分析系统等。

【方法步骤】

1）心肌肥大

（1）材料　肺循环血压过高的动物心脏大体标本及病理切片。

（2）眼观　心脏体积增大、心尖钝圆,心腔变大,乳头肌、肉柱变粗,心室壁和室中隔增厚。

（3）镜检　心肌纤维增粗,肌细胞核增大,肌原纤维数量增多。间质相对减少、血管增粗。

2）增生性肠炎

（1）材料　鸡寄生虫感染引起的慢性肠炎肠道大体标本及病理切片。

（2）眼观　肠黏膜表面被覆多量黏液,肠黏膜因固有层结缔组织增生而肥厚,又称肥厚性肠炎。结缔组织增生不均,使黏膜表面呈现颗粒状。

（3）镜检　黏膜固有层和黏膜下层结缔组织大量增生,有时可侵及肌层和黏膜下组织,并有大量淋巴细胞、浆细胞和巨噬细胞浸润。

3）肉芽组织

（1）材料　皮肤及软组织损伤伴有肉芽组织再生的大体标本及病理切片。

（2）眼观　肉芽组织表面覆盖有炎性分泌物形成的痂皮,痂皮下肉芽色泽鲜红,呈颗粒状,湿润,触之易出血。

（3）镜检　肉芽组织表面附有渗出的浆液、纤维蛋白、坏死组织、嗜中性粒细胞、巨噬细胞,下面为新生的毛细血管相互连接成弓形,向表面隆起。毛细血管之间有大量成纤维细胞和炎性细胞,并发生充血、水肿。

4）钙化

（1）材料　牛肺结核的肺大体标本及病理切片。

（2）眼观　在肺组织中有白色、石灰样坚硬、大小不一结节、刀切有沙沙声。

（3）镜检　HE 染色钙盐呈紫蓝色细颗粒。

5）包囊形成

（1）材料　肝寄生虫结节大体标本。

（2）眼观　肝表面可见大小不一结节，结节呈半球样隆起，边缘规整，结节中央为白色石灰样物，结节周围包以灰白色膜样结构即为包囊。

【实训报告】

（1）描述所观察病理标本的病变特征。

（2）绘出肉芽组织、钙化显微病变图。

实训 6　病理性物质与色素沉着

【目的要求】　掌握并识别病理性色素沉着、结石大体病理变化。

【材料用具】　相关大体标本、病理组织切片、CAI 课件、图片、挂图、幻灯片、光学显微镜、显微图像投影和分析系统等。

【方法步骤】

1）胆红素沉着

（1）材料　猪皮肤黄疸大体标本。

（2）眼观　皮肤因胆红素沉着呈黄色。

2）脂褐素沉着

（1）材料　心肌脂褐素沉着大体标本及病理切片。

（2）眼观　心肌颜色呈棕褐色，心脏萎缩。

（3）镜检　心肌细胞胞浆中出现棕褐色颗粒，多位于胞核周围。

3）卟啉色素沉着

（1）材料　猪骨卟啉色素沉着大体标本。

（2）眼观　骨骼因色素沉着呈红棕色或棕褐色。

4）肺黑色素沉着

（1）材料　猪肺黑色素沉着大体标本及病理切片。

（2）眼观　在肺组织中有大小不一、形状各异的黑色区，即黑色素沉着区。

（3）镜检　肺组织中可见棕色或黑褐色颗粒性小体，呈球形，此即黑色素颗粒，量少时尚可辨认细胞核，量多时，细胞结构模糊不清，整个细胞变成黑褐色团块。

5）胆结石

（1）材料　猪胆囊结石大体标本。

（2）眼观　胆囊中出现大量大小不等结石，色泽黄，质硬，表面光滑，呈球形、卵圆形、或不规则形，切面为同心圆状。

6）尿酸盐沉着

（1）材料　鸡传染性支气管炎肾脏大体标本。

（2）眼观　肾脏肿大，色变淡，表面呈白褐色花纹，输尿管扩张，管腔中充满白色石灰样物质，切面散在白色斑点。

【实训报告】

（1）描述所观察病理标本的病变特征。

（2）绘出肺黑色素沉着显微病变图。

实训7　炎　症

【目的要求】　掌握并识别变质性炎、渗出性炎和增生性炎的大体病理变化及显微镜检病理变化。

【材料用具】　相关大体标本、病理组织切片、CAI课件、图片、挂图、幻灯片、光学显微镜、显微图像投影和分析系统等。

【方法步骤】

1）炎症细胞识别

（1）材料　各类炎症细胞示范病理切片。

（2）镜检　观察嗜中性粒细胞、嗜酸性粒细胞、嗜碱性粒细胞、单核细胞、巨噬细胞、淋巴细胞、浆细胞、上皮样细胞、多核巨细胞。

2）变质性肝炎

（1）材料　兔出血症肝脏大体标本和病理切片。

（2）眼观　肝脏体积肿大、变黄、粗糙易碎。

（3）镜检　可见肝瘀血，肝细胞普遍肿胀，其中部分肝细胞已经坏死，窦状隙内白细胞增多，细胞坏死表现为散在凝固性坏死（胞浆伊红浓染，胞核浓缩或破裂，有些形成嗜酸性小体，与周围肝细胞分离）或小灶状溶解坏死（局部肝细胞在气球样变基础上，细胞核溶解消失，仅留下细胞膜残影）。

3）浆液性肺炎

（1）材料　猪巴氏杆菌病肺大体标本和病理切片。

（2）眼观　外观色彩不一，肺炎灶呈紫红色，气肿区苍白；膈叶和心叶大部分区域发生肺气肿。右肺心叶尖部肿胀、紫红色、质度变实、表面湿润有光泽——浆液性肺炎灶。

（3）镜检　炎灶内肺泡壁毛细血管扩张充血，多数肺泡腔充盈粉红染浆液性渗出液，另一些肺泡扩张呈代偿性肺气肿。肺泡腔浆液性渗出物中混有少量白细胞和脱落的肺泡壁上皮细胞。

4）纤维素性心包炎

（1）材料　猪肺疫心包大体标本及病理切片。

（2）眼观　心外膜上附着一层灰黄色、厚薄不均、容易剥离的纤维素性膜，心外膜血管充血、肿胀，心包增厚。

（3）镜检　心外膜上附着有纤维素性膜,呈丝网状,内有炎症细胞浸润。

5）蜂窝织炎

（1）材料　腹壁皮下蜂窝织炎大体标本及病理切片。

（2）眼观　在皮肤和腹壁肌之间的皮下组织中可见厚达 3～4 cm 的弥漫性淡黄色蜂窝状肿胀,其中蓄积淡黄色脓液。

（3）镜检　可见皮下疏松结缔组织水肿,其中有大量嗜中性粒细胞弥漫性浸润,多数中性粒细胞已破坏形成脓球,局部固有组织溶解液化。炎灶与周围组织界限不清。

6）出血性肠炎

（1）材料　鸡球虫盲肠大体标本。

（2）眼观　肠黏膜肿胀、潮红,呈弥漫性红色,同时散在大小不一出血点。黏膜表面附着有黏稠、红色炎性渗出物。某些区域黏膜坏死、脱落。

7）增生性炎

（1）材料　牛结核性增生性胸膜炎大体标本和病理切片。

（2）眼观　肺胸膜表面有一灰白色肿块样增生物,形态不规则,表面凹凸不平,质地硬,刀切发出"沙沙"声。切面呈灰白色。

（3）镜检　炎灶是由许多大小不一的增生性结节组成。结节中心组织坏死,有的部分钙化,呈深蓝色无结构物,周围为特殊性肉芽组织,由上皮样细胞与多核巨细胞构成,最外有大量的淋巴细胞积聚和纤维组织包裹。

【实训报告】

（1）描述所观察病理标本的病变特征。

（2）绘出皮下蜂窝织炎、纤维素性心包炎、结核性增生性胸膜炎的显微病变图。

实训 8　肿　瘤

【目的要求】　掌握并识别动物常见肿瘤的病理变化及主要特征,掌握良性肿瘤与恶性肿瘤的形态结构及区别。

【材料用具】　相关大体标本、病理组织切片、CAI 课件、图片、挂图、幻灯片、光学显微镜、显微图像投影和分析系统等。

【方法步骤】

1）皮肤乳头状瘤

（1）材料　动物皮肤乳头状瘤大体标本及病理切片。

（2）眼观　肿瘤突出于皮肤表面,形状似花椰菜,肿瘤基底部有蒂,可活动;切面肿物呈乳头状,有许多手指状的突起,灰白色,与周围组织界限清楚。

（3）镜检　肿瘤为乳头状,表面为肿瘤实质,染色深,系增生的鳞状上皮;乳头的中轴为间质,系血管及纤维组织,并有少量的炎细胞浸润。瘤细胞分化成熟,似正常的鳞状上皮,但细胞层数增多,可见角化,肿瘤无浸润性生长,基底膜完整。

2）纤维瘤

（1）材料　动物纤维瘤大体标本及病理切片。

（2）眼观　肿瘤呈结节状,有包膜,境界清楚,切面灰白色,质地韧。

（3）镜检　胶原纤维粗细不等,纤维束可平行、可交叉或呈旋涡状,与正常纤维组织相似。瘤组织内结缔组织细胞和纤维的比例发生变化,细胞成分分布不均,纤维束排列不规则,相互交织,纤维束粗细不等。

3）脂肪瘤

（1）材料　动物脂肪瘤大体标本及病理切片。

（2）眼观　肿瘤呈圆形或扁圆形、分叶状,包膜完整,黄色,质软有油腻感,切面见肿瘤组织内有薄层的纤维组织间隔。

（3）镜检　瘤组织分化成熟,与正常的脂肪组织类似。瘤细胞排列紊乱,间质将瘤组织分隔为大小不一、形状不规则的小叶状结构。

4）纤维肉瘤

（1）材料　动物纤维肉瘤大体标本及病理切片。

（2）眼观　肿瘤呈结节状、分枝状或不规则形,切面呈鱼肉状,呈急剧的浸润性生长。

（3）镜检　肿瘤细胞弥散分布,瘤细胞多呈梭形,大小不一,胞浆较少。核大而形状不一,多呈圆形或梭形,染色质丰富,浓染,可见病理性核分裂象及少数的瘤巨细胞。有的区域瘤细胞呈束状或旋涡状排列。间质少,血管丰富。

5）鳞状上皮癌

（1）材料　动物皮肤鳞状上皮癌大体标本及病理切片。

（2）眼观　皮肤表面见一菜花状肿物,表面有溃疡形成;切面灰白色,肿瘤组织呈蟹足状向周围组织浸润性生长,边界不清。

（3）镜检　癌变的鳞状上皮层数增加,排列紊乱,极性消失。癌细胞突破基底膜向深层组织呈浸润性生长,呈片状或条索状,与间质分界清楚,癌细胞形成大小不等的癌巢。高分化鳞癌中可见层状红染的圆形或不规则形角化珠,低分化鳞癌则不见或少见角化物质。高分化鳞癌细胞分化好,体积较大,多边形,核大深染,可见分裂象,癌巢中心为红染层状角化物,即“癌珠”。低分化鳞癌细胞分化差,癌巢内癌细胞极性、层次不分明,癌细胞大小不等,排列紊乱,呈多边形或圆形,核大,病理性核分裂象常见,癌巢中无角化珠。

6）成肾细胞瘤

（1）材料　动物成肾细胞瘤大体标本及病理切片。

（2）眼观　肿瘤呈结节状,瘤体大小不一,质地较硬,呈灰白色。

（3）镜检　瘤细胞胞浆少,淡嗜碱性圆形或椭圆形,分散或密集存在于组织之间。分化度差别较大,低分化瘤细胞一般是圆形或椭圆形,高分化的瘤细胞一般呈梭形。核仁清楚,有核分裂现象。

7）原发性肝癌

（1）材料　动物原发性肝癌大体标本及病理切片。

（2）眼观　肝脏表面凸凹不平,肝组织内有粟粒大到核桃大小不等的结节,与周围肝组织分界明显,切面呈灰白色。

（3）镜检　癌细胞呈多角形,核大,核仁粗大,出现多极核分裂象。癌细胞呈条索状或团块样排列,形成"癌巢"。胞浆嗜碱性着色,呈蓝色深染或着色不均。

【实训报告】

(1)描述所观察病理标本的病变特征。

(2)绘出皮肤乳头状瘤、脂肪瘤、纤维瘤、鳞状细胞癌、纤维肉瘤显微病变图。

实训9　大鼠应激性胃溃疡

【目的要求】　本实验以饥饿、低温、捆缚作为应激原,诱发大鼠应激性胃溃疡,进一步理解应激反应的发生机理及其对机体的影响。

【实验动物】　雄性大鼠4只,体重160～200 g。

【材料用具】　鼠笼2个,普通天平1台,大鼠固定板,常用解剖器械,冰箱,10 ml注射器1支,1%福尔马林100 ml。

【方法步骤】

(1)取大鼠4只称重,其中3只禁食不禁水24 h,然后捆缚于固定板上(背位),置4℃冰箱内3 h。另一只正常饲养做对照用。

(2)从冰箱中取出动物,立即扭断颈髓处死并剖腹,用线结扎胃的贲门部及幽门部后,将胃取出并向内注入1%福尔马林8 ml。然后再将胃置于1%福尔马林液中固定10 min。

(3)固定后的胃沿着大弯部剪开,去除胃内容物把胃黏膜洗净后展平于平板上。观察胃黏膜的变化。

(4)正常对照鼠断颈处死后同上述(2),(3)处理。

【实训报告】　将观察结果记入下表内,并联系实验结果分析讨论应激性大鼠胃溃疡的发生机理。

观察项目 动物状态	体重/g	尸体剖检变化
正常大鼠		
应激大鼠(1)		
应激大鼠(2)		
应激大鼠(3)		

实训10　心血管系统病理

【目的要求】　掌握并识别心包炎、心肌炎、心内膜炎大体病理变化及显微镜检病理变化。

【材料用具】　相关大体标本、病理组织切片、CAI课件、图片、挂图、幻灯片、光学显微镜、显微图像投影和分析系统等。

【方法步骤】

1）创伤性心包炎

（1）材料　牛创伤性心包炎心包及心脏大体标本及病理切片。

（2）眼观　心包扩张增厚，腔内蓄积多量纤维素性渗出物剥离后心外膜混浊粗糙，渗出物凝缩成干酪物，因机化造成心包的不同程度粘连，心壁及心包上可见刺入的异物。

（3）镜检　心外膜间皮细胞变性、坏死、脱落，心肌细胞因创伤发生炎性反应，变性、坏死，炎性渗出物由纤维素、嗜中性粒细胞、红细胞及脱落的间皮细胞组成。

2）急性心肌炎

（1）材料　猪口蹄疫的心脏大体标本和病理切片。

（2）眼观　心肌呈暗灰色，质地松软，心脏呈扩张状态，尤以右心室明显。在心外膜下和心室乳头肌及肉柱的静脉血管周围，可见心肌脂变部分呈灰黄色的条纹或斑点，分布在正常色彩的心肌之间，黄红相间，外观似虎皮样斑纹，故有"虎斑心"之称。

（3）镜检　心肌纤维可呈颗粒变性或脂肪变性，间质和坏死区毛细血管充血、出血，有浆液、炎性细胞的浸润。

3）疣性心内膜炎

（1）材料　慢性猪丹毒心脏大体标本及病理切片。

（2）眼观　左心房室瓣上有似花椰菜状的赘生物，质地脆而硬，与瓣膜及心壁牢固相连，不易剥离，色黄白，表面粗糙。

（3）镜检　心内膜内皮细胞肿胀、坏死和脱落。其表面覆着有白色血栓，内皮下水肿，内膜结缔组织细胞肿胀变圆，胶原纤维变性。从心内膜或血栓疣状物的下面见肉芽组织生长并机化血栓疣状物，同时有炎性细胞浸润。

【实训报告】

（1）描述所观察病理标本的病变特征。

（2）绘出创伤性心肌炎、心内膜炎的显微病变图。

实训 11　呼吸系统病理

【目的要求】　掌握并识别支气管肺炎、纤维素性肺炎、间质性肺炎、肺萎陷、肺气肿大体病理变化及显微镜检病理变化。

【材料用具】　相关大体标本、病理组织切片、CAI 课件、图片、挂图、幻灯片、光学显微镜、显微图像投影和分析系统等。

【方法步骤】

1）支气管肺炎

（1）材料　仔猪流感早期支气管肺炎大体标本及病理切片。

（2）眼观　病变肺组织较坚实，呈暗红色，切面有大小不等的岛屿状病灶。散在分布于各肺叶。病灶实变，中心常见一个细小支气管，用手挤压，支气管断流流出脓性分泌物。支气管黏膜充血、水肿，管腔内含有黏液性或脓性渗出物。病灶周围肺组织充血或代偿性气肿。几个病变小叶可互相融合形成较大病灶。

(3)镜检　细支气管管壁充血、水肿,有较多中性粒细胞浸润,黏膜上皮变性、坏死、脱落,管腔中有多量浆液性、黏液性、化脓性渗出物。支气管周围肺泡壁毛细血管扩张、充血,早期肺泡内充满浆液,随后肺泡内纤维素、白细胞增多。炎症病灶周围肺泡扩张,呈代偿性气肿。

2)纤维素性肺炎

(1)材料　猪肺疫的后期发生纤维素性肺炎的肺大体标本和病理切片。

(2)眼观　病变肺叶肿大,质地变实,切面呈大理石样,灰红、灰白相间,质量增加,间质增宽,肺胸膜附着有灰白色假膜。

(3)镜检　肺泡壁毛细血管充血,肺泡腔内有大量的纤维蛋白和红细胞、较少的白细胞及脱落的上皮细胞,间质增宽,有炎性渗出物。

3)间质性肺炎

(1)材料　猪蛔虫幼虫感染肺大体标本及病理切片。

(2)眼观　病变部呈灰白色或灰黄色,云雾状,病变范围大小不等,呈弥散性或局灶性分布,质地坚实,缺乏弹性。有的部位纤维化,体积缩小、变硬,形成硬结。

(3)镜检　肺间质的纤维组织大量增生,肺泡壁上皮细胞增大,肺泡腔内有上皮细胞和炎性细胞浸润。

4)肺萎陷

(1)材料　猪喘气病晚期肺大体标本及病理切片。

(2)眼观　肺病变部位萎缩,表面塌陷,呈暗红色,质地柔软,切面平滑,似肉样,无弹性。

(3)镜检　肺泡壁毛细血管扩张充血,肺泡壁成行排列,两两相靠近,肺泡管和呼吸性细支气管也瘪塌,细支气管也呈扁平状。

5)肺泡性肺气肿

(1)材料　猪支气管肺炎代偿性肺气肿大体标本及病理切片。

(2)眼观　肺病变部位体积显著膨大,被膜紧张,肺组织柔软而缺乏弹性,指压留痕,色泽苍白,按压出现捻发音,切面干燥呈海绵状。

(3)镜检　肺泡高度扩张,肺泡壁变薄、破裂或消失,相邻肺泡往往相互融合而形成大的囊腔,肺泡壁毛细血管受压而缺血,呼吸性支气管明显扩张,小气管和细支气管可见炎症病变。

【实训报告】

(1)描述所观察病理标本的病变特征。

(2)绘出支气管肺炎、纤维素性肺炎、间质性肺炎、肺萎陷、肺气肿的显微病变图。

实训 12　消化系统病理

【目的要求】　掌握并识别胃炎、肠炎、肝炎、肝硬变、肝坏死大体病理变化及显微镜检病理变化。

【材料用具】 相关大体标本、病理组织切片、CAI课件、图片、挂图、幻灯片、光学显微镜、显微图像投影和分析系统等。

【方法步骤】

1)急性卡他性胃炎

(1)材料 猪传染性胃肠炎猪胃大体标本及病理切片。

(2)眼观 胃黏膜充血、潮红、肿胀增厚、以胃底黏膜病变最为严重,黏膜表面被覆大量黏液,并有出血点和糜烂。

(3)镜检 胃黏膜上皮细胞变性、坏死、脱落,固有层和黏膜下层毛细血管扩张、充血,并有淋巴细胞浸润,黏膜下层的正常淋巴滤泡由于淋巴细胞增生而肿大。

2)急性出血性胃炎

(1)材料 猪丹毒猪胃大体标本及病理切片。

(2)眼观 胃黏膜呈深红色的弥漫性出血,黏膜表面有分泌物附着,呈暗红色,与黏液混在一起、黏稠,黏膜肿胀、增厚。

(3)镜检 红细胞弥漫或局灶性分布于整个黏膜内,黏膜固有层、黏膜下层毛细血管扩张、充血,有大量炎性细胞浸润。

3)慢性卡他性肠炎

(1)材料 鸡蛔虫感染肠大体标本及病理切片。

(2)眼观 肠黏膜表面被覆多量黏液,肠黏膜增生、肥厚,表面呈现颗粒状。

(3)镜检 肠黏膜上皮细胞脱落、坏死,固有层和黏膜下层结缔组织大量增生,并有大量淋巴细胞、浆细胞和巨噬细胞浸润,肠腺萎缩或消失。

4)纤维素性坏死性肠炎

(1)材料 慢性猪瘟猪盲肠大体标本及病理切片。

(2)眼观 肠黏膜表面被覆黄白色假膜,干硬,不易剥离,黏膜上皮细胞脱落、坏死,黏膜淋巴滤泡肿胀,以淋巴滤泡为中心形成纽扣样溃疡。

(3)镜检 黏膜表面被覆炎性渗出物,内含大量纤维素,黏膜上皮细胞脱落、坏死,黏膜淋巴滤泡肿胀,黏膜固有层和黏膜下层充血、出血、水肿和炎性细胞浸润。

5)坏死性肝炎

(1)材料 禽霍乱引起的肝炎大体标本及病理切片。

(2)眼观 肝肿大,质地脆弱,暗红色;肝表面、切面上散布灰白色或灰黄色、针尖大小的坏死灶和出血点。

(3)镜检 病灶内的肝细胞变性、坏死,白细胞浸润和崩解。

6)肝硬变

(1)材料 猪霉玉米中毒肝硬变大体标本及病理切片。

(2)眼观 肝脏缩小,边缘锐薄,质地坚硬,表面凹凸不平或颗粒状。肝被膜增厚,切面有许多圆形或近圆形的岛屿状结节,结节周围有较多淡黄色的结缔组织包囊,肝内胆管明显管壁增厚。

(3)镜检 肝正常结构破坏,肝组织出现大小不等假小叶,小叶间结缔组织增生,肝细胞排列紊乱,部分肝细胞萎缩、变性。

【实训报告】

(1)描述所观察病理标本的病变特征。

(2)绘出纤维素性坏死性肠炎、肝硬变的显微病变图。

实训 13　泌尿生殖系统病理

【目的要求】　掌握并识别肾炎、子宫内膜炎、乳腺炎大体病理变化及显微镜检病理变化。

【材料用具】　相关大体标本、病理组织切片、CAI 课件、图片、挂图、幻灯片、光学显微镜、显微图像投影和分析系统等。

【方法步骤】

1)急性增生性肾小球性肾炎

(1)材料　猪丹毒肾脏大体标本及病理切片。

(2)眼观　肾脏体积稍肿大,被膜紧张,容易剥离,肾表面及切面呈红色,切面皮质略增厚,纹理不清。如果有出血变化,在肾皮质切面上及肾表面均能见到分布均匀、大小一致的红色小点。

(3)镜检　早期,肾小球毛细血管扩张充血,内皮细胞和系膜细胞增生,毛细血管管腔狭窄,甚至闭塞,肾小球很快缺血。此时,肾小球内有大量炎性细胞浸润,肾小球内细胞增多,肾小球体积肿大,肿大的肾小球毛细血管网几乎占据整个肾小球囊腔。

2)新月体性肾小球肾炎

(1)材料　新月体性肾小球肾炎大体标本及病理切片。

(2)眼观　肾脏肿胀、柔软、轻度出血,色泽苍白或灰黄,俗称"大白肾"。

(3)镜检　肾小囊内有新月体样物形成,新月体样物主要由囊壁上皮细胞增生和渗出的单核细胞组成。

3)子宫内膜炎

(1)材料　兔子宫内膜炎大体标本及病理切片。

(2)眼观　子宫内膜潮红,轻度肿胀、部分黏膜脱落、有渗出物附着。

(3)镜检　见子宫内膜固有层毛细血管数量增多并高度扩张,管腔内充盈大量红细胞;结缔组织疏松肿胀,富含均质红染无结构物(水肿液),其间散在许多渗出的嗜酸性粒细胞和漏出的红细胞,同时,子宫内膜的部分上皮细胞变性,脱落或崩解。

4)乳腺炎

(1)材料　牛化脓性乳腺炎大体标本及病理切片。

(2)眼观　乳腺病变部轻微肿大,切面有灰黄色或灰红色结节状病灶。

(3)镜检　见乳腺组织内出现大小不等的坏死灶。该部有大量中性粒细胞渗出,有的发生核破碎,局部腺泡和腺管上皮细胞坏死溶解。坏死灶周围出血和充血;附近腺泡上皮肿大,在腺泡腔内聚集有白细胞,红细胞和脱落的上皮,间质充血水肿,并见结缔组织增生。

【实训报告】

(1)描述所观察病理标本的病变特征。

(2)绘出急性增生性肾小球性肾炎、新月体性肾小球肾炎的显微病变图。

实训 14　血液和造血免疫系统病理

【目的要求】　掌握并识别脾炎、淋巴结炎大体病理变化及显微镜检病理变化。

【材料用具】　相关大体标本、病理组织切片、CAI 课件、图片、挂图、幻灯片、光学显微镜、显微图像投影和分析系统等。

【方法步骤】

1)急性炎性脾肿

(1)材料　急性猪丹毒脾脏大体标本及病理切片。

(2)眼观　脾脏显著肿大(较正常大 2~3 倍),被膜紧张,边缘钝圆,质地柔软,切面隆突呈紫黑色,结构模糊不清,脾髓易刮下。

(3)镜检　脾髓内含有大量血液,脾实质细胞(淋巴细胞和网状细胞)坏死、崩解,数量减少,白髓体积缩小,甚至完全消失,脾髓中还可见病原菌和散在的炎性坏死灶。

2)慢性脾炎

(1)材料　马传染性贫血脾脏大体标本及病理切片。

(2)眼观　脾脏肿大,质地坚实,被膜增厚,边缘稍钝圆,切面稍隆起,可见脾小体增大,呈灰白色颗粒状突起。

(3)镜检　红髓淋巴细胞、巨噬细胞弥散性或局灶性增生,白髓可见坏死变化。

3)急性浆液性淋巴结炎

(1)材料　猪肺疫早期肺门淋巴结大体标本及病理切片。

(2)眼观　淋巴结肿大,潮红色或紫红色,切面隆突,颜色潮红,湿润多汁。

(3)镜检　淋巴结中的毛细血管扩张、充血,淋巴窦明显扩张,内含浆液,窦壁细胞肿大、增生,并在窦内大量堆积,扩张的淋巴窦内,有不同数量的嗜中性粒细胞、淋巴细胞和浆细胞,而巨噬细胞内可见吞噬的致病菌、红细胞、白细胞。

4)出血性淋巴结炎

(1)材料　慢性猪瘟淋巴结大体标本及病理切片。

(2)眼观　淋巴结肿大,呈暗红或黑红色;切面隆突,湿润,呈弥漫性暗红色或呈大理石样花纹(出血部暗红,未出血部位呈灰白色)。

(3)镜检　淋巴组织充血、出血,输出淋巴管和淋巴窦内有大量红细胞,淋巴小结也可发生出血,还可见有浆液和炎性细胞浸润。

【实训报告】

(1)描述所观察病理标本的病变特征。

(2)绘出出血性淋巴结炎的显微病变图。

实训 15　神经系统病理

【目的要求】　掌握并识别化脓性脑膜脑炎、非化脓性脑炎大体病理变化及显微镜检病理变化。

【材料用具】　相关大体标本、病理组织切片、CAI 课件、图片、挂图、幻灯片、光学显微镜、显微图像投影和分析系统等。

【方法步骤】

1）化脓性脑膜脑炎

（1）材料　猪链球菌病脑大体标本及病理切片。

（2）眼观　大脑蛛网膜和软脑膜略显浑浊与增厚，血管怒张充血，并可见散在的瘀点。脑质度变软，切面可见充血和出血。

（3）镜检　软脑膜血管扩张充血、出血，血管内皮肿胀、增生，脱落，血管周围大量中性粒细胞、单核细胞和淋巴细胞浸润，软脑膜因充血和大量炎性细胞浸润而显著增厚。脑实质内小血管扩张充血、出血，皮层浅部出现小脓肿灶，病灶区脑组织液化溶解，局部被炎性细胞和脓细胞所取代。

2）非化脓性脑炎

（1）材料　马流行性乙型脑炎的脑大体标本和病理切片。

（2）眼观　脑膜充血，出血，脑回变扁，脑沟变浅，切面上有细小出血点，脑室扩张。

（3）镜检　小血管周围炎性细胞（主要是淋巴细胞，也有少量组织细胞，浆细胞）浸润，形成"管套"，血管周围间隙增宽，此外还可见血管内皮肿胀、脱落、充血、出血。神经细胞变性、坏死，表现为神经细胞肿胀，尼氏小体部分或全部溶解。胞浆内出现空泡，核偏于一侧、淡染或溶解消失；另一种为神经细胞固缩，胞浆、胞核均浓染。外形不整，最后核溶解消失，细胞坏死。还可见在变性坏死的神经细胞、周围有小胶质细胞环绕，即神经细胞的卫星现象；小胶质细胞吞噬变性坏死的神经细胞即噬神经细胞现象。

【实训报告】

（1）描述所观察病理标本的病变特征。

（2）绘出化脓性脑膜脑炎、非化脓性脑炎的显微病变图。

实训 16　肌肉、骨、关节病理

【目的要求】　掌握并识别白肌病、嗜酸性粒细胞性肌炎、骨软症、关节炎大体病理变化及显微镜检病理变化。

【材料用具】　相关大体标本、病理组织切片、CAI 课件、图片、挂图、幻灯片、光学显微镜、显微图像投影和分析系统等。

【方法步骤】

1）白肌病

（1）材料　鸡白肌病骨骼肌大体标本及病理切片。

（2）眼观　病变肌肉出现灰白色条纹或斑块，肌肉肿胀，失去原来肌肉的深红色泽。已发生凝固性坏死的部分，呈黄白色、白蜡样的色彩，故称为蜡样坏死。有的在坏死灶中

发生钙化,则呈白色斑纹,触摸似白垩斑块。

(3)镜检 肌纤维变性、肿胀、坏死,横纹消失,坏死区呈半透明、均质红染物,有的肌纤维断裂、溶解,常有钙盐沉着,肌间质增宽、水肿,有炎性细胞浸润。

2)嗜酸性粒细胞性肌炎

(1)材料 牛嗜酸性粒细胞性肌炎肌肉大体标本及病理切片。

(2)眼观 病变肌肉肿胀,质地坚实,有条索状或弥漫性的灰色或灰绿色病灶。单个肌束或整个肌群均可发生。

(3)镜检 肌纤维萎缩或消失,成纤维细胞增生。特征性变化是在肌内膜和肌周膜内出现大量的嗜酸性粒细胞。

3)骨软症

(1)材料 猪骨软症骨大体标本。

(2)眼观 四肢长管状骨弯曲变形,骨端膨大,关节相应膨大,骨骼硬度下降,容易切割。骨干皮质增厚且变软,用刀可以切开。骨髓腔变狭窄。肋骨和肋软骨结合部呈结节状或半球状隆起,左右两侧成串排列,状如串珠称串珠胸。

4)关节炎

(1)材料 猪关节炎关节大体标本。

(2)眼观 关节肿胀,关节囊紧张,关节腔内积聚有浆液性、纤维素或化脓性渗出物,滑膜充血、增厚。

【实训报告】

(1)描述所观察病理标本的病变特征。

(2)绘出白肌病、嗜酸性粒细胞性肌炎的显微病变图。

实训17 尸体剖检技术

【目的要求】 通过对病死动物的尸体剖检,掌握动物尸体剖检方法,包括剖检前准备工作、剖检术式、器官及组织病理变化检查方法、各类病料的采取、保存、送检的要求、病理剖检记录及尸检报告的书写,培养学生综合运用、分析能力,为临床应用打基础。

【实验动物】 根据各地不同情况,选择至少两种以上(牛、羊、马、猪、鸡、鸭、鹅、兔等)病死动物进行剖检。

【材料用具】 剥皮刀、手术刀、镊子、手术剪、卷尺、肠剪、骨剪、骨钳、量杯、注射器、针头、磨刀石、骨斧、广口瓶、试管、瓷盆等。

3%来苏儿、0.1%新洁尔灭、3%碘酊、2%高锰酸钾、70%~75%酒精、10%的甲醛、95%的酒精、药棉、纱布等。

【方法步骤】

先由老师示范,再由学生分组操作。操作具体步骤参见尸体剖检技术一章。

【实训报告】

填写动物尸体剖检记录和尸体剖检报告一份。

动物病理技能考核项目

序员号	项 目	考核内容	考核方法	评分等级及标准
一	尸体剖检准备	1. 剖检时间选择 2. 剖检场地的选择 3. 尸体运送方法 4. 剖检器材、药品的准备 5. 剖检者自身的准备	实际操作或口试	优:能独立正确完成尸体剖检准备工作 良:能独立正确完成大部分准备工作,个别环节仍需提示才能完成 及格:能基本完成大部分准备工作,某些环节有错误 不及格:基本不能完成准备工作
二	尸体剖检术式	主要掌握猪马、牛、羊、猪、禽尸体的剖检程序、方法、要领	实际操作结合口试	优:尸体剖检程序、方法、要领正确 良:尸体剖检程序、方法、要领基本正确,个别环节有错误 及格:尸体剖检程序、方法、要领大都掌握,某些环节有错误 不及格:基本不能掌握尸体剖检程序、方法、要领
三	病料的采集包装与送检	1. 微生物材料采集、包装、送检 2. 病理组织材料的采集、包装和送检 3. 毒物材料的采集、包装和送检	实际操作结合口试	优:病料的采取包装送检方法正确 良:病料的采取包装送检方法基本正确,个别有错误 及格:病料的采取包装送检方法大部分正确,小部分有错误 不及格:病料的采集、包装送检大部分不正确
四	病理标本和病理切片的识别	识别充血、瘀血、出血、水肿、变性、坏死、萎缩、炎症、肿瘤等的眼观和镜下的病变	实际操作结合口试	优:操作正确,能正确识别前述病理变化 良:操作较正确,能正确识别前述大部分病理变化 及格:操作基本规范,在老师的启发下能识别前述大部分病理变化 不及格:基本不会操作,老师启发后仍不能识别前述大部分病理变化
五	尸体处理	1. 掩埋法 2. 焚烧法 3. 发酵法	口试	优:正确掌握3种处理方法 良:较正确掌握3种处理方法 及格:基本掌握3种处理方法 不及格:一种或一种以上处理方法不正确

参考文献

[1] 赵德明. 兽医病理学[M]. 2版. 北京:中国农业大学出版社,2005.

[2] 马学恩. 家畜病理学[M]. 4版. 北京:中国农业出版社,2007.

[3] 高丰,贺文琦. 动物病理解剖学[M]. 北京:科学出版社,2008.

[4] 王雯慧. 兽医病理学[M]. 北京:科学出版社,2012.

[5] 佘锐萍. 动物病理学[M]. 北京:中国农业出版社,2006.

[6] 陈怀涛,许乐仁. 兽医病理学[M]. 北京:中国农业出版社,2005.

[7] 陆桂平. 动物病理[M]. 北京:中国农业出版社,2001.

[8] 周铁忠,陆桂平. 动物病理[M]. 2版. 北京:中国农业出版社,2006.

[9] 林曦. 家畜病理学[M]. 3版. 北京:中国农业出版社,1997.

[10] 朱玉良. 家畜病理学[M]. 2版. 北京:中国农业出版社,1992.

[11] 陈万芳. 家畜病理生理学[M]. 2版. 北京:中国农业出版社,2000.

[12] 内蒙古农牧学院,华南农学院. 家畜病理学[M]. 2版. 北京:中国农业出版社,1989.

[13] 朱宣人. 兽医病理解剖学[M]. 北京:中国农业出版社,1988.

[14] 朱坣熙. 兽医病理解剖学[M]. 2版. 北京:中国农业出版社,2000.

[15] 陈怀涛. 牛羊病诊治彩色图谱[M]. 北京:中国农业出版社,2004.

[16] 李玉林. 病理学[M]. 6版. 北京:人民卫生出版社,2004.

[17] 洪美玲. 病理学[M]. 3版. 北京:人民卫生出版社,1993.

[18] 魏民. 病理学[M]. 上海:上海科学技术出版社,1995.